清华同衡系列专著

山水城市
梦想人居

——基于山水城市思想的风景园林规划设计实践

胡洁 等 著

中国建筑工业出版社

胡洁

胡洁，清华大学建筑学院高级工程师，北京清华同衡规划设计研究院有限公司副院长、风景园林研究中心主任兼首席设计师，中国风景园林学会理事，中国勘察设计协会园林和景观设计分会副理事，中国城市规划学会风景环境规划设计学术委员会委员；美国注册风景园林师，美国风景园林师协会终身荣誉会员(FASLA)，国际风景园林师联合会顾问团成员（IFLA），环太平洋大学联盟可持续城市与景观研究中心国际指导委员会委员（APRU Hub）。

胡洁，1983 年在中国重庆建筑工程学院取得建筑学学士学位，1988 年从北京林业大学风景园林专业硕士毕业后，赴美国伊利诺伊大学继续攻读景观学硕士，1995 年进入美国 SASAKI 景观设计公司担任景观设计师，2003 年回国，在北京清华规划设计研究院创建风景园林所，迄今已发展成为具有 160 人的风景园林研究中心。

他的主要研究方向是"山水城市——中国城市可持续发展的探索"，希望城市能够充满山水之乐。

他曾主持过北京奥林匹克森林公园规划设计、唐山南湖生态城中央公园规划设计、2019 北京世界园艺博览会园区综合规划等多项在国内外极具影响力的重大项目。从 2005 年至 2019 年，他主持设计的项目荣获了过百项国内外奖项，其中包括 59 项国际奖项和 53 项国内奖项，包括 6 项美国风景园林师协会及其分会奖项、29 项国际风景园林师联合会亚太地区风景园林设计奖、13 项英国景观行业协会国家景观奖、8 项欧洲建筑艺术中心设计奖、3 项意大利托萨罗伦佐国际园林奖、21 项国家级奖项和 32 项省、市、地区级奖项。

他在清华大学建筑学院景观学系担负硕士教学任务，主讲景观技术课程，并先后指导了 9 名硕士研究生。他在国内外杂志发表了 40 多篇学术论文，在国内外会议发言 50 余次，在国内外高校、研修班授课 60 余次。

他本人曾荣获国际风景园林教育大会终身成就奖（2018 年）、中国最具创新力风云人物（2011 年）、科学中国人年度人物（2008 年、2010 年）、科技奥运先进个人和北京市奥运工程规划勘察设计与测绘行业先进个人、北京市 2007 年度外国专家"长城友谊奖"，并被选为北京 2008 奥林匹克运动会火炬手。

本书编辑委员会

总顾问 尹　稚

主　编 胡　洁

编　委（按拼音排序）

冯利芳　何凤臣　何伟嘉　吕璐珊　杨翌朝　袁　琳

参编人员（按拼音排序）

崔亚楠　龚　宇　韩　毅　贾培义　梁　晨　刘　辉　吕晓芳

马　娱　梅　娟　潘芙蓉　沈　丹　宋如意　孙　楠　王彬汕

王　鹏　王晓阳　吴　红　张　艳

特别感谢

北京清华同衡规划设计研究院总工办

北京清华同衡规划设计研究院市场经营办

默赐

兵良镛

胡燕生

吴良镛教授题字

清华大学教授吴良镛先生专门
为本书题字："山水为境，人
居点睛"（2015 年 7 月拍摄）

序一

山水古意可赋新诗

孟兆祯

　　山水在中国传统文化中占有客观的重要位置，我国国土百分之六十几是山，世界屋脊也在中国。上古山上积雪融化后散流成洪灾，禹以疏浚法导水入海奏效，以挖土堆九州山，生民上山免于溺死。生产斗争的实践上升到哲学思想就成为"仁者乐山，智者乐水"，这一思想在中国得以永世流传。由是出现了"国必依山川"的国策，城镇建设亦循此理。在精神层面上，君子比德于山水，古人以山水为核心元素创造了无数艺术作品——俞伯牙与钟子期结为知音之喻使"高山流水"成为文化的至高境界；山水诗、山水画的出现和发展又把山水引向人类诗意栖居的境界。1990 年钱学森先生在《北京日报》上正式提出建立山水城市的科学设想，此后"山水"理念便一如既往地在城镇建设中发扬光大了。

　　现代城市由于人居集聚更甚，城市规模大于古代，山水规模也顺应时代发展有所增长。如北京奥林匹克森林公园的土山成为北京中轴线延长的尽端，城市中轴线由此被导入自然，这一工程的规模是空前的。但是在经营人化的自然上，其尺度的变化必须遵循传统造山的理法，与时俱进地发展传统山水理法。仅以"山之三远"而论，高远、平远相对易工，而深远难成。上述这一土山偌大土方量堆成之山居然看起来比较单薄而缺少层次变化，固然是由于经验不足而工期又紧所致，不能不说是设计上仍存在不足。失败乃成功之母，通过总结自然会不断进步。

　　道法自然，人造山水必下"外师造化，中得心源"的功夫。"胸有丘壑"是我们熟知的造山画理，但现世之山不论大小，绝大多数都是有丘无壑，这样地面水必散漫流而无组织，山形当然缺乏虚实、深远的变化。筑大山应先制模儿，从模型就能看出是否适宜不同生态习性植物的要求和安置建筑，以及开辟山道和排水造景等方面的综合要求。现实中有的方案制出的模型就是有坡无谷，形象呆滞，依此筑山必然不成；反之，也有些方案"未山先麓""左急右缓""坡谷相生"，类似的设计都是非常实用的造山理法。土山组合单元甚多，每一单元又有很多类型变化，规划设计者要下"读万卷书，走万里路"的功夫。"左图右画开卷有益，模山范水出户方精"，胸中有山水，方能设计出"有真为假，做假成真"的人造山水。

"天下无难事，只怕有心人"。北京清华同衡规划设计研究院风景园林研究中心主持人胡洁，早年有幸在孙筱祥先生指导下攻读研究生，接受了孙先生在文人写意自然山水园方面的教诲，打下了坚实的基础，毕业参加工作后一直在学习和研究山水城市设计，并纳入钱学森先生提出的建立中国山水城市的创意。山水城市是中国诗意栖居与时俱进的理想目标，是落实中国梦中城镇化的终极目标，是实现城镇建设结合中国特色的重要内容。山水城市理论使研究成为"有的放矢"的研究。

胡洁带领他的团队全面、系统地阅读和研究山水文化的历史，同时尽可能地观察、学习自然山水，从事了大量的山水城市设计实践，包括北京奥林匹克森林公园、天津和东北一些城市，获得多项荣誉，积累了可贵的丰富经验。在此基础上化实践为理论，著书立说，这是值得庆幸的，而且当思来之不易。正面的成功经验和有所失的教训都是可贵的，我向他们表示同业诚挚的祝贺和感谢，感谢所有致力于本书的人们，更欢迎广大读者玉成此作，指正不足之处，以求深入发展。

甲午重阳

2014 年 10 月 2 日

序二

郑光中

改革开放以来，我国经济快速发展，千千万万农村人口迁移到城镇居住和工作。城市建设是当务之急，旧的城镇需要改造发展，新的城镇需要规划、建设。在快速城市化的过程中，不可避免地出现了诸多城市病，如千城一面缺少特色；车辆速增交通拥堵；超高层住宅大量涌现，居住环境不理想；城市公共绿地不足、空气污染严重等等。在这种情况下，于二十世纪九十年代，我国著名科学家钱学森先生提出了"山水城市"的城市建设思想。他指出要"把中国的山水诗词、中国古典园林建筑和中国的山水画融合在一起，创立山水城市概念"。他进一步指出："我设想的山水城市是把我国传统园林思想与整个城市结合起来，同整个城市的自然山水条件结合起来"，"建山水城市就要运用城市科学、建筑学、传统园林建筑的理论和经验，运用高新技术（包括生物技术）以及群众的创造"。"生态城市是山水城市的物质基础，山水城市是更高一层次的概念，山水城市必须有意境美！意境是精神文明的境界，这是中国文化的精华"。在钱先生的大力倡导下，众多专家学者也纷纷发表文章，参加讨论，提出了很多有创见的城市规划建设理论和思想，更有不少城市规划师、风景园林规划师、建筑师参加了实际的城市规划建设工作，取得了丰硕的成果。胡洁就是其中做出突出贡献的一员。这本书总结了他十余年来对山水城市的理论探索和规划设计实践成果。较系统的回顾了山水城市思想的提出和发展过程，论述了我国古代山水园林文化的历史成就，对比分析了基于生态学的西方城市景观规划理论，如霍华德的田园城市；奥姆斯特德的城市公园系统；麦克哈格的"设计结合自然"；弗曼的景观生态学等等。对古今中外有关生态、景观、风水、园林的论述，能更好地理解和认识山水城市理论对我国现代城市规划建设的指导意义。

除了理论研究外，更值得介绍的是他回国这十六年，带领清华同衡城市规划院风景园林中心设计团队所完成的众多大型城市园林景观项目：如北京奥林匹克森林公园；铁岭凡河新城；唐山南湖生态城中央公园；阜新玉龙新城核心区；北京未来科技城；北京世界园艺博览会；扬州世园会及周边地区；北京冬奥森林公园等处的风景园林规划并参加建设工作。这些项目多数是面积大、投资多、施工快、要求高、功能复杂。不少项目都是国家级的重点工程。在这些工程中，北京奥林匹克公园的规划设计可以体现胡洁的设计思想和理念：在深入了解分析地形地貌现状的基础上，充分考虑运动场馆功能要求，以现代技术组织道路交通和市政设施，用国际生态先进技术和中国传统山水文化元素构成的方案从近百个国际投标方案中脱颖而出，中标实施。方案中的龙形河湖水系；中华文明五千年纪念大道；与北京古城中轴线的联系和延伸，并以群山作为中轴线的对景和结束。这项工程的规划设计和建设实施不仅获得十余项国内外大奖，更是他建设山水城市的重要实践和探索。他能在短短的十六年间完成如此多的重大风景园林工程，不是容易的事，只有在当代中国才能做到！胡洁是幸运的，是令人羡慕的。他应该感到骄傲！相信他在此基础上，今后将会取得更大的成就，为山水城市的建设作出新的贡献！

2020 年 1 月 6 日

致谢

　　这本书所写的主要内容是风景园林专业如何进行城市尺度项目的规划设计，包括指导思想、工作方法和工作经验的总结。如此复杂的内容能够集结成书必然属于集体智慧的结晶，是团队团结奋斗的成果，是清华大学人居环境理论实践平台成功搭建的产物。

　　因此，首先感谢清华大学建筑学院尹稚教授。十余年来，风景园林中心的团队在他的支持和鼓励下不断成长；其次，要感谢袁昕院长、袁牧总规划师、郑筱津副院长、恽爽副院长等院领导在建筑和规划领域对风景园林中心长期的专业支持与指导；同时，还要感谢院内各专业所的领导和同事对风景园林中心所承担项目的积极支持与配合。

　　在本书的具体编写工作中，非常感谢钱学森院士的堂妹、人民大学钱学敏教授，《风景园林》杂志副主编何凤臣先生，清华大学建筑学院助理教授袁琳老师，美国俄勒冈大学杨翌朝教授，《中国建设报》前总编冯利芳老先生等学者，在百忙之中抽出时间为本书撰写相关研究文章和提供写作资料，并多次参与本书编写内容的讨论工作。除此之外，还要感谢几位同事在前期参与本书的编撰工作，他们是吕晓芳女士、贾培义先生、王鹏女士、宋如意女士、孙楠女士、梁晨女士，他们卓有成效的工作为本书的最终成形打下了坚实的基础。

　　需要感谢的还有风景园林中心吕璐珊总工，风景园林中心王彬汕副主任、吴红副主任，综合办刘辉主任，为本书的编写提供了重要的支持和保障工作；张艳、韩毅、沈丹、崔亚楠、梅娟、王晓阳、潘芙蓉、马娱等项目负责人为本书所介绍的十个项目提供了说明文章和图纸素材；在此一并感谢。

　　最后，衷心感谢吴良镛教授为本书题字；孟兆祯教授题写书名，并和郑光中教授一起为本书作序！

2019 年 9 月 30 日于北京

目录

山水城市思想研究篇

山水城市，梦想人居

——基于山水城市思想的风景园林规划设计实践

胡　洁

引言

　　城市是人类文明的标志，是人类经济、政治和社会活动的中心。古希腊哲学家亚里士多德说："人们聚集到城市里居住，是因为城市中可以生活得更好。"毫无疑问，城市生活比乡村拥有更为丰富的意义，2007年，联合国经济和社会事务部宣告世界城市人口已经超过农村人口，这一事实证明城市化是人类文明进步的方向。但是，从工业文明开始之后的城镇化所走的道路却被证明存在严重的破坏人居环境和全球生态系统安全等不可持续的问题。1992年6月在里约热内卢召开的被誉为"地球首脑会议"的联合国环境与发展大会（UNCED）上，170个国家和地区、120个国家的元首和政府首脑对"可持续发展"达成如下共识："我们需要一个新的发展途径，一个能持续人类进步的途径，我们寻求的不仅仅是在几个地方、几年内的发展，而是在整个地球遥远将来的发展。"作为后发展的国家，经过30多年的快速发展，中国的城镇化取得了巨大的成就，但是在人口、资源、环境、社会和经济压力日趋严峻的情况下，中国未来的4亿~5亿农民如何城镇化，中国城市如何实践生态文明发展理念，进而为世界城市的绿色发展提供中国经验，是摆在当代城市建设界眼前的一个巨大挑战。

1 中国近 40 年城镇化的成就与问题

1.1 中国近 40 年城镇化取得的成就

参考信息

中国 40 年改革开放取得的成绩

中国近 40 年的改革开放和快速城镇化使中国国力提高到什么水平,给老百姓带来什么实惠,给国际社会作出多大贡献,从下面习近平总书记在 2018 年博鳌论坛主旨发言的一组数据可以有个清楚的认识:

——今天,中国已经成为世界第二大经济体、第一大工业国、第一大货物贸易国、第一大外汇储备国。40 年来,按照可比价格计算,中国国内生产总值年均增长约 9.5%;以美元计算,中国对外贸易额年均增长 14.5%。中国人民生活从短缺走向充裕、从贫困走向小康,现行联合国标准下的 7 亿多贫困人口成功脱贫,占同期全球减贫人口总数 70% 以上。

——40 年来,中国人民始终敞开胸襟、拥抱世界,积极作出了中国贡献……中国在对外开放中展现大国担当,从引进来到走出去,从加入世界贸易组织到共建"一带一路",为应对亚洲金融危机和国际金融危机作出重大贡献,连续多年对世界经济增长贡献率超过 30%,成为世界经济增长的主要稳定器和动力源,促进了人类和平与发展的崇高事业(http://www.xinhuanet.com/politics/2018-04/10/c_1122659873.htm)。

中国作为最大的发展中国家,通过自力更生、改革开放与和平发展取得了伟大的成就,为世界其他发展中国家的现代化建设树立了榜样。

1978 年十一届三中全会是中国走向改革开放道路的标志年,距离 2018 年正好 40 年。放眼世界,城镇化无疑是国家发展的一把"金钥匙",中央在 2000 年"十五"计划中首次把"积极稳妥地推进城镇化"作为国家的重点发展战略之一。经过 30 多年的快速发展,中国设市城市数量从 1990 年的 464 个,达到 2018 年的 668 个,增长了 200 多个(图 1);城镇化水平由 20 世纪 80 年代的不足 20%,发展到 2011 年的 51.27%,城市人口第一次超过农村人口;预计到 2020 年,中国城镇化率可达到 60% 左右。根据美国城市地理学家诺瑟姆(Northam)提出的城市化一般规律,即诺瑟姆 S 形曲线(图 2),城市化水平达到 30% 以后,开始进入加速阶段,直至 60% 左右开始减速。照此规律,中国的城市化仍处于高速增长期。尽管国内对诺瑟姆曲线有争议,但是未来 20~30 年城镇化保持发展的趋势是确定无疑的。

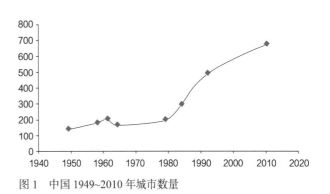

图 1　中国 1949~2010 年城市数量

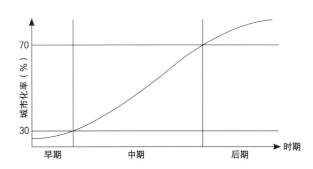

图 2　城市化过程的 S 形曲线

1.2 快速城镇化与城市病

过去30多年的快速城镇化取得了辉煌的经济成果，但是也付出了环境、资金和人力等方面的巨大代价。由于建设速度快，缺少科学和逻辑的推演，片面强调经济指标，而在城市的宜居性、环境承载力、生态敏感性和城市形象等方面存在缺失，并形成多种城市病。其中千城一面、城市内涝、防灾避险、空气污染、交通拥堵、热岛效应等方面的问题与城市绿地系统布局、城市生态安全格局认知的不足相关。

1.2.1 城市整体风貌特色的消失——千城一面

在工业革命之前，每一个城市建设使用的都是地方材料，所用的石材都是当地的，所以它的色彩质地都是地方独有的。再加上施工的技术，以及手工、雕刻、艺术等方面的文化元素，全部融在了城市的形象当中，融在城市的结构里，融在城市的建筑风格上。使得每一个古典的老城区，比如北京、雅典、巴黎、伦敦，都能体现出非常有特点的城市风格与形象（图3），使人们到这里来旅游时，对每一个城市都能留下深刻的印象。

伴随着工业文明和全球化的发展，以混凝土、玻璃为代表的现代建筑形象席卷全球，尽管很多建筑师创作出了各种造型、各种空间和各种有创意的建筑设计，但是就整体城市形象来说，还是千篇一律（图4）。在我们国家，尤其是居住区，由于土地的价值和经济的追求，大量的住宅已经发展到30多层，被称为"百米社区"。这些"百米社区"，或叫"高层社区"，密度很高，形象相近，建筑技术一致，容积率较高。所以从规划控制的角度来讲，就容易形成千城一面的现象。

1.2.2 城市防灾避险空间的缺失

2008年5·12汶川大地震，导致死亡和失踪人员约9万人，财产损失过千亿。在地震救援过程中，发现原有城区内对防灾避险空间预留严重不足，导致震后灾民临时安置场地和疏散通道严重缺乏，从照片可以看出，震后作为临时避难场所的校园操场上人满为患。2010年上海静安区公寓高楼大火事件导致58人死亡。这个事件的发生提醒人们，建筑过高、过密时，消防车作业空间、高度和人员疏散场地的不足，都给火灾的控制和人员的救助带来隐患。城市公共绿地是城市防灾避险空间的主要载体，这两个事例反映出我国有些城市的绿地总量、布局与城市人口密度之间的关系还存在问题。

北京古城中心区

北京 CBD

雅典

深圳 CBD

伦敦

广州 CBD

图 3　世界著名古典老城区风貌图片（以上图片均来自网络）　　图 4　全球化与城市风貌趋同的现象（以上图片均来自网络）

1.2.3 城市洪涝灾害加剧和水生态系统恶化

近些年来，城市内涝问题得到社会的广泛关注。习近平总书记对此高度重视，提出"要建设自然积存、自然渗透、自然净化的海绵城市"。住房和城乡建设部因此提出建设"海绵城市"的要求。为什么会形成严重的内涝呢？因为大量的城市化建设首先导致地表硬化，河流、湿地、绿地等雨洪滞蓄空间被填埋硬化。其次，玻璃和混凝土构成的高楼也是加快径流形成的原因。以北京朝阳 CBD 这种高密度城区为例，街区地块按 100~200m 的尺度划分，街区地块整体建地下室，而且有些地块和地块之间的地下使用空间（商业、停车）还是连通的。所谓的绿地，基本上是地下室上边的屋顶花园，所以真正的地表与地下水之间沟通与渗透的自然通道完全被切断，如果不配以强有力的排水设施，雨水必然积留在城市内部。除了内涝问题外，城市河流缺水、污染和水生生物绝迹等水生态系统恶化情况也较为严重。

1.2.4 城市空气污染与热岛效应

由沥青、玻璃和钢筋混凝土构成的城市，面积动辄上百平方公里，特大城市要上千平方公里，尽管有很多绿地和水系的调节，这些城市中心的某些部分仍然比周围乡村地区的温度要高，因此被称为"热岛"。

与热岛效应相伴而生的是空气污染，人类活动散发到空气中的不仅仅是热量，还有 $PM_{2.5}$、PM_{10} 和其他各种有害气体，这些有害气体将进入肺部，导致严重的呼吸道疾病，甚至是肺癌，我国近几年频发的严重的雾霾现象就引起了社会的高度关注。

此外，根据气象部门研究，热岛效应与城市空气污染叠加之后，会加大城市地区的降雨，从而加大城市发生内涝的频次，同时会减少城市上游山区的降雨量，减少水库的库存，进而对城市用水产生不利的影响。

中国在过去 40 年的改革开放和快速城镇化发展过程中实现了建设小康社会的阶段性目标，创造了经济增长的奇迹，但是采取的发展方式存在不均衡及不可持续等问题。对于快速城镇化初期出现的问题，早已经被钱学森和国内的一些学者所预见，也引发了针对 21 世纪城市如何建设问题的探讨。在这样的时代背景下，钱老以其系统科学的思维、古今中外的大视野、提出了具有中国特色的生态城市思想——"山水城市"思想。

图 5　钱学森先生（图片来自网络）

2 "山水城市"思想的概念及相关专业的对比研究

从 20 世纪 80 年代开始，时任科委副主任的"两弹一星"功臣钱学森先生（图 5）就非常关注城市建设。他从整体、系统的角度谈城市建设。他知道 21 世纪是城市的世纪，非常希望中国 21 世纪的城市能够具有中国特色，体现社会主义的优越性和高度文明，继而，他提出了"山水城市"思想。"山水城市"思想专业跨度大，古今中外无所不包，学习其思想并以其为工作指导，非常有必要。下文将介绍山水城市概念的形成背景、内涵与相关专业的对比研究。

2.1 预见到中国城镇化要出现城市病

钱学森先生在 1992 年给顾孟潮的信中写道："现在我看到，北京市兴起的一座座长方形高楼，外表如积木块，进去到房间则外望一片灰黄，见不到绿色，连一点蓝天也淡淡无光。难道这是中国 21 世纪的城市吗？"那个时候的北京才刚刚修完二环路，中心城区的高楼并不多，但是他已经看出这种趋势发展下去城市会变成什么样子。图 6 是 2013 年冬天在北京 CBD 拍摄的照片，现实情况正如当年钱学森先生所说，城市地域性面貌缺乏、建筑雷同、街区千篇一律，钢筋混凝土森林里难得看到宜人的绿色。尤其是那些所谓的"百米社区"，成片的方盒子排出的城市比比皆是，蔓延全国。从视觉效果、舒适度、宜居性、安全性等方面看，这些社区显然不是钱学森所希望看到的 21 世纪的中国城市。

图 6　2013 年冬天拍摄的北京 CBD

图7 避暑山庄风光（图片来自：《中国古代建筑图片库：皇家园林》；中国建筑工业出版社，2010年。）

2.2 "山水城市"概念的提出

"山水城市"这一概念，是钱学森先生 1990 年 7 月 31 日在写给吴良镛教授的信中首次提出来的。信中说："我近年来一直在想一个问题，能不能把中国的山水诗词、中国古典园林建筑和中国的山水画融在一起，创立山水城市概念？"为了进一步说明其想法，1992 年 3 月 14 日钱学森先生给合肥市副市长吴翼写信说道："在社会主义的中国有没有可能发扬光大祖国传统园林，把一个现代化城市建成一大座园林，高楼也可以建得错落有致，并在高层用树木点缀，整个城市是'山水城市'。如何？请教"。钱学森先生不光是一个追求中国传统山水文化的科学家，他还强调中外文化有机结合。"山水城市的设想是中外文化的有机结合，是城市园林与城市森林的结合。山水城市不该是 21 世纪的社会主义中国城市构筑的模型吗？"让普通群众生活在皇家园林一样的环境中是钱学森先生构想的山水城市的一个重要内容，他强调向中国的大型古典皇家园林学习，通过人造山水的形式来创造宜居的生活环境。1992 年 10 月 2 日，在给顾孟潮的信中钱学森先生说道："要发扬中国园林建筑，特别是皇帝的大规模园林，如颐和园、承德避暑山庄（图 7）等，把整个城市建成一座超大型园林。我称之为'山水城市'。人造的山水！"作为掌握国际科技动态的大科学家，钱学森大胆预言在高科技支撑条件下，"山水城市"构想实现的可能性，他指出："所谓21世纪，那是信息革命的时代了，由于信息技术、机器人技术，以及多媒体技术、灵境技术（virtual reality）和遥作技术（belescience）的发展，人可以坐在居室通过信息电子网络工作。这样住地也是工作地，因此城市的组织结构将会大改变：一家人可以生活、工作、购物，以及让孩子上学等都在一座摩天大厦，不用坐车跑了。在一座座容有上万人的大楼之间，则建成大片园林，供人们散步游息。这不也是'山水城市'吗？"

2.3 "山水城市"思想与人居环境科学

吴良镛教授（图8）是建筑学与城市规划界专家，钱学森先生多次给吴良镛教授写信研究城市学，两人在长期的交流过程中，互相启发，促进了中国城市学基础理论研究工作的进展。吴良镛教授继承和发展了梁思成先生的学术思想，早在清华大学建筑系成立之初，梁思成先生在编写教学大纲的时候，就提到建筑、园林、城市规划三位一体的教学体系。吴良镛教授在2001年出版的《人居环境科学导论》一书中提出，应以建筑、风景园林、城市规划为核心学科，把人类聚居作为一个整体，从

图8　2009年胡洁与吴良镛教授在奥森公园合影

社会、经济、工程技术等多个方面，较为全面、系统、综合地加以研究，集中体现整体统筹的思想（图9）。

他不仅支持钱学森的山水城市思想，而且还积极践行之。1993年吴良镛教授专门为山水城市讨论会撰写了一篇论文——《山水城市与二十一世纪中国城市发展纵横谈》。在文中依据桂林市总体规划的实践，谈到了中国古代画论"山得水而活""水得山而壮"。受此启发，吴良镛教授补上一句，"城得山水而灵"。这灵的意思是指城市得山水而增添了活力，丰富了城市的环境美（图10）。吴良镛教授建议"山水城市"的研究还需拓展至城市的历史、地理、生态等领域，并且将其融合起来进行多学科研究，进一步形成科学的规划理论和设计理念。

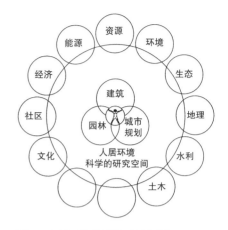

图9 人居环境学科体系构想图

2.4 "山水城市"思想与中国传统园林

笔者在北京林业大学读研究生期间，师从孙筱祥教授。孙先生是当代中国风景园林行业的专家，曾荣获2014国际风景园林师联合会（IFLA）杰弗里·杰里科爵士金质奖，是中国首位获此殊荣的风景园林师（图11）。

早在1962年，孙先生就在第一期《园艺学报》上发表文章《中国传统园林艺术创作方法的探讨》，提出"中国优秀古典园林的造景，是

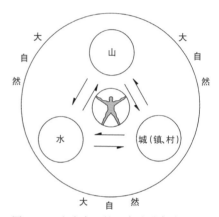

图10 以人为中心的山水城融合关系

图11 孙筱祥先生

自然山水的艺术概括"，并强调摒弃封建性的糟粕，提取人民性的精华。在谈及为何自然山水能成为中国传统园林的主题时，孙先生引用了陶渊明的诗句，"少无适俗韵，性本爱丘山""久在樊笼里，复得返自然"的思想基础，"人民自发地运用现实主义与浪漫主义相结合的创作方法，是'人化的自然山水'在园林造景中艺术再现的社会动力"。在1993年钱学森先生"山水城市"思想研讨会上，孙先生撰文《居城市须有山林之乐》，总结了中国古代山水城市在风景园林规划方面的美学传统；2005年，他又在《风景园林》杂志上刊文《艺术是中国文人园林的美学主题》，提出"生境、画境、意境"三个递进的美学序列境界，是对中国传统园林理论的进一步发展。

孙先生还积极践行现代城市的山水园林实践，比如杭州花港观鱼公园设计（图12）、杭州植物园规划设计、北京植物园（南、北园）总体规划、中国科学院西双版纳热带植物园总体规划。

图12　孙筱祥教授设计作品——杭州花港观鱼公园（胡洁协助孙筱祥先生绘制）

2.5 "山水城市"思想与西方生态科学思想

在钱学森关于城市学的书信当中多次谈到过西方的生态学，也谈到过西方城镇化出现的问题。面对城镇化过程中出现的问题，西方国家不断产生新的思想，并采用新的科学技术来解决，进而促进了风景园林专业的发展。吸收西方文化与科学是钱学森"山水城市"思想的重要内容之一。

2.5.1 英国田园城市思想

埃比尼泽·霍华德（E. Howard）（图13）是英国城镇化初期的著名思想家，其职业是速记员，但是却发表了《明日的田园城市》（*Garden Cities of Tomorrow*）这部著名著作。霍华德正视严重困扰他那个时代的一系列社会问题，希望创立兼具城市与乡村优势的新型社会城市。他还亲自组织了莱奇沃思（Letchworth）和韦林（Welwyn）两个新城的建设。

后来在艾伯克隆比（Abercrombie）主持的大伦敦规划工作中，吸收了霍华德的思想。最终，"田园城市"思想成为今天城市科学入门的经典思想之一。

图13　埃比尼泽·霍华德
（图片来自网络）

2.5.2 现代风景园林专业的形成

弗雷德里克·劳·奥姆斯特德（F. L. Olmsted）（图14）是美国现代风景园林专业之父。他在1858~1876年设计的纽约中央公园，是为大众设计的最早的公园之一。为什么在纽约中央公园会提出为公众服务的理念呢？因为当时的美国政府依照民主政治体系所构建，全民平等、全民服务的政治思想是主流思想。奥姆斯特德提出两点规划思想。第一，美国纽约的中央公园是为各个阶层服务的。他的理想则是使贫困的人们能够变得高尚而优雅，不同社会阶层的人都能和平共处，公园为这一设想提供了场地。第二，他把大规模的风景式公园看成是舒缓城市压力的场所，疲劳的人们在此重振精神之后能够更好地工作。比如，在中央公园的设计中，他提出来的第一个原则就是园路不能窄。园路宽度大于4m，其中他设计的中央大道是12m宽，这不是为了视觉冲击，而是为了大众步行得更舒服。

后来，奥姆斯特德和他的同事佛克斯（Calbert Vaux）合作设计了波士顿的几个重要公园，如将贝克湾的沼泽地改建为一个城市公园，富兰

图14　弗雷德里克·劳·奥姆斯特德
（图片来自网络）

图15 伊恩·麦克哈格
（图片来自网络）

图16 瓦尔德海姆
（图片来自网络）

图17 詹姆斯·科纳
（图片来自网络）

克林的希望公园等。在这两个公园设计的基础上，奥姆斯特德开始构思一个宏伟的计划，即用一些连续不断的绿色空间-公园道路将其设计的两个公园和其他几个公园，以及穆德河（Mudd）（该河最终汇入查尔斯河）连接起来，当时是利用马车道串联，这是最早建立的绿道系统，后来被称为"翡翠项圈"的规划。所以波士顿"绿宝石翡翠项链"是一个以城市整个的建设空间为本体的绿地系统规划，在新城开发之前，先发现水系、水体、现有林地，甚至是现有地形、地貌和山体的生态价值和美学价值，把它们保护好，然后进行连接。它具有前瞻性、公共性和完整的生态服务系统。

2.5.3 生态学进入风景园林专业

伊恩·麦克哈格（I. McHarg）（图15）在1969年发表著作《设计结合自然》（*Design with Nature*）。这本书针对的是第二次世界大战之后西方工业国家城镇化对环境与生态系统的破坏。他一反以往土地和城市规划中功能分区的做法，强调土地利用规划应遵从自然固有的价值和过程，即土地的适宜性，并因此完善了以因子分层分析和地图叠加技术为核心的规划方法论，被称之为"千层饼模式"，从而将风景园林规划设计与生态科学结合起来。

麦克哈格认为现在的城市建设，很多地方不符合自然法则，甚至把一些容易受到自然灾害的地方搞成建设区，这是犯罪行为。他认为规划师要学习和理解自然系统，才有可能实现可持续的发展。在对纽约南部斯塔滕岛的分析中，他画出了易受海潮威胁的区域作为不可建设用地，当地政府和开发商无视他的劝告，相中了这里的美景，搞了开发，结果50多年后的2012年12月29日，飓风"桑迪"袭击纽约市时，斯塔滕岛全岛，特别是在大西洋的一侧，遭遇重创，造成19人死亡，以及财产与公共设施的严重损失。灾后，宾夕法尼亚州立大学景观建筑学教授尼尔·克里斯托弗（Neil Korostoff）的研究表明，这些死亡的人员中多数都在禁止建设区域。

2.5.4 景观都市主义兴起

瓦尔德海姆（Charles Waldheim）和詹姆斯·科纳（James Corner）（图16、图17）是当代景观都市主义的代表，其设计思想秉承盖迪斯和伊恩·麦克哈格的生态主义思想。他们将整个城市理解为一种生态系统，是自然过程和人文过程的载体。代表性的著作是《景观都市主义读本》（*Landscape Urbanism Reader*），代表景观作品有法国拉维莱特公园、纽约高线公园、首尔清溪川公园等项目。面对后工业化时代的城市衰退与更新，景观都市主义（landscape urbanism）的提出为风景园林学科探索面向城市的风景园林带来了机会，它模糊了风景园林、建筑和城市设计的界限，促进了学科间的合作，给后工业时代下大都市的发展带来了新的可能。

2.6 "山水城市" 思想与中国生态文明政策

进入 21 世纪之后，面对中国城镇化出现的诸多不可持续的问题，党中央从十七大开始倡导生态文明建设，十八大更是专篇论述生态文明建设的必要性，十九大再次强调生态文明的制度建设，并提出 "实行最严格的生态环境保护制度，形成绿色发展方式和生活方式，坚定走生产发展、生活富裕、生态良好的文明发展道路，建设美丽中国，为人民创造良好生产生活环境，为全球生态安全作出贡献"。

在城镇化工作方面，党中央在 2013 年中央城镇化会议当中谈及如何提高城市建设水平时提出，"要体现尊重自然、顺应自然、天人合一的理念，依托现有山水脉络等独特风光，让城市融入大自然，让居民望得见山、看得见水、记得住乡愁"。

习近平总书记高度重视生态文明建设，在 2005 年就提出著名的 "两山论"，"我们过去讲，既要绿水青山，又要金山银山；实际上绿水青山就是金山银山"。2013 年 11 月习近平总书记在《中共中央关于全面深化改革若干重大问题的决定》的说明中提出："我们要认识到山水林田湖是个生命共同体，人的命脉在田，田的命脉在水，水的命脉在山，山的命脉在土，土的命脉在树"。这句话是习总书记整体观与系统观思想的一种反映。2018 年 2 月在视察四川天府新区时，习总书记谈道："天府新区是'一带一路'建设和长江经济带发展的重要节点，一定要规划好建设好，特别是要突出公园城市特点，把生态价值考虑进去，努力打造新的增长极，建设内陆开放经济高地。"这是习总书记第一次谈到公园城市的概念。2018 年 4 月，习总书记参加首都义务植树活动时又再次提到公园城市的概念。

20 世纪 90 年代，钱学森先生提出了 "山水城市" 的概念。他分析和对比了西方城镇化的成功经验和失败教训，希望我们能够避免犯西方国家犯过的错误，并且积极学习和引进西方的文化及先进的科学技术，建设 21 世纪具有中国特色的"山水城市"。吴良镛、孙筱祥等建筑、城市规划及风景园林专业的学者们支持、丰富和实践了钱学森"山水城市"思想，使得"山水城市"思想的内容日益成熟，并逐渐成为中国学术界所熟知的经典城市科学思想之一。

党的十八大之后，党中央提出"绿水青山就是金山银山"的生态文明理念，近年习总书记又提出"公园城市"的思想。这对"山水城市"思想的发展和实践非常重要。同时，将国家政策与"山水城市"思想相融合，也将有利于中国新型城镇化与美丽中国建设目标的实现。

3 中国山水文化思想源流

为什么钱学森先生用到"山水"这两个字？"山水"这两个字在中国文化中到底拥有什么样的内涵，而让钱学森这位伟大的科学家对其情有独钟呢？钱学森先生说："山水城市是从中国几千年来对人居环境的构筑和发展中总结出来的。"可见，"山水城市"并不是现代的发明，而是中国几千年"山水文化"的智慧结晶。中国珍贵的山水文化，是得天独厚的自然地理环境和辉煌的文化结晶。中国山水文化内容十分丰富，涉及哲学、宗教、美学、文学、建筑、绘画、雕塑、书法、音乐，以及科学技术等方面的内容，真正收集整理起来可能是一部百科全书。

下文从两个方面概要论述中国山水文化的源流。第一个方面是从哲学、宗教及美学等人文思想的角度介绍其形成与发展过程。中国山水文化大致经过了由敬畏而崇拜，由崇拜而比德山水，进而产生独立的山水审美意识，并对其进行艺术化的再创作四个阶段。第二个方面是从人居环境建设角度研究古代山水文化的影响，阐明为什么中国的城乡建设会呈现出一种追求与自然和谐共生的形态。

3.1 山水文化之人文思想演进

3.1.1 对山水的敬畏和崇拜

在远古时期，面对各种强大的自然现象以及人类自身的各种生老病死现象，人们心中产生了恐惧和敬畏之心。比如在成书于先秦的

《山海经》一书中记载的神仙、巫师和奇人、怪兽反映了史前人类对山水的敬畏与崇拜之情。再后来，这些民间的神话被道家整理为昆仑山与蓬莱两个系统。昆仑山是传统文化中的圣山，而东海的三座神山"蓬莱、方丈、瀛洲"则是历代帝王寻求不老之药的场所。在古人想象中，仙人住的房子和紫禁城的宫殿相似，建筑屋顶是琉璃瓦铺就的，院落由红墙围绕而成，仙人们住的环境被山水所环抱。古人们所崇尚的最理想、最优美的生活环境——蓬莱仙境，是与自然山水融为一体的（图18）。

为了生活得更好，为了平安，甚至为了死后灵魂有个更好的去处，出于种种利益诉求，原始社会的人们开始带着敬畏之情对各路神灵进行祭祀。这种祭祀活动不仅存在于家庭的日常生活中，而且是一个部落、国家每年必须要举行的大事。在殷墟的卜辞中有"侑于五山""燎于十山"这样祭祀大山的文字记载。张光直在其著作《青铜器时代》中解释说，山是商代巫觋（xí）来往于天地之间的通道，因此祭祀发生在山上当属正常。山川的祭祀是统治者非常重要的工作。《礼记·祭法》中说："雩宗，祭水旱也。四坎、坛，祭四方也。山林川谷丘陵能出云，为风雨，见怪物，皆曰神，有天下者祭百神"。为了能够风调雨顺，须要求得神仙的护佑。在战国时期，山川崇拜又和封建礼制结合起来，形成了五岳四渎的山川层级体系，如《礼记·王制》中所说："天子祭天下名山大川，五岳视三公，四渎视诸侯"，而泰山因其山形高峻，又位于东方，具有万物之始的象征意义，于是从秦始皇开始这里便成为皇帝"封禅"的场所，以告白天下，皇权受命于天（图19）。到了汉代，道家黄老之学与方仙道融合，道教开始兴起，人们相信山林是凡人修炼成仙的最佳场所（道教神话中的十大洞天、三十六小洞天、七十二福地都建在山上），这在汉代发掘的祭祀礼器——山形香炉上可以得到很清楚的验证（图20、图21）。香炉的顶盖是铜色的一座山，香烟一出来后便云雾缭绕，山上有一个小人，就是神仙。而怎么得道成仙呢？就是到云雾缭绕的山上去修行，成仙得道，长生不老。

3.1.2 对山水认知的哲学阐发

为了更好地生存，史前人类不断地进行科技创新，改变着生产工具，从石器到铁器，从铁器到青铜器，人们不断扩大自己的活动范围。疏导洪水、生产粮食、驯养野兽、建造复杂的建筑、营造聚落与城池，人们

图 18　清·袁耀《蓬莱仙境图》

图 19　泰山全图

图 20　汉代铜香炉

图 21　山形香炉

（图 20、图 21 引自：《中国记忆·五千年文明瑰宝》；文物出版社，2008 年）

创造出越来越丰富的生活，社会的复杂程度也越来越高（图22）。自然界与人的关系以及人类自身的社会问题，逐渐引发出哲学思潮。一些先哲提出了新的论点，"道大，天大，地大，人亦大"（老子《道德经》），老子认为人是与天地同等地位的生物；在对鬼神的态度方面亦有所变化，"务民之义，敬鬼神而远之，可谓知矣"（《论语·雍也》）。孔子认为人类社会自己的事情还是要自己解决，这才是有智之举。再比如儒家常把山水与人的品性、道德联系在一起，采用比德的手法教导人们。比如"仁者乐山，智者乐水"（《论语·雍也》）这句话的内涵就是将山水的景色加以人格化的比喻，让人能够理解抽象的道德说教。而道家哲学对自然的认识则更进一步，老子强调顺应自然、尊重自然，以自然为最高审美原则，产生了对宇宙本源和万物普遍规律的认识——"道"。"人法地，地法天，天法道，道法自然"（老子《道德经·二十五章》）。另一位道家学说的创始人庄子对自然与人的关系则更侧重"天人合一"的状态，以及对大自然之美的高度赞誉，"天地有大美而不言，四时有明法而不议，万物有成理而不说"（庄子《知北游》），"天地与我并生，而万物与我为一"（庄子《齐物论》），"独与天地精神往来而不傲倪于万物"（庄子《天下篇》）。

总之，今天我们回顾这些哲学思想，这些大思想家都有一个共同的基点，就是人与自然的关系是和谐、平等、共生的，或称之为"天人合一"。而"山水"作为自然的代表景物，广泛为先秦哲人所认知阐释，将纯自然的山水环境变成了社会秩序建构的精神图腾、人性美德塑造的美好场所、感受最纯真美好生活的乐园。

3.1.3 山水独立审美思想的形成

伴随着生产力水平和人类应对自然能力的提高，古人对自然山水的品位，逐渐脱离了神秘和恐惧的感受，催化了独立审美情感的形成。山水独立审美的萌芽产生时代不会晚于西周，因为在《诗经·小雅》的早期作品中，大量使用比兴手法，把优美的自然景物联系于人事。比如"秩秩斯干，幽幽南山。如竹苞矣，如松茂矣"（《诗经·小雅·斯干》）就是以终南山的美景引出下文的兄弟情谊。在春秋战国时期，游览自然山水之风就已经兴起，古代帝王有在山水环境非常优美的地方建筑高台的风气，其意图显然不单纯在祭祀上。

到了秦汉时期，大一统的集权国家建立，强调"天人感应"的官方

图 22　明·仇英《大禹治水图》

经学体系影响着社会文化思维。汲取先秦的理性精神，秦汉时期主体的自觉意识达到了一个顶峰，其重要表现之一是对自然山水展开了积极的体认。《史记》载"皇帝东游，巡登芝罘""皇帝春游，览省远方"，已明显带有游览自然山水的色彩。

秦汉山水观念的主流是关注自然山水的充盈磅礴，并将"体象天地"的摹仿行为作为山水审美的艺术表达方式。如"引渭水以象天汉"（《三辅黄图》），其空前绝后的气魄至今仍令人叹为观止。《西都赋》描写昆明池："左牵牛而右织女，似云汉之无涯。"司马相如《上林赋》称上林苑的山水景观特点是"视之无端，察之无涯"。另外，秦汉的山水观虽仍受楚文化浪漫主义色彩的影响，杂糅着对仙界的幻想意味，但更侧重于寄托人间生活的享乐情怀，体现出明显的愉快、乐观、积极、开朗的现世情调。如《淮南子·本经训》所言："凿污池之深，肆畛崖之远。来溪谷之流，饰曲岸之际。积牒旋石，以纯修琦。抑减怒濑，以扬激波。"这里细致地阐述了如何利用叠石的方法使池岸曲折多姿，并使水势具有抑扬的变化，水流的动态、声响已经成为独立的审美对象。又如东汉末的曹操在《观沧海》中写道："东临碣石，以观沧海。水何澹澹，山岛竦峙。树木丛生，百草丰茂。秋风萧瑟，洪波涌起。"作者在水天浩渺、山林突兀的环境中借山水抒怀。

东汉时佛教传入中国，在魏晋的社会经济发展形势下，与中国本土哲学、宗教相融合，促发了玄学、佛学、道家、儒家等宗教、哲学思想的大发展，进而产生了独立的山水审美思想。对其时的文人士大夫来说，山水环境是他们安顿心灵的精神家园。在这座精神家园里，他们或登山临水，游览赏玩；或结庐而居，隐逸终老；可以吟咏性情，谈玄斗禅。无论形式有何不同，人文意蕴和精神内涵都一脉贯注——就是归趋于大自然，在与自然山水的亲和过程中获得审美享受，以使精神得到解脱超越，人格得到升华。

3.1.4 山水的艺术表现与再创造

在独立山水审美思想的形成过程中，艺术的表现形式也逐步介入进来，对其进行挖掘和再创造，形成了山水诗、山水画和山水园林。

中国古代的山水诗发源于先秦两汉，在《诗经》《楚辞》和《汉赋》中有大量对山水景物的描写，山水诗的出现时代是魏晋南北朝时期，其中最具代表性的山水诗人是谢灵运与陶渊明。谢灵运拥有中国山水诗鼻

石壁精舍还湖中作

谢灵运

昏旦变气候，山水含清晖。
清晖能娱人，游子憺忘归。
出谷日尚早，入舟阳已微。
林壑敛暝色，云霞收夕霏。
芰荷迭映蔚，蒲稗相因依。
披拂趋南径，愉悦偃东扉。
虑澹物自轻，意惬理无违。
寄言摄生客，试用此道推。

饮酒 其五

陶渊明

结庐在人境，而无车马喧。
问君何能尔？心远地自偏。
采菊东篱下，悠然见南山。
山气日夕佳，飞鸟相与还。
此中有真意，欲辨已忘言。

图 23 明·仇英《金谷园图》

祖的美誉，为逃避黑暗的现实生活，就在山水中寻求精神慰藉，写下了大量的山水诗，赞颂美丽的大自然。陶渊明是与谢灵运同一时代的思想家，他将闲适恬然的田园生活与优美的自然山水结合在一起，反衬上流社会和官场生活的腐朽黑暗。

中国古代的绘画艺术也因山水审美、山水诗的流行而得到了极大的发展。山水画萌芽于魏晋南北朝时期，初期的山水画以人物为主景，山水为配景，后来逐渐过渡到以山水为主景的山水画画法。中国现存最早的山水画是北齐至隋之间的展子虔（约 550~600 年）创作的山水画《游春图》，这不仅是存世年代最久远的山水画，也是现存最古的画卷。唐代诗人王维也是一名山水画的大家，他曾经创作了《辋川图》这幅画作。他的两篇山水画论也非常著名，一是《山水诀》，另一是《山水论》，其中一些名句已成为山水画的不二法则，"凡画山水，意在笔先。丈山尺树，寸马分人。远人无目，远树无枝。远山无石，隐隐如眉；远水无波，高与云齐。此是诀也"（《山水论》）"主峰最宜高耸，客山须是奔趋。回抱处僧舍可安，水陆边人家可置"（《山水诀》）等。到了五代和南北两宋时期，山水画进入了黄金时代，在宋太宗、宋真宗和宋徽宗等历代皇帝的倡导下，社会上文风鼎盛，文人山水画占据社会的主导地位，"荆（浩）、关（仝）、董（源）、巨（然）"四大家成为当时最著名的山水画派。

魏晋以降的山水画画的是山水，表达的是文人自身的精神追求，受到不同时代文化的影响，但是总体上反映的是儒家、道家和佛家思想，或以山水体现圣贤之道，或以山水体现出世之心，或以山水体现隐逸之情。这些文人仕宦并不满足于以诗画言志，还在城市、乡村或郊野别墅中开始营造园林，利用人造山水来满足自己亲近自然、畅神励志的精神需要。清华大学周维权教授在其著作《中国古典园林史》中总结隋唐园林时如此说："文人参与造园活动，把士流园林推向文人化的境地，又促成了文人园林的兴起，山水画、山水诗文、山水园林这三个艺术门类已经有互相渗透的迹象。中国古典园林的第三个特点——诗画的情趣——开始形成……"，有记录的古老山水园林有西晋石崇的金谷园（图 23）、唐代王维的辋川别业、杜甫的庐山草堂等。在中国古典园林全盛期的宋朝，更是诞生了大量艺术水准极高的经典山水园林，在此不再赘述。

3.2 山水文化之人居环境影响

中国地处多山之境，中国先民崇拜山水、比德山水、审美山水，最终形成了独特的山水城市，其文化特征概括起来有如下五个方面。

3.2.1 象天法地——巧借山水形胜而立威

"且夫天子四海为家，非壮丽无以重威"（《史记·高帝本纪》），古代帝王很早就知道借助自然山水之形胜而增加帝都磅礴恢宏的气势。秦咸阳是中国进入大一统时代的第一个帝都，秦始皇将咸阳城置于山水之间，南邻渭水，北边和东面都有高山，南面是钟南山。他在前面找了两个最漂亮的主峰作为门阙来定它的轴线，"表南山之巅以为阙"，整个咸阳与周边山水结构融成一体，形成一个非常宏大、全面、系统的城市规划格局，是将城市融于自然山水的典范。

中国历史文化名城杭州更是举世闻名的山水城市，其数千年的城市发展与湖山密不可分。南宋临安宫城的选址没有选在西湖旁边，而是选择在南临钱塘江的凤凰山上，其优点有四个：第一，凤凰山的东南坡在风水上是一个吉祥的位置，应紫气东来之意；第二，从视线上来说，远可观赏钱塘江入海的景观，近可领略西湖山水风光；此外，在山坡上还有一个更重要的因素就是安全，包括军事防御和避让洪水两个方面。因此，杭州自然山水骨架与城市形态得到良好的融合，在满足城市生产、生活功能需求的同时也拥有良好的生态功能，使得杭州成为我国迄今为止最美、最佳的古代山水城市范例（图24）。

图24　杭州西湖鸟瞰图（图片来自网络）

3.2.2 聚气藏风——最适人居的山水环境

中国的传统城市乃至村镇几乎无不与"山水"有着极其密切的关系，而它的思想理论基础则是传统的"风水学说"。中国古代建筑学和城市规划学的形成过程中出现的风水学现象，是古代文化的重要组成部分，对形成古代的山水城市观念有较大影响。中国古代风水学在其发展过程中逐渐形成了一套固定的山-水-城模式，具有"背山面水""负阴抱阳""聚气藏风"等城市选址原则，对很多古代城市山水格局的形成有非常重要的意义（图25）。关于古代风水学的现代化应用是我国城市规划界学者们讨论的一个话题，风水学中宿命、迷信的元素是显而易见的，应该予以否定，而古代风水学中的"生态关联的自然性、环境容量的合理性、构成要素的协同性、景观审美的和谐性、文脉经营的承续性"五大特征，仍然值得我们今天深入学习和发展。

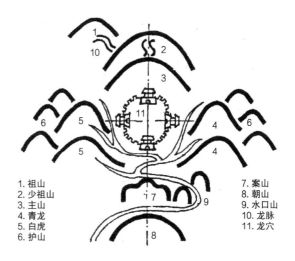

1. 祖山　　　　7. 案山
2. 少祖山　　　8. 朝山
3. 主山　　　　9. 水口山
4. 青龙　　　　10. 龙脉
5. 白虎　　　　11. 龙穴
6. 护山

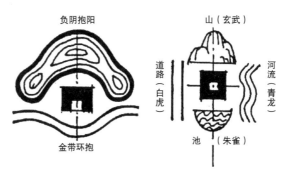

图25　理想风水格局图（摘自王其亨《风水理论研究》）
［图片来自：《风水理论研究》（第二版）；天津大学出版社，2005年］

图 26　从北海公园上空俯瞰故宫（2009 年 10 月拍摄）

图 27　北京古城故宫与景山及六海等人造山水景观（2009 年 10 月拍摄）

3.2.3 人造山水——居城市而有山林之乐

那么在高墙环绕、街巷密布的城市内部，人们的生活是否与山水无缘呢？乾隆皇帝有一句非常经典的话，叫"平地起蓬瀛，城市而林壑"，通过人造山水来满足人们亲近自然的需要。古都北京就是人造山水城市的范例。北京古城没有倚靠太行山凭险而建，而是将城市建设在交通便利的平原地区，城市的南面是永定河的泛洪区，利于城市排水。

在北京古城的规划中，元、明、清三代都非常重视人造山水的营造，保留并拓宽了高粱河，形成了城市内部总面积达 3.4km^2 的山水园林，比纽约中央公园早 800 多年（图 26、图 27）。

在宫城内的山水景观被称为前三海（北海、中海、南海），专供皇家使用；宫城外的称为后三海（西海、后海、前海），为民间所用。这里有燕京八景之一的"银锭观山"，老百姓在这里可远观西山，和皇帝享受一样的山水景观。

在皇宫宫城建筑群的北部中轴线上有一座山叫景山，是由人工堆筑而成的土山，其作用从风水学上讲是靠山。景山还可以遮挡冬天北方的寒风，夏天又可以为皇宫内院送来习习的凉风，发挥城市绿地的气候调节功能。

3.2.4 因地制宜——依托山水的低影响开发

《管子·乘马》记载："凡立国都，非于大山之下，必于广川之上，高毋近旱，而水用足，下毋近水，而沟防省。因天材，就地利，故城郭不必中规矩，道路不必中准绳。"管子这段话语，交代了城市与山水的位置关系，也讲出了低影响开发、经济性和地方特色景观形成的基本原则。轴线对称的方形城市、棋盘状路网，是从周代就形成了的都城理想形制，但实际上，历代城市都没有将土地平整成一个平面，而是根据实际地形进行修建，以减少开支。这种规划建设方法，非常符合现代城市建设所提倡的低影响开发思想。

中国几千年延续下来的山水文化博大精深，在传统山水文化影响之下的人居环境建设独具特色，其价值越来越受到国际学术界的重视。美国当代知名景观设计师J·O·西蒙兹在《21世纪园林城市》中写道："历史证明，世界最为和谐、适合居住的社区不在今天，而在古代文明时期。例如在古代中国，社区不仅与自然山水环境相协调，而且与地下能源的流动方向、日照范围，以及无垠复杂的宇宙星系相协调。"2016年，全球200多名学者齐聚上海同济大学，召开"生态智慧与城乡生态实践"论坛，提出了"立即将扭转生态危机作为当务之急""将生态智慧-生态实践-生态文明融为一体"等十条论点，并且呼吁"传承和创新中华生态智慧范式与生态实践范式"。由此可见，深入学习中国传统山水文化，发扬其中的生态智慧，对我国乃至世界的城镇建设都具有重要意义。

4 践行"山水城市"思想的途径探索

4.1 对"山水城市"思想的理解

古往今来，生活在园林般如诗如画的环境之中，始终是中国人追求的目标，"山水城市"思想则是对这一追求的科学概括。在资源和空间极为有限的条件下，如何让十三亿中国人生活在皇家园林一样的环境中，享受现代科技进步所带来的高度文明的现代生活，是钱学森先生一直非常关切的一项事业。正如清华大学尹稚教授所言，"'山水城市'思想不是要制定一套城市建设的评价指标体系，而是要树立一种科学态度和崇高的理想"，其内涵是基于对人与自然和谐关系的永恒追求。

4.2 践行"山水城市"思想的路径探索

"山水为境，人居点睛"（吴良镛教授为本书题词），为了追求一种理想，或者说是追求一种人居环境的最高境界，在我们过去的实践中，总结出九点践行山水城市的实施途径与读者共享。

4.2.1 从城市所在地域的山水格局出发，跳出项目委托红线考虑问题

钱学森先生在1992年8月14日给《美术》杂志总编王仲写信道："……所谓'城市山水'，即将我国山水画移植到中国现在已经开始、将来更应发展的，把中国园林构筑艺术应用到城市大区域建设，我称之为'山水城市'。这种图画在中国从前的'金碧山水'已见端倪，我们现在更应注入社会主义中国的时代精神，开始一种新风格为'城市山水'。"基于此思想，我们在规划实践中非常重视研究山水与城市的关系，发现和构建山水格局，保护和激活已有的山水视廊，从宏观到微观、从空间到落地进行整体规划，实现城市与自然之间的和谐关系，让山水融入城市的生活。

4.2.2 立足生态科学，以生态优先为原则

钱学森先生曾经提到山水城市建设的重要因素之一就是充分应用现代科学技术，"我想讲要有中国文化，并不排除在建筑和城市建设中充分应用现代科学技术；相反，我们应将二者融为一体，构筑21世纪的山水城市"。生态科学在20世纪90年代已经深入到城市规划的相关领域，钱学森先生提出"生态城市是山水城市的物质基础"，因此，我们认为基于生态科学的规划方法对山水城市的规划建设非常重要。从北京奥林匹克森林公园的生境规划开始，应用先进的GIS、遥感、无人机等生态分析信息工具，对环境生态因子、城市需求等方面进行详细分析和论证，在生态安全、生态保护、生态修复、生物多样性和城市建设之间寻求科学合理的平衡和对策，积极保护现状自然资源，将生态修复和生态重建等理论融入规划设计工作中。

4.2.3 尊重传统文化和地方文化，积极引进世界先进文化

"山水城市是从中国几千年来对人居环境的构筑和发展中总结出的"。从古至今，人居环境建设就是地方文化与外来文化相互影响的结果，钱学森先生提出："山水城市的设想是中外文化的有机结合，是城市园林与城市森林的结合。山水城市不该是 21 世纪的社会主义中国城市构筑的模型吗？"在我们的规划实践中，很多项目中既有中国传统园林艺术、古代城市规划及古代风水学的传承，也有对地域文化的保护和再创造，还有西方现代艺术和现代高端科技的引入与发挥，充分体现了钱学森先生所倡导的"大成智慧"。

4.2.4 以人民的需求为出发点，尊重人民的创造

1996 年钱学森先生给重庆市城市科学研究会秘书长李宏林写信道，"我设想的山水城市是把我国传统园林思想与整个城市结合起来，同整个城市的自然山水条件结合起来。要让每个市民生活在园林之中，而不是要市民出去找园林绿地、风景名胜""建山水城市就要运用城市科学、建筑学、传统园林建筑的理论和经验，运用高新技术（包括生物技术）以及群众的创造"。

城市的核心是为人民服务，让人民生活在皇家园林一样的城市环境中是"山水城市"思想中非常明确的愿景；另外，一个项目从规划、建成到运营管理，都离不开公众的参与，民众的智慧往往是解决规划设计问题的法宝。

4.2.5 风景园林师从总体规划阶段开始介入，将城市空间布局与山水格局、绿地系统与城市空间布局和城市风貌整体规划

1994 年，钱学森先生在《城市建设要有整体考虑》一文中说，"中国的建筑学要同城市学结合起来，形成科学技术、社会科学与艺术融合的'中国学问'。我们既要讲究单座建筑的美，更讲城市、城区的整体景观、整体美"。从人居环境科学理论的解释来说，规划、建筑与风景园林是人居环境科学的三个核心专业，风景园林师应当在项目的前期介入，依据生态安全、山水视廊、园林美学和文化等方面的要求对城市空间布局和城市风貌进行控制，以确保高品质城市环境的形成。

4.2.6 深入领会"绿水青山就是金山银山"的生态文明理念

城市绿地是城市生态安全的支撑之一，是城市居民愉悦身心、锻炼身体、强健体魄、陶冶情操、认知自然的生活环境。城市这座"金山银山"能否持续发展，离不开科学合理的绿地系统布局。伴随着科技的发展，人们会有更多的时间在城市绿地中生活，这为旅游、休闲、健康产业提供了新的发展机遇。新的"金山银山"等待我们去挖掘。钱学森先生曾经说过："当然，我国的园林设计还不只是一个继承以往的问题，在新的社会、新的环境、新的时代对它会提出新的要求，因而也就把园林学的内容更加丰富起来。"

4.2.7 学习和吸收国家现行政策，融"山水城市"的理想于实践中

在 1998 年，钱学森提出"建国后城市发展的第一步是园林城市，如北京市、大连市等；我们现在计划设计中的是第二步：山水园林城市，如重庆市、武汉市；有了这些经验才能结合 21 世纪新文化，包括大大发展了的国民经济和信息时代的生活特点，并总结第一步园林城市和山水园林城市的经验构筑第三步山水城市（在没有天然山水的地方也要建设山水城市）"。"山水城市"的理想不会一蹴而就，必然有其科学发展规律，从现行国家园林城市、生态城市和生态文明等方面的政策规范中吸收营养，不仅可以丰富"山水城市"理论，更有利于"山水城市"思想的实践。

4.2.8 人居环境多学科协作的基础平台是山水城市实践的重要支撑

钱学森先生的科学观和宇宙观具有鲜明的科学性与实践性，他一直以复杂的巨系统的观念看待城市，如何在技术体系上支撑人居环境建设，是山水城市实践的关键。清华同衡规划院在市场上竞争的优势之一，就是人居环境各个专业技术队伍的齐备性。此外，清控人居集团在建筑、规划、装饰、环境、水利等主要板块上的技术集成优势，可以为地方政府提供"一揽子"的设计支持。

在以风景园林中心为主的项目实践中，根据项目的需求，经常是多专业、多行业协同工作的模式，为"山水城市"思想的实践提供科学全面的技术支撑。

图 28　唐山市领导讨论南湖生态城规划（2008 年 11 月拍摄）

4.2.9 政府部门强有力的领导和组织协调工作

吴良镛教授在一篇文章中说过，"把一个城市治理好有着重要的政治意义，而把它建设好还是一个艺术创造，这需要市长与建筑工作者善为结合。这就是说，我们的城市规划建设有着两个最高的境界，一是政治上的、战略上的最高境界，即决策的科学性；二是城市环境塑造上的艺术性，而一个城市建设的完美，离不开这两类建筑师的高度结合。"

一个城市尺度的规划项目，对城市的影响是长远的、全方位的。必须由当地政府组成强有力的领导班子、专门的队伍才有可能完成如此复杂的工作。国家各级行政干部执政理念的境界和综合能力、管理决策和组织保障能力，对一个城市的发展至关重要，也决定了城市环境的建设水平（图 28）。

4.3 本书选录项目概述

过去十多年，在钱学森"山水城市"思想的指导下，依托清华人居集团这一多学科平台，我们得以在国家级重大项目和诸多城市尺度项目中进行了大量的实践。我们选择其中 10 个代表性项目来进行经验总结，详见本书的第二部分。

这 10 个项目可分成两种类型：第一个是城市大事件类型项目，包括北京奥运公园及奥林匹克森林公园、2022 北京冬奥会奥林匹克森林公园、2019 北京世界园艺博览会、2021 扬州世界园艺博览会；第二个是新城建设类型，包括铁岭凡河新城、唐山南湖生态城、葫芦岛龙湾新城、阜新玉龙新城、北京未来城、内蒙古多伦诺尔新城等项目。

上面这些项目各有特色，难点各不相同。北京奥林匹克公园主要面对三大挑战：其一，奥林匹克公园以什么样的方式结束北京的中轴线；其二，这个方案如何体现中国特色；其三，如何在奥林匹克公园中体现"绿色奥运、科技奥运、人文奥运"这三大理念。而 2022 北京冬奥森林公园风景园林规划设计的难点是如何利用好自然山水条件，如何在加强基础设施建设的同时，考虑好现状植被覆盖与类型、现状水系与潜在径流、长城遗址保护、生态敏感性等影响因子，构建生态保护与修复示范区。实现在赛后留下一份奥运文化遗产，将竞技体育、户外运动、旅游休闲度假与地方民俗文化活动相结合，建设户外体育主题公园的发展目标。辽宁省铁岭市凡河新城风景园林规划设计的难点是如何将新城规划与国家级湿地公园生态修复结合起来；河北省唐山市南湖生态城及南湖公园风景园林规划设计要面对的是地震和采煤导致的近 25km^2 的塌陷区、煤矸石和生活垃圾组成的超级垃圾场；辽宁省葫芦岛市龙湾中央商务区风景园林规划设计是在自然风光极为优美的海湾内进行的城市建设，如何将海洋、沙滩、崖壁、溪流和山体等自然风光与城市结合在一起是本项目的难点；辽宁省阜新市玉龙新城核心区风景园林规划设计是在东北地区衰落的煤炭工业基地内的规划项目，通过大型河流廊道、玉龙山和城市发展轴的连接，为衰退中的城市带来一线光明；北京未来科技城风景园林规划设计将介绍以海归人才引进为主题的新城规划，该项目利用了北京市美丽的温榆河生态廊道；内蒙古多伦诺尔县是个人口不足 20 万的小城，因为与北京特殊的地理位置而闻名于世，新城的绿地系统规划需要面对荒漠化这一生态问题；2019 北京世界园艺博览会综合规划以"绿色生活，美丽家园"为主题，"同大自然的湖光山色交相辉映"，园区所阐释的绿色发展理念将为全球可持续发展提供积极的借鉴；2021 扬州世园会的举办地为仪征，这里是《园冶》的诞生地，江南园林深厚的园林文化底蕴将在这届世园会上充分展现。

5 结语

改革开放 40 年，我国取得的发展成绩举世瞩目，但是也应清醒地认识到成绩背后所付出的环境代价。"纵观人类文明发展史，生态兴则文明兴，生态衰则文明衰。工业化进程创造了前所未有的物质财富，也产生了难以弥补的生态创伤"，习近平总书记在北京世园会上为中国未来的发展道路明确了基调，"杀鸡取卵、竭泽而渔的发展方式走到了尽头，顺应自然、保护生态的绿色发展昭示着未来"。

在生态文明发展的时代背景下，在全国人民追求美丽中国的迫切期待中，钱学森先生提出的山水城市思想获得了学术界和城市建设者们的高度认同，成为指导城市规划建设的重要思想。北京清华同衡规划设计研究院风景园林中心非常有幸赶上了中国城镇化的高峰期，依托清华大学人居环境科学的平台，完成了很多重大项目。这是风景园林中心全体同事齐心协力、艰苦奋斗的成果。

最后，引用尹稚教授在《中国城镇化与城乡发展建设的绿色化道路探究》一书序言中的一段话作为本文的收尾，"梦还在，心就在，不忘初心，用心努力，恒心永存才能去实践梦想！"

参考文献

[1] 刘易斯，芒福德.城市发展史[M].宋俊岭，倪文彦，译.北京：中国建筑工业出版社出版，2005.

[2] 联合国经济社会事务部.2008年底世界半数人口将居住在城市[J].世界贸易组织动态与研究，2008 (04)：43.

[3] 联合国世界环境与发展委员会.我们共同的未来[M].王之佳，柯金良，等，译.吉林：吉林人民出版社，1997.

[4] 中国国家统计局官网.国家数据–综合–行政区划[EB/OL]. http://data.stats.gov.cn/easyquery.htm?cn=C01&zb=A0101&sj=2018.

[5] 王亚男，冯奎，郑明媚.中国城镇化未来发展趋势——2012年中国城镇化高层国际论坛会议综述[J].城市发展研究，

2012 (6)：中心彩页.

[6] 陈明星，叶超，周义.城市化速度曲线及其政策启示——对诺瑟姆曲线的讨论与发展[J].地理研究，2011 (08)：1499-1506.

[7] 鲍世行，顾孟潮.杰出科学家钱学森论城市学与山水城市[M].北京：中国建筑工业出版社，1994.

[8] 吴良镛.人居环境科学导论[M].北京：中国建筑工业出版社，2001.

[9] 孙筱祥.中国传统园林艺术创作方法的探讨[J].园艺学报，1962 (05)：79-88.

[10] 孙筱祥.艺术是中国文人园林的美学主题[J].风景园林，2005 (02)：33-39.

[11] 宋俊岭.读奥斯本著的"埃比尼泽·霍华德和他的思想演进过程"[J].国外城

市规划，1998 (03)：48-50.

[12] 杨锐. 从文明史角度考察美国风景园林创始阶段的历史人物及其启示 [J]. 风景园林，2013 (12)：128-131.

[13] 曹康，林雨庄，焦自美. 奥姆斯特德的规划理念——对公园设计和风景园林规划的超越 [J]. 中国园林，2005 (08)：37-42.

[14] 刘冬云，周波. 景观规划的杰作——从"翡翠项圈"到新英格兰地区的绿色通道规划 [J]. 中国园林，2001 (03)：59-61.

[15] Wei-N X.Doing real and permanent good in landscape and urban planning: ecological wisdom of urban sustainability [J]. Landscape and Urban Planning, 2014 (01).

[16] 吴晓彤. 场地之上——斯塔滕岛的风景园林印记 [J]. 风景园林，2016 (10)：30-37.

[17] 鲍世行. 钱学森论山水城市 [M]. 北京：中国建筑工业出版社，2010.

[18] 郑国铨. 中国山水文化导论 [J]. 中国人民大学学报，1992 (03)：46-53.

[19] 陈成. 山海经译注 [M]. 上海：上海古籍出版社，2012.

[20] 张光直. 青铜器时代 [M]. 北京：生活，读书，新知三联书店出版社，2013.

[21] 周维权. 中国古典园林史（第三版）[M].北京：中国建筑工业出版社，2008.

[22] 余开亮. 论六朝时期自然山水作为独立审美对象的形成 [J]. 人民大学学报，2006 (04)：66-71.

[23] 文新军. 中国山水画历史及风格演变综述 [J]. 西北美术，2016 (07)：61-64.

[24] 西蒙兹. 21 世纪园林城市：创造宜居的城市 [M]. 刘晓明，译. 沈阳：辽宁科技出版社，2005.

[25] 沈清基，象伟宁，等. 生态智慧与生态实践之同济宣言 [J]. 城市规划学刊，2016 (09)：127-129.

[26] 钱学敏. 钱学森科学思想研究（第二版）[M]. 西安：西安交通大学出版社，2010.

[27] 吴良镛. 城市问题、城市规划与市长的作用 [J]. 中国建设信息化.2002 (10)：12-17.

[28] 尹稚，王晓东，郑晓津，等. 中国城镇化与城乡发展建设的绿色化道路探究 [M]. 北京：清华大学出版社，2018.

钱学森山水城市科学思想

何凤臣

引言

钱学森是我国航空航天事业的奠基人，"两弹一星"功勋科学家，为此中央授予他"国家杰出贡献科学家"荣誉和一级英雄模范奖章。1956年2月，钱先生在周恩来总理的支持下，向国务院递交了《建立我国国防航空工业的意见书》，对推动火箭、导弹事业，以及我国航空航天事业的科学发展起到了重要作用。后来又亲自参加制定《1956~1967年科学技术发展远景规划纲要（草案）》，为我国整个科学规划提出许多宝贵建议。为此，时任中国科学院院长的郭沫若赋诗一首："大火无心云外流，望楼几见月当头。太平洋上风涛险，西子湖中景色幽。突破藩篱归故国，参加规划献宏猷。从兹十二年间事，跨箭相期星际游"（图1）。

钱先生是从工程技术走到技术科学，又走到社会科学，再走到马克思主义哲学大门的。因此，他的哲学思想、科学观和宇宙观具有鲜明的科学性与实践性，他的方法论具有鲜明的系统性。他对于系统科学、系统工程所作的开拓性贡献，是对唯物辩证法的补充和发展。他认为："认识客观世界的学问就是科学，改造客观世界的学问就是技术。"为此他创建了现代科学技术体系，并提出了应对未来复杂社会的科学思想。

当前人类社会已进入信息时代，整个社会通过世界市场和全球信息网络把不同经济发展状态、不同社会制度、不同意识形态、不同种族、不同宗教信仰和不同地区的国家紧密联系在一起。多格局和多极化使其形成一个开放的、十分复杂的动态巨系统。我们在物质文明和

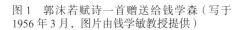

图1　郭沫若赋诗一首赠送给钱学森（写于1956年3月，图片由钱学敏教授提供）

图2　钱学森和钱学敏探讨大成智慧学（图片由钱学敏教授提供）

精神文明建设中所面临的问题也是千头万绪、变化多端、十分复杂。怎样科学地解决这些复杂问题呢？钱老认为就是集古今中外智慧之大成，从定性到定量综合集成研讨体系。利用古今中外信息数据和计算机、多媒体、灵境技术（virtual reality）、信息网络构成人–机结合的工作体系，运用从定性到定量的综合集成法去处理复杂问题，这个综合集成法处理中心，钱先生称之为"总体设计部"，并将这一科学思想称为"大成智慧学"。

钱先生强调将哲学和科学技术结合起来，解决现代社会复杂问题的"总体设计部"既要有科学技术知识，又要有文学艺术知识，把形象思维与逻辑思维、宏观与微观、部分与整体集合起来，集大成，得智慧（图2）。

我国现有660多座城市，面对我国城镇化快速增长初期所出现的错综复杂的局面，钱老提出创建城市科学这一门学问，又在20世纪90年代提出建设"山水城市"的理念。这一理念是钱老"大成智慧"在城市科学领域取得的重要成果，体现了钱老的科学观和宇宙观。他认为城市就是一个复杂的巨系统，强调要把微观建筑和宏观建筑、人工环境和自然生态、历史文化和现代科技结合起来，创建有中国特色的"山水城市"。钱老以形象思维提出，用逻辑思维立论，"山水城市"理念的创立将风景园林学科纳入现代城市科学体系之中，为21世纪风景园林专业在中国城镇化建设中发挥重要作用奠定了坚实的思想理论基础。

1994年9月中国建筑工业出版社出版《杰出科学家钱学森论——城市学与山水城市》，1999年6月出版《杰出科学家钱学森论——山水城市与建筑科学》，2001年6月出版《论宏观建筑与微观建筑》。在短短几年里连续出版三部有关钱学森"山水城市"思想的学术著作，阐述"山水城市"科学思想。《杰出科学家钱学森论——城市学与山水城市》一出版就告罄，1996年5月再次增订出版。鲍世行、顾孟潮在此书再版前言中说："一本纯学术理论著作得以有再版的机会实在值得庆幸！以杰出科学家钱学森为首的专家作者群的辛勤劳动和苦心孤诣得到一定程度的社会认同。""山水城市"的概念核心是什么？是如何形成的？如何去实践"山水城市"？下文将从上述著作中整理出钱学森的主要思想和观点，以便读者快速领会其精神实质。

1 钱先生谈风景园林

为什么"两弹一星"专家会提出"山水城市"这一跨行业的概念？周干峙院士在为《钱学森论山水城市》一书作序时写道："钱老一直在思考研究一个问题，就是我们有那么多科学，它们之间总有一个系统的关系，构成我们人类智慧的总体。"钱先生将所有的学科分成11个大科学部门，把建筑和城市作为一个单独的大部门放在里面。他发现"建筑和城市科学的哲学基础和其他学科是不一样的，它既有艺术，又有科学……建筑是科学的艺术，也是艺术的科学"。在这样的思路引导下，他开始了对城市建筑科学的研究和思考，并且提出了中国要朝着建设山水城市这个方向走。钱先生之所以能够提出"山水城市"这个概念，与他从中国传统园林学开始深入城市学领域的研究有较大的关系。

1955年10月8日回国后，钱先生一直担任着国家重要职务。在百忙当中他非常关注我国城市建设的发展，不断寻找适合我国国情的城市发展思路。1958年3月1日在《人民日报》发表《不到园林，怎知春色如许——谈园林学》，1983 年 1 期《园林与花卉》杂志上发表《再谈园林学》，1984 年 1 期《城市规划》杂志上发表《园林艺术是我国创立的独特艺术部门》。钱先生在这三篇文章中谈的是园林学，而其目的是研究如何构建城市科学，希望将我国独有的园林艺术融入城市科学体系中来，建设具有中国特色的现代城市。在这三篇文章中，钱先生提出了对风景园林学发展方向和方法的一些想法。

1.1 发展方向

钱先生在上述三篇文章中谈到了个人对风景园林学的认识，包括中国传统园林和西方传统园林艺术风格的不同、中国园林的多层次和多尺度性，还包括园林是以工程技术为基础的美术学科，认识到"我国的园林学是祖国文化遗产里的明珠"，是"我国创立的独特艺术部门"。钱老多次强调园林学要不断发展，"希望园林学这门学科，要研究包括这所有不同尺度的园林空间结构的理论和实践问题"。风景园林学要服务于中国的城市建设，钱先生在 1984 年《城市规划》杂志上刊发的文章中提出，"应该用园林艺术来提高城市环境质量，要表现中国的高度文明，不同于世界其他国家的文明，这是社会主义精神文明建设的大事"。

风景园林学科要不断地发展，其发展的方向是服务于中国的城市化，服务于人民大众的根本利益，展示中国不同于世界其他国家的高度文明，展示社会主义制度的优越性。

1.2 发展方法

关于如何发展中国风景园林学的问题，钱先生提出了很多建设性的意见，可归纳为传承、创新、保护与教育四个方法。

"当我们到我国的名园去游览的时候，谁不因为我们具有这些祖国文化的宝贵遗产而感到骄傲？谁不对创造这些杰出作品的劳动人民表示敬意？"这是钱先生在《不到园林，怎知春色如许——谈园林学》中的开篇词，对中国古典园林的赞美之情源自于他个人深厚的传统文化积淀，以及他对中外名园的观察、对比与思考。他以颐和园为例谈到中国园林的艺术特色，"我们也可以用我国的园林比我国传统的山水画或花卉画，其妙在像自然又不像自然，比自然有更进一层的加工，是在提炼自然美的基础上又加以创造"，通过与西方古典园林的对比，使钱老认识到中国传统园林艺术的独创性，并将其看成是我国文化遗产里的一颗明珠，提出要加强对传统园林艺术的研究和挖掘工作，以利传承。

"当然，我国的园林设计还不只是一个继承以往的问题，在新的社会、新的环境、新的时代对它会提出新的要求，因而也就把园林学的内容更加丰富起来"，这句话也是钱先生在《不到园林，怎知春色如许——谈园林学》这篇文章中提到的，传承的目的是为了满足发展的需要，而且园林学的内容也会不断伴随时代的发展而开创新的领域。钱先生在三篇论园林的文章中多次举例论述了自己想到的一些创新点，如园林的服务对象由帝王贵族转向人民大众，新的工程技术使得原来不能实现的变成现实，如引进水利工程和电光技术来增加园林中的动态因素，高层建筑的立体绿化和屋顶绿化等。钱先生的创新思维为风景园林学的未来发展创造了无尽的想象空间。

在《园林艺术是我国创立的独特艺术部门》一文中，钱先生第一次提出对中国古典园林的保护，"要继承发展中国园林艺术，就必须保护好现有的古典园林。现在有许多园林都被一些单位占了，要下决心把占用的单位请走；另外，要保存好，要修复好。现在的做法是粉刷一新，金碧辉煌，不是原来的风味了。在这方面我们要向国外学习，他们的古典建筑尽量保存，尽量维持原来的格调，而不是把它'现代化'"。钱先生的建议对中国古典园林的保护发挥了重要的作用。

最终钱先生最关心的还是风景园林专业的人才培养，优秀的园林专业人才队伍是风景园林事业发展的根本保证。在20世纪50年代时看到很多古典园林被改建，钱先生就担心中国传统园林后继无人，"况且我们现有的几位在传统园林设计有专长的学者又都不是年轻的人了，再不请他们把学问传给年轻的后代，就会造成我国文化上的损失"；在80年代中国城镇化初期，从城镇建设的需求角度，钱先生认识到培养真正的园林艺术家、园林工作者的紧迫性，同时对刚刚开办的园林绿化专业仅学习一些土木工程和园艺课程的做法提出了建议，"我觉得这个专业应学习园林史、园林美学、园林艺术设计……我们要把'园林'看成是一种艺术，而不应看成是工程技术……"；不仅要培养高层次的园林专家，钱先生还提出要重视培养园林技术工人，因为大量的文物保护和修缮工作需要高素质的技术工人，大量掌握高超技艺的匠人也是新时代城市建设不可或缺的园林人才。

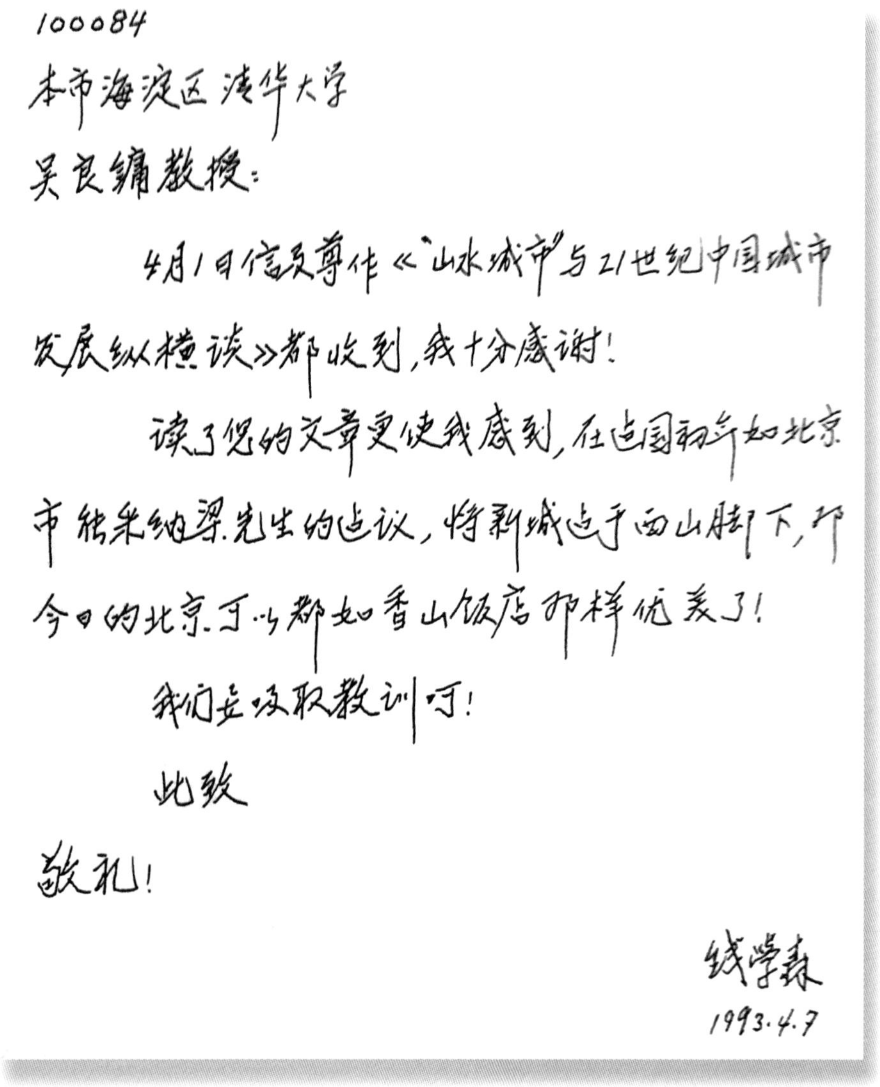

100084

本市海淀区清华大学

吴良镛教授:

4月1日信及尊作《"山水城市"与21世纪中国城市发展纵横谈》都收到,我十分感谢!

读了您的文章更使我感到,在过国初年如北京市能采纳梁先生的建议,将新城建于西山脚下,那今日的北京可以都如香山饭店那样优美了!

我们要吸取教训呀!

此致

敬礼!

钱学森

1993.4.7

图3　钱学森先生手稿（图片由钱学敏教授提供）

2 钱先生谈城市学

1978 年 3 月国务院召开了第三次全国城市工作会议，会议要求各城市要编制城市规划。如欲搞好城市规划的实践，就有必要建立一门应用的理论科学，就是城市学。1985 年钱先生在《城市规划》杂志上撰文《关于建立城市学的设想》，对如何站得更高，看得更远，做好城市规划工作，提出了自己的想法（图3）。

2.1 指导思想

钱先生提出指导城市规划工作的哲学思想是马克思主义哲学。他认为："马克思主义哲学是指导我们一切科学研究的基本，是从人类对客观世界总的认识概括起来的学问。我们要从辩证唯物主义与历史唯物主义的观点来看待城市学这个问题。同时，通过城市学的研究，可以充实与深化马克思主义哲学。"

2.2 系统科学

要从系统科学的观点出发研究城市。钱先生认为"'城市学'要研究的不光是一个城市，而是一个国家的城市体系，这个观点在国外是没有认识到的"。"搞好城市规划必须从整个国家出发，将城市分成五个层次（集、镇、县、中心城市、大城市和首都），形成具有不同功能的结构体系，再结合现代科学技术的发展、生产力的发展等方面综合考虑一个城市的发展规划"。

2.3 基础理论

钱先生认为"所有科学技术都分为三个层次：一个层次是直接改造世界的，另一个层次是指导这些改造客观世界的技术，再有一个就是更为基础的理论"。放在城市建设方面，就是要建立一套城市规划-城市学-数量地理学这样的一个科学体系。"数量地理学"是钱学森先生将地球表层学、经济地理学和定量的数学理论结合在一起新命名的科学名词，是对城市学基础理论的概括。

作为一名伟大的科学家，钱先生研究的问题既宏观又微观，但他从来都是整体地、系统地看问题，对于风景园林学的研究是他在探索城市学理论体系过程中的一个重要内容，从他的三篇关于风景园林学的文章中可以感受到，他一直将园林作为城市的一个子系统来看待。2001年两院院士吴良镛教授出版了《人居环境学导论》一书，该书的出版标志着建筑与城市科学体系的基础理论框架搭建趋于成熟，风景园林的学科地位也因此而得以确立。

3 钱先生谈山水城市

3.1 提出概念

1990年7月，钱先生看到《北京日报》7月25日、26日第一版新闻和《人民日报》7月30日第二版报道的，由清华大学建筑学院教授吴良镛主持设计的"北京菊儿胡同危房改建工程——楼式四合院"新闻后，心中很激动。1990年7月31日写信给吴良镛说："我近年来一直在想一个问题；能不能把中国的山水诗词、中国古典园林建筑和中国的山水画融在一起，创立山水城市概念？人离开自然又要返回自然。社会主义的中国，能建造山水城市式的居民区。"

为什么钱先生看到吴良镛教授这个楼式四合院的新闻后心中很激动？因为他看到了问题的实质：现代的城市可以通过再创造，使得中国传统城市空间的美学得以延续，同时又能满足现代城市功能的需求。吴良镛教授楼式四合院改造的探索和钱先生所追求的用园林艺术来营造城市环境的想法在实质上是相同的，吴良镛教授要传承、保护和发展北京古城的传统街区肌理，而钱先生要传承、保护和发展中国传统园林艺术，两者服务的目标都是现代城市的发展。吴良镛教授的成功实践激发了钱先生的想象力，提出了从形象到内涵都极具中国特色的"山水城市"这个概念。

关于"山水城市"这个概念是否可行，在1992年钱先生又通过书信的形式向不同领域的人士提出自己的构思和想法，标志着他对山水城市的构想初步成型。

1992年3月14日钱先生给合肥市副市长吴翼写信说道："在社会主义的中国有没有可能发扬光大祖国传统园林，把一个现代化城市建成一大座园林，高楼也可以建得错落有致，并在高层用树木点缀，整个城市是'山水城市'。如何？请教。"

1992年8月14日给《美术》杂志总编王仲写信道："我国画家能不能开创一种以中国社会主义城市建筑为题材的'城市山水'画？所谓'城市山水'即将我国山水画移植到中国现在已经开始、将来更应发展的，把中国园林构筑艺术应用到城市大区域建设，我称之为'山水城市'。这种图画在中国从前的'金碧山水'已见端倪，我们现在更应注入社会主义中国的时代精神，开始一种新风格为'城市山水'。艺术家的'城市山水'也能促进现代中国的'山水城市'建设，有中国特色的城市建设——颐和园的人民化！"

1992年10月2日在给顾孟潮的信中说道："现在我看到北京兴起的一座座长方形高楼，外表如积木块，进到房间则外望一片灰黄，见不到绿色，连一点点蓝天也淡淡无光。难道这是中国21世纪的城市吗？所以我很赞成吴教授提出的建议：我国规划师、建筑师要学习哲学、唯物论、辩证法，要研究科学的方法论，也就是说要站得高、看得远，总览历史文化，才能独立思考，不赶时髦。对中国城市，我曾向吴教授建议：要发扬中国园林建筑特别是皇帝的大规模园林，颐和园、承德避暑山庄等，把整个城市建成一座超大型园林，我称之为山水城市，人造的山水！当时吴教授表示感兴趣。"

上面三段话是钱学森先生"山水城市"构想初步形成阶段的表达，概括其要点如下：

第一，山水城市的外在形象是一座大园林。

第二，山水城市不是对传统园林的简单模仿，而是要发扬光大。比如说在高层用树木点缀，这是传统园林没有的新创造。再比如"颐和园的人民化"，其意是如何将小众的园林艺术转变为大众的园林艺术，将小众的园林服务功能转变为大众的园林服务功能。

第三，中国的建筑师、规划师要总览历史文化，独立思考，不赶时髦。要根植于民族优秀的文化去发展自己的城市，这是钱学森用到"山水"这两个字，而不用"园林""生态""景观""森林""田园""绿色"这些词的根本出发点。

第四，在城市化初期钱学森先生看到了一些城市病，比如形态呆板的积木块、颜色灰黄、缺乏绿色、蓝天黯淡等景色，北京如此，其他城市也是如此。因此他迫切地要推进"山水城市"建设。

第五，钱学森先生初步构思山水城市时，选择对话的对象来自官员、艺术家和城市规划专家三个方面。可以看出实施"山水城市"离不开政府的强力推进、艺术家们的积极创作和城市建设领域科研技术人员的通力合作。

3.2 推行发展

1993~2000 年，钱学森先生一直在积极推动"山水城市"的实施，在此期间他就"山水城市"的书信文章便达 40 余封（篇），可见他对这一事业的执着。1993 年 2 月他为山水城市研讨会发表书面文章——《社会主义中国应该建设山水城市》。在这篇文章中他再次强调社会主义的城市应该具有中国的文化特色，科学地组织市民生活、工作、学习和娱乐。此外，钱先生又提出在城市中可以布置大片森林，借鉴乌克兰的基辅、波兰的华沙等森林城市。"山水城市的设想是中外文化的有机结合，是城市园林与城市森林的结合。山水城市不该是 21 世纪的社会主义中国城市构筑的模型吗？"在《关于建几座山水城市》（1993.5.24）这封信中，钱学森希望推动"山水城市"的建设，"现在既然明确地提出'山水城市'，那中国人就该真建几座山水城市给世界看看"。

书信中他更多地联系中国城镇化过程中出现的新问题，深入思考山水城市的内涵。在《关于轿车文明》（1994.12.4）这篇文章里，钱学森先生希望中国避开轿车文明的污染和交通问题，他看到未来城市由于信息革命和高效的城市公共交通的使用，人们不必开车在城市中往来奔波，在"山水城市"式的社区中，步行距离内即可满足日常生活的需求；在《关于山水城市与现代科技》（1995.5.11）这封信中，钱学森先生针对生态城市的名称问题再次强调"我想讲要有中国文化，并不排除在建筑和城市建设中充分应用现代科学技术；相反，我们应将二者融为一体，构筑 21 世纪的山水城市"；在《关于山水城市的看法》（1995.10.22）这封信中，钱学森先生受到《华中建筑》杂志中几篇文章的启发，提出山水城市与生态城市的区别，"生态城市是山水城市的物质基础，山水城市是更高一层次的概念，山水城市必须有意境美！意境是精神文明的境界，这是中国文化的精华"。

钱学森先生重视城市建设的整体性。在《城市建设要有整体考虑》（1994.7.28）的信中，他谈到"中国的建筑学要同城市学结合起来，形成科学技术、社会科学与艺术融合的'中国学问'。我们既要讲究单座建筑的美，更讲城市、城区的整体景观、整体美"；在总结重庆市山水城市建设经验时，钱学森先生发现承担研究工作的都是搞园林绿化的，于是在 1996 年给重庆市城市科学研究会的秘书长李宏林写信时再次强调其山水城市的构想和建设方法，"我设想的山水城市是把我国传统园林思想与整个城市结合起来，同整个城市的自然山水条件结合起来。要让每个市民生活在园林之中，而不是要市民出去找园林绿地、风景名胜。所以我不用'山水园林城市'，而用'山水城市'""建山水城市就要运用城市科学、建筑学、传统园林建筑的理论和经验，运用高新技术（包括生物技术）以及群众的创造"。

3.3 概念成型

从 1958 年钱学森先生谈风景园林学到 1990 年向吴良镛教授提出"山水城市"的概念，期间经历了 30 多年的时间。"山水城市"一经提出就引起了学术界的巨大反响，园林、规划、建筑、地理、生态、文化、艺术等各个领域的专家们纷纷发表看法，热烈讨论和阐释山水城市的内涵。一些城市积极响应山水城市的建设号召，编制分期发展规划，逐步实施山水城市。在对"山水城市"思想的讨论和实践过程中，学术界对钱学森的"山水城市"思想逐步有了清晰的认识，钱学森先生本人在这个过程中也不断完善和发展了这一理念。鲍世行在1996年9月16日给钱学森去信，总结了山水城市的核心精神：尊重自然生态，尊重历史文化，重视科学技术，运用环境美学，为了人民大众，面向未来发展。这一点得到了钱学森的肯定。并且在1998年7月12日，钱学森基于辩证唯物主义和历史唯物主义的观点总结了山水城市的概念。

（1）山水城市的概念是从中国几千年对人居环境的构筑与发展中总结出来的，它也预示了21世纪中国的新城市。那时候山水城市的居民是中华人民共和国成立100周年以后的中国人，是信息技术时代的中国人，他们中绝大多数是脑力劳动者，通过信息网络在家中工作。

（2）这是一个辩证发展过程，我们的城市建设者要从实践中不断总结经验来提高认识。

（3）中华人民共和国成立后城市发展的第一步是园林城市，如北京市、大连市等。

（4）我们现在在计划设计中的是第二步：山水园林城市，如重庆市、武汉市。

（5）有了这些经验才能结合21世纪新文化，包括大大发展了的国民经济和信息时代的生活特点，总结第一步园林城市和山水园林城市的经验，来构筑第三步山水城市（在没有天然山水的地方也要建设山水城市）。

总之，我们的思维要结合实践，又要有社会主义的目标——共产主义的世界大同。

4 结语

"钱学森不仅仅是个科学家，他在各个领域都有很多建树"，和钱学森先生长期工作在一起的两院院士郑哲敏先生认为钱学森是一个全才。"钱学森不管做什么事，都跟别人不太一样，因为他是从整体的角度来看待问题，并能抓住重点，有原则性且条理清楚，所以他的发言跟许多人不一样"，这也是郑哲敏很佩服的一点。钱学森先生从20世纪50年代回国开始关注中国城市建设方法论的研究，他从中国传统园林学的学习着手，以其"集大成，得智慧"的整体思维方式，提出了"山水城市"概念。在1980~2009年将近30年的时间里，通过对"山水城市"理念的研讨和实践，推动了中国建筑与城市学基础理论的系统化研究，为中国特色城镇化指明了方向，其科学贡献与天地共存、与日月同辉。

参考文献

[1] 钱学敏.钱学森科学思想研究（第二版）
    [M].西安：西安交通大学出版社，2010.

[2] 鲍世行.钱学森论山水城市[M].北京：
    中国建筑工业出版社，2010.

[3] 鲍世行，顾孟潮.杰出科学家城市学与山
    水城市[M].北京：中国建筑工业出版社，
    1994.

[4] 郑哲敏.钱学森是一个全才[J].中国航天，
    2018 (03)：44-45.

新时代"山水城市"思想回顾与展望

胡洁　袁琳

引言

　　"山水城市"思想自 1990 年由钱学森先生提出以来，已经历了近 30 年的关注与讨论（图 1、图 2）。期间比较有代表性、具有较大影响的学术研讨会包括 1993 年 2 月在北京召开的"山水城市讨论会——展望 21 世纪的中国城市"，2000 年 10 月在广州召开的"山水城市建设论坛"，

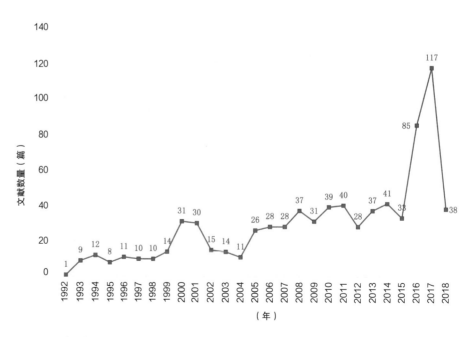

图 1　中国知网中以"山水城市"为题名的文献数量变化趋势

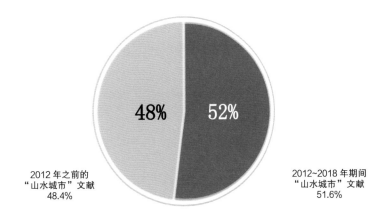

图 2　2012 年前后"山水城市"文献数量比较

2010 年 4 月在北京召开的"钱学森科学思想研讨会——园林与山水城市",以及 2011 年 11 月在广州召开的"钱学森诞辰 100 周年暨风景园林与山水城市学术研讨会"。这些研讨会对于山水城市思想的发展与实践都起到了重要的推动作用。2012 年党的十八大以来,随着党中央对生态文明与中华文化复兴的重视,近年来有关"山水城市"的理论探讨与学术关注呈现突发性增长,至 2018 年在中国知网上以"山水城市"为题名的文献共 898 篇,其中 2012 年之后的文章共计 463 篇,占 51.6%,超一半的文献都是在近年时间发表,充分体现了这一理念关注度的快速攀升。在这样的背景下,本文针对以往重要学者有关"山水城市"思想的主要观点加以梳理,从"山水城市"与中国文化传承、"山水城市"与中国现代城市、"山水城市"与人居环境系统论、"山水城市"与生态文明等方面加以提炼回顾,并对新时代山水城市实践予以展望。

1 "山水城市"与中国文化传承

1990 年钱学森先生在致吴良镛先生的信中提出:"能不能把中国的山水诗词、中国古典园林建筑和中国的山水画融合在一起,创造'山水城市'的概念。""山水城市"思想自提出之始就与中国传统文化合为一体,中国传统文化中的山水城市为何,如何认识、如何传承一直是广为关注的核心问题。众多学者的观点中,山水城市被看作中国传统文化中的固有现象，是中国传统城市规划与设计的基本概念，也是中国城市的原型与最为宝贵的文化遗产，而作为中国特色"山水城市"的实现则有赖于其理念与倡导中华文化复兴的"中国梦"的结合，有赖于传统文化的弘扬、传承与发展。

例如鲍世行提出：

"中华民族对山水有特殊的感情，山水意识几乎融入中华民族的遗传基因，山水文化的特色之一是综合艺术，这是山水城市的文化背景。"

例如周干峙提出：

"我们理解山水城市不能理解为只是与自然的关系问题。自然因素是重要的一个方面，但还要理解它在文化艺术方面的内涵。因为钱老说的山水，不仅仅是讲自然界的山水。中国传统文化中'山水'二字代表了我们的绘画特点。中国绘画有很多种，但是山水画是最代表中国特点的。一提到山水画，我们脑子里都有一个很具体的艺术形象。从历史、文化角度看，'山水城市'很好地概括了我国的城市特色问题。"

例如吴良镛的论述：

"'山水城市'是中国传统城市规划与设计，是一个基本的概念……如果只是提山水，不规划于建筑，不建筑于规划，也得不到发展。这就是宏观建筑学，也就是大建筑学的问题。就是说'山水城市'从传统讲是中国风景园林，把它提高到理论是中国传统城市规划与设计，是一个基本的概念。"

例如尹稚的论述：

"'山水城市'是中国生态城市应有的精神境界，也是中国生态城市特有的文化素质，同时是中国式的生态城市应有的实体范式……西方为什么会走上这样一条路，从生态到绿色，一个是源自于西方目前城乡发展的阶段和现实，因为大规模建设时期已经过去，由于西方在城市的本体空间模式选择当中出现的错误，实际上大错已经铸成……中国目前处在城市化高速发展的时期，未来的50年到100年之内，我们还需要完成4亿~5亿人口的生产生活方式的城市化变革问题，这也就意味着中国完全有机会可以从城乡建设的原始模型入手，打下一个良好的生态基础，而不需要事后花大量的技术代价加以弥补。而'山水城市'在这方面应该说是中国几千年积累下来的一种经验的高度概括，也是非常宝贵的文化遗产。"

再如孟兆祯提出：

"钱老为什么提出来把中国的山水、园林、城市贯穿一体，他是从客观实际提出来的。西方绘画的基础是素描，中国绘画的基础是书法，西方园林的基础是建筑，中国园林的基础是自然山水环境。所以我们的'诗'叫作写意山水诗，我们的'园'叫文人写意自然山水园，这就体现天人合一。自然多大多美，但是自然没有人的意识，所谓'夺天工'就是在自然里面把人的意识加进去。美学家讲，美学分成三类：自然美、社会美、艺术美，那么我们就是把社会美融于自然美而造出园林艺术美。所以我们的美学大师李泽厚先生讲'中国园林是什么，就是人的自然化和自然的人化'，'人的自然化'全世界都有，'自然的人化'唯有中国。所以，教育也必须以文化为基础，钱老甚至建议这个专业应该归到文化部，这个就是强调它文化性的内涵……在历史的基础上传承和创新地将山水诗意和山水画境融于城市建设中……要将山水城市融入中国梦，先难后得地实现中国山水城市梦。"

2 "山水城市"与中国现代城市

"山水城市"思想提出的背后是学者们对于社会主义城市该如何建设的大讨论，寄托着对未来的憧憬。尽管"山水城市"从传统文化中来，但是钱学森先生的理想却是建筑于现实的改造，在他看来城市可以分为四级："一级，一般城市，现存的；二级，园林城市，已有样板；三级，山水园林城市，在设计中；四级，山水城市，在议论中。"而且他认为

"中国建筑文化新的辉煌时代恐怕要等到21世纪20年代后才会到来"，从这个意义上来讲，"山水城市"从提出之始就跟现代的城市建设联系在一起，和理想与未来联系在一起，因而山水城市跟当前城市发展的关系如何，发展什么样的山水城市就成为学者们讨论的另一大议题。在这一议题中，学者们倾向于将山水城市看作一种面向当代的综合协调的思路、现代城市的"正本清源"之路、面向21世纪的先进的城市观念和模式、一种可持续发展的城市模式，并倡导应将其当作为城市建设的终极方向。

例如孟兆祯认为：

"'山水城市'是符合中国国情的科学提法，是生产和环境协调发展的综合思路。'城市'的性质从根本上讲就是人民聚居的生存和生活环境，这个生活包括生产，它是个环境，如果城市是这个定义，那么我们'城市化'也不是简单的农转工的指标，也包括城市的环境，包括我们的文物，文物的现代化就是最妥善的保存文物，并不是把文物变成现代。总之，我们的生产和我们的环境要同步协调地发展。现在我们的大敌就是单纯追求经济效益，我们所要的是一种综合的思想……从我国现在的城市来说，名目繁多，都是由各个部和总局戴上去的，比如说林业总局投资建设就是绿城或者森林城市，住房管理的叫作园林城市，属于环境部管的就是人居环境城市，可以说是名目繁多，但是并没有找到一个终极的城市目标，我觉得钱学森先生提出来的'建设山水城市'是我国城市建设的终极目标。在座的顾孟潮先生曾经发表文章，说城市规划分阶段，第五阶段是环境建设，第六阶段就是生态环境建设。我希望他继续写下去，第七阶段就是山水城市，而且是一个终极的目标。"

例如鲍世行指出：

"山水城市的核心思想是兼顾城市生态和历史文化，兼顾现代科技和环境美学；它考虑未来城市生产、生活发展的需要；它是为中国老百姓享受的生活、工作环境。21世纪是城市的世纪，主要是发展中国家的城市化。中国已经进入城市化高速发展的时期，世界关注中国城市化发展的道路。这是山水城市讨论的时代背景。"

再如顾孟潮的观点：

> "城市科学和建筑科学发展史表明，山水城市应当属于一种先进的城市发展理念和模式，属于可持续发展的城市。其核心思想是要建设有利于人的身心，有利于自然生态，有利于社会、经济、科技、文化可持续发展的宜居城市；有助于克服目前城市千城一面、建筑千篇一律的问题。这一理念值得我们在新型城镇化进程中加以研究、探索和实践。"

3 "山水城市"与人居环境系统论

钱学森先生曾倡导运用系统论的思想建立城市学，并将其作为城市规划的基础，也曾倡议在国家学科门类中专门设立建筑门类，倡导通过系统思维研究与解决城市建设问题。如钱学森在1996年6月23日致鲍世行的信中谈道："（山水城市）并非仅是指一些具体的挖水堆山，要站得高、看得远，运用马克思主义哲学、辩证唯物主义！这就需要建立起现代科学技术体系中的第十一个大部门——建筑科学部门！"不少学者对于"山水城市"的理解一直与钱学森先生的"大成智慧"和"系统论"关联起来，认为"山水城市"的综合性不是一个专业能够解决的，也理应从有关山水城市的各个系统出发，从大学科的"子系统"出发来认识其复杂性和综合性，需要多学科的参与。孟兆祯也曾提出城市学的重要性，认为讨论山水城市的建设需要建立系统的城市学。吴良镛、周干峙等也都从系统论方面理解山水城市，并认为人居环境科学是对于钱学森的建筑学科门类的一种解答，有利于综合系统研究，由于人居环境事业是科学人文艺术的综合，因而从这个方面理解山水城市也更加完整。不论是城乡规划学还是风景园林学，都应当从更高的层面推动学科进步、促进山水城市的发展。

例如吴良镛认为：

> "钱老好多年前也谈到过'大成智慧'，这种教育思想的核心就是要打通各行各业学科的建设，大家都敞开思想、互相交流、互相促进，人的创造性往往体现在一些交叉的学科，这不能闭塞……山水城市之前，要更全面、更广泛地学习钱学森先生的思想遗产；在

讨论专业发展方向的时候，要好好学习钱先生整体的、重大的、和我们直接相关的思想历程。钱老说的'跨度越大，创造性越大'和'大成智慧'是教我们怎样勇敢前进，关系到大跨度地创造沟通。我个人感觉我们讨论专业的时候，在这些方面思想也谈了很多，他的思想财富是最关键的一点……我们所搞的专业是大科学、大人文、大艺术，三个'大'，那么这个'大'到什么程度，到底覆盖多少内容，我们还在不断学习，我觉得这是大跨度地来对待我们的学科、对待我们的专业，既是学术发展的需要，也是实践工程所必需。因为我们现在的任务是很广、很大的，这个任务不管是建筑还是城市规划，它们都是互相牵制的，各个专业里头你中有我、我中有你。"

再如周干峙曾在其多次讲话中都提到系统论与山水城市：

"……钱老的系统，或者叫系统论的思想是奠定了城市建设中规划、建筑跟风景园林三大分支学科的基础，而且丰富了各个分支学科的内容，取得了改革开放以来的巨大成果。它是非常重要的一件事情。"

"……现在看来我个人觉得，恰恰有一个最好的填法就是填'人居科学'，因为讲人居，是指人跟人生活居住的方面，人的活动叫作社会活动，或者与空间活动结合在一块。我们应该加强这方面的工作，树立我们系统科学的思想跟定位，这个东西很显然推动了所有方方面面的工作。扩展思路，系统地想问题，提供问题，效果显著，大学科也是同样的道理。"

"……认清我们本学科的系统问题，我们本学科也是一个系统。我们是大学科的子系统，但是下面也有我们的子系统，如果没有子系统的健全和发展，那也很难在大系统里面起作用，所以要搞好我们本系统的工作，做好这个工作的中心指导思想，就是钱老给我们提出的'山水城市'，非常重要。我理解山水城市就是人、城市与自然的结合，不是一个简单的、具象的概念，不是城市里面有大水大山就可以，不完全是这样，一定要保护好山水，并且要体现与自然密切结合，做好这一点也涉及方方面面，涉及园林设计、植物配置等，很多专业也不能忽略，要形成一个系统来一起做好工作。"

"……钱老提出了中国的城市应该建山水城市这个方向和道路的

问题。这是因为任何学科从自然科学来讲，都要用数学来表达，任何艺术都要用形象来表述。综合概括各个方面，中国城市的基本特色离不开中国形象的山山水水，山水城市是他的一个学术观点，是一个学术思想，是从大科学部门中间延伸出来的。"

再如陈晓丽的观点：

"规划的认识和理念发展也有个过程，从20世纪80年代以后，城市规划区域从建成区到市区，再到郊区，现在是全市域、全省域乃至全国范围的规划。部分城市对风景园林的思想比较开阔，具有前瞻性和长远的战略眼光。但有部分城市，对风景园林的理解是只要把树种好、把公园搞好就够了，缺少站在全市乃至区域视野的人居环境和生态环境保护、修复和建设的战略眼光。改革开放早期的规划设计界，也有人觉得交通只是交通局的事，经济社会发展是计委的事，他做的只是一个城市建设规划。后来规划从城市规划条例到城市规划法到城乡规划法，完成了逐步转变。风景园林界也要完成时代赋予的需求，我们必须要站得更高、看得更远，胸怀应该更加开阔，让学科更加开放、合作，要学习其他专业的经验和长处。"

4 "山水城市"与生态文明

20世纪90年代有关"山水城市"的讨论中鲜有关于生态的直接论述，而伴随着生态文明的提出与持续推进，"山水城市"与生态的联系似乎愈发紧密，这也在另一个层面发展了"山水城市"理念的内涵和价值，这也是新时代的新发展。从这个角度理解"山水城市"理念，山水城市被理解为中国特色生态城市，一种中国特色的生态城市理论，也可以被看作是一种中国式生态城市的更为全面综合的品牌，是一种精神境界。

例如仇保兴曾论：

"山水城市富有传统文化的底蕴，传承了传统的哲学观念，是具有中国特色的生态城市理论。我们要不断发展完善山水城市的理论，整合中国传统山水文化与西方当代生态文化，形成一套完整的思路和可行的方案，通过建设园林城市、生态园林城市逐步实现山水城市这一远景目标，创造人文生态和自然生态高度和谐的理想人居环境。"

例如尹稚从东西方比较的角度论述：

"中国这样一个历来地域不是很广、人口众多的国家演进几千年的文明史，依然能够生存下去，这恐怕跟我们长期以来注重人与自然的和谐是有密切关系的。同时是一个文明观的问题，一个哲学观的问题，山水代表哲学价值、文化内涵和精神境界，'山水城市'四字不是简单地做技术性或行政性的利用，如山水城市指标性的评价体系……在新的特定历史前提下，重新谈山水城市问题，完全可以为中国式的生态城市打出一个更为全面综合的品牌，而摒弃目前西方在城市研究当中过分物质化的一条基本思路……我一直认为中国在谈未来走向的时候，不要盲目地将英文翻译过来作为我们的一个范本去发展。生态问题不是技术观的问题，更不是技术产品的堆砌和营销问题。生态问题对于东方民族首先是一个世界观的问题……西方现在拼命叫低碳，实际上抛开其引发的包装不去管，剥开是两个最赤裸裸的，一个是产品的营销，一个是新的贸易壁垒的重建……中文'山水城市'这四个字所能代表的东西远远不是按西语语境可以理解的。对于我们这代人恐怕最重要的是面对未来，如何使得山水城市这个概念，在中国建设资源节约型、环境友好型的整体社会，打造具有中国特色的生态山水城市当中发挥更大的作用。"

5 展望

回顾诸多学者针对"山水城市"理念的阐释有利于对这一本土理论的深入理解，总体而言体会有如下三点。

（1）山水城市理论因联系中华传统文化内涵而博大精深，需要更加坚定不移地持续开展研究，对其理解不能局限于字面意思，而应当推进对其精神实质的探寻。在具体的实践中不能教条，应当结合各个城市的自然特征、不同的发展阶段因地制宜地长期推进。

（2）尽管关于城市的各种理念和称号层出不穷，似有迭代的倾向，而山水城市作为本土理论仍彰显无限生机，在倡导文化复兴与生态文明的新时代，山水城市建设正逢其时。国家在文化方面的持续投入，生态文明制度的逐步建立，将对山水城市的实现提供重要保障，也提供了建设"山水城市"的可能，未来需要更加坚定地实践与大胆创新。

（3）面向实践的山水城市涉及方方面面，其复杂性的应对需要多个学科的配合，更需要城市治理体系的保障。山水城市不应该仅仅是专业人员的理念，更应该成为执政者坚持的城市目标，成为广大居民向往的人居环境。

注：本文摘录的专家观点来自 2010 年 4 月在北京召开的"钱学森科学思想研讨会——园林与山水城市"，以及 2011 年 11 月在广州召开的"钱学森诞辰 100 周年暨风景园林与山水城市学术研讨会"（图 3）的发言整理。

图 3　纪念钱学森诞辰 100 周年大会的学者们合影留念

中国古代山水城市及山水园林范例研究

胡洁　韩毅

引言

"山水城市"思想虽然是钱学森先生在 1990 年首次提出的，但其可以溯源到中华文化诞生之初。它源于昆仑之巅、江河之畔，伴随着中华文明的发展而逐渐演进成熟，具有很强的生命力和鲜明的特色。"'山水城市'思想是从中国几千年对人居环境的构筑与发展中总结出来的"，学习中国古代山水城市的建设经验是建设当代生态城市的重要理论与工作方法的来源。

在中国几千年的城市建设过程中，古代的山水城市规划思想保持了高度的一致性与延续性，并且在不同地域形成了各自的风格。下文以秦都城咸阳、南宋临安城、明清北京古城三个都城，四川阆中、云南丽江和浙江金华三个郡县级古城为例，研究古人在山水城市方面的营造经验。

1 都城型古代山水城市范例研究

1.1 象天法地的帝王之都——秦·咸阳

华夏先祖"仰以观乎天文，俯以察乎地理"（《易经·系辞》），在其所构思的宇宙观之中，早已将自己与天上的星宿和地上的山川看成是一个生命的整体，并逐渐在早期的城市规划中形成了与天象及山体对应的思想，此谓"象天法地"。这是中国古代人居环境文化中的一大特色，从历代都城到广布天下的乡村均可看到这一思想的影响（图1）。

关中平原，南有秦岭，北有渭北群山，面积约 3.6 万 km²。"被山带河，四塞以为固"（《战国策·楚策一》），东有函谷关，西有大散关，南有武关，北有萧关，古代称为"关中"，是黄河文明的发源地。从西

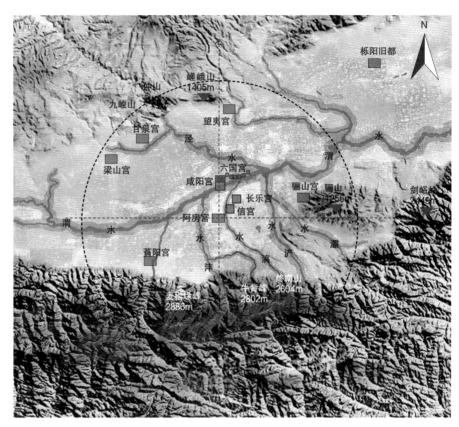

图 1　秦咸阳山水关系分析平面图

周、秦国、秦朝到隋、唐共有 13 朝在此建都，历时 1077 年左右。其历史文化地位在中国举足轻重。战国时，秦孝公把国都从栎阳搬至咸阳，开始了以渭河北岸为主的都城建设。秦始皇统一六国（公元前 221 年）之后，建立了中央集权的封建帝国，开始在以咸阳宫为中心的近畿地区进行大规模的宫室营造。秦始皇二十七年（公元前 220 年）开始经营渭南，修建信宫，与咸阳宫隔河相望，形成"渭水贯都，以象天汉；横桥南渡，以法牵牛"的布局，其中天汉、牵牛都是天上星宿的位置。到了秦始皇晚年，又在沣河东岸修建阿房宫，其气势更为宏伟，根据《史记·秦始皇本纪》记载：

"吾闻周文王都丰，武王都镐……乃营作朝宫渭南上林苑中……周驰为阁道，自殿下直抵南山。表南山之巅以为阙。为复道，自阿房渡渭，属之咸阳，以象天极、阁道绝汉抵营室也。"

上文中提到的南山即指秦岭，被视为门阙的两个山峰分别是牛背峰（2802m）和麦秸垛（2886m），周维权认为"表南山之巅以为阙"，意味着以终南山为外城郭南缘之象征。这一观点也得到吴良镛教授的认同，他认为："到目前为止，还未发现咸阳的郭城，表现出的是一个以宫城为中心的自由分散的大尺度帝国都邑……整个咸阳不是后世所形成的一个集中式都城，而是在天地山河之间，择势营城、立宫、凿池、构庙，在一个大尺度的范围内安排都城的各种功能，把山、河、池、城、宫、庙等共同构成一个自由分散的巨型帝都，充分体现了秦人的气魄与浪漫。这是以天地为象征的'地区'概念的伊始（图2）。"

在皇家宫苑内，秦始皇还利用天然洼地和水利调蓄工程兴建大型人造山水景观，"始皇都长安，引渭水为池，筑为蓬、瀛，刻石为鲸，长二百丈"，这一做法是秦始皇为了弥补东海寻仙而不得的遗憾。从此，中国皇家园林又多了一个寻仙的主题，一直延续到明清北京城。

秦始皇营造咸阳的规划思想反映了中国首个大一统帝王无比骄傲的心态、帝都的奢华和那个时代人对自然的神化认识，具有时代的局限性。但是其利用自然山水形成城市构图的大地景观规划手法和大区域的园林化城市规划的实践，无疑会为当代山水城市规划提供可资借鉴的历史经验。

图2　秦咸阳山水关系分析透视图

1.2 与天然山水结合的城市——南宋临安城

南宋临安城，即今日之"人间天堂"——历史文化名城杭州，此名望的获得，在于优越的自然山水环境，更在于古人"因地制宜，巧借山水"的城市规划建设实践。

南宋吴自牧的《梦粱录》中记载，"杭城号武林，又曰钱塘，次称胥山"，武林（今灵隐、天竺群山）、胥山（又称吴山）为杭州周边的名山，而"钱塘"则为江水之名（图3）。今日杭州市的"杭州"之名由隋代开始。591年在凤凰山麓建州城，610年京杭大运河杭州河段修通，杭州变成兼有山水之美和水陆之便的东南名城。唐代大诗人白居易在杭州任刺使，大力整治西湖，并成为最早题咏西湖的诗人之一。杭州城和西湖已经成为一个整体，形成了风景城市的雏形。907~978年五代时期，在吴越王钱镠的建设下，杭州发展成江南最为富裕的地方。北宋初年，由于废除"撩湖兵"制度，西湖逐渐淤积，至1090年大诗人苏东坡第二次来杭州时，西湖已经萎缩干涸。"使杭州无西湖，如人面去其眉目"，于是奏请朝廷，用了20万工人，重新修建西湖，沟通南北交通，修建苏堤，西湖又恢复了往日的盛况。经过北宋的经营，杭州成为江南地区丝

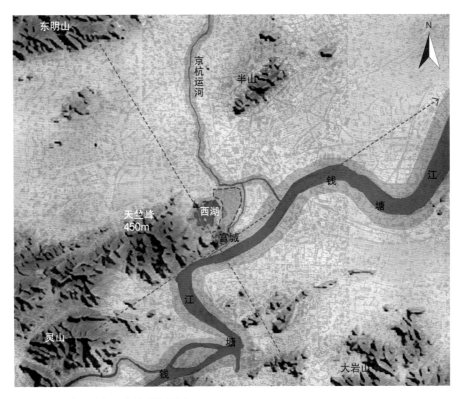

图3　南宋临安城市山水关系分析图

织业、酿酒业的中心，999 年又设杭州市舶司，开放成外贸港口。到北宋末年，杭州已经拥有人口 20 余万户，成为江南人口最多的州郡，同时也是全国商税缴纳最多的州城，其地位已经超过江宁（今南京）和成都。到了南宋都杭州时期，形成今天杭州古城的基本格局，并一直保留延续到今天，西湖著名的十景也形成于南宋时期（图 4）。

当代关于南宋临安城市规划方面的研究颇多，吴良镛教授称赞其"城郭与山水环境浑然一体"。笔者亦从诸家之言中提取两点经验，对临安山水城市"浑然之态"略作剖析。

第一，皇城选址巧借自然。皇城的城址选择在凤凰山东麓，这里背山面水，有利于军事防御，还可利用山坡地避开钱塘江的洪水。在观景方面，站在宫殿上向东远眺钱塘江水入海，欣赏"怒涛卷霜雪，天堑无涯"（《柳永·望海潮》）的钱塘大潮；从山顶向北可俯瞰西湖及武林群山秀色，欣赏活泼生动的市井生活场景。在南宋周密的《武林旧事》中有这样的描述，"禁中例观潮于'天开图画'（笔者注：禁宫一观景台，见《武林旧事》第四卷：故都宫殿），高台下瞰，如在指掌。都民遥瞻黄伞雉扇于九霄之上，真若啸台蓬岛也"，足证皇城禁宫选址之妙。

第二，城市理水的生态智慧。临安城北与京杭大运河连通，城南与钱塘江比邻，西有群山屏障和西湖的调蓄。临安城的平面之所以呈腰鼓形，南北长 14 里（1 里 =500m），东西窄约 4 里，这是适应城市水文环境的自然选择。南北向沿着京杭大运河发展，是水运经济繁荣的体现；城市西部的西湖可调蓄山区来水，减少城市洪水风险，同时为夏旱提供水源；城市东部开辟为城市蔬菜基地。除了保障城市生产生活之外，还大力经营都城山水园林圈，多次疏浚西湖，形成了苏堤春晓、曲院风荷、平湖秋月、断桥残雪等景点，西湖周边遍布园圃，逐渐发展成为士庶共享的风景胜地。

据史料记载，南宋临安从刚迁都时"参差十万人家"（《柳永·望海潮》），经过百余年的发展，使得临安城的人口达到近 150 万人（每平方公里人数超过 2 万人）。南宋临安的城市建设把自然山水条件当作最宝贵的资源加以利用，给我们留下了西湖这一宝贵的文化遗产，并且在城市管理和经济建设方面取得了骄人的成绩，成为国内"精明增长"理念研究的一个范例，为今天高密度的城市建设提供了参考。

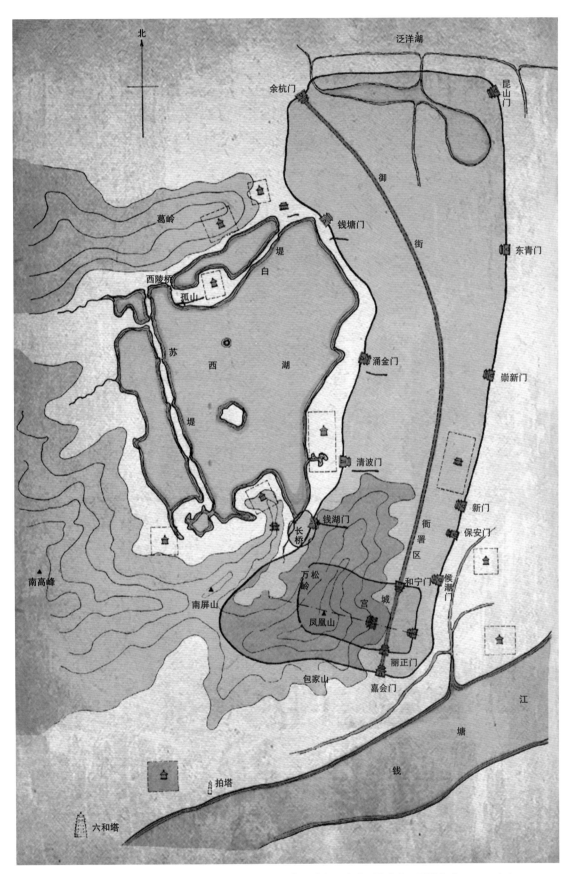

图4 南宋临安平面示意图及宫苑分布（图片来源：王鹏摹自《中国古典园林史》，周维权著，2008年）

1.3 与人造山水完美结合的城市——元明清·北京

古人的智慧既在于利用现有的山水资源，也在于合理地创造人工山水环境。前面讲的临安城、咸阳城是介绍如何利用好现有的自然山水资源，而位于平原上的明清北京古城则是另一种山水城市模型的范例，是"平地起蓬瀛，城市而林壑"（乾隆《乐善堂集》卷十五，御制《流杯亭日知阁诸胜》）的人造山水城市。

北京古城坐落在永定河的冲积平原上，"北枕居庸，西峙太行，东连山海，南俯中原，沃野千里，足以控四夷、制天下"（图5、图6）（明实录·太宗实录），由于地理位置的重要性，使得北京城的城建历史可以上推至3000多年前的周朝。伴随着北方游牧民族的崛起，北京逐渐从边缘走向政治中心。从金代海陵王在1153年宣布定都北京至今，在长达860多年的时间里，北京大部分时间都扮演着全国政治中心的角色。因此，北京古城及城郊皇家园林的建设一直延续不断，规模也是越来越大，到清乾隆年间达到高潮。其规划思想上承秦汉，中接北宋，吸收了诸多北方民族的文化，使得都城建设成就达到了中国封建王朝的顶峰。

我们现在可以看到北京古城中有景山和大片的水域，这些都是人造的山水景观，其形成的历史可以追溯到金代（图7、图8）。金世宗从

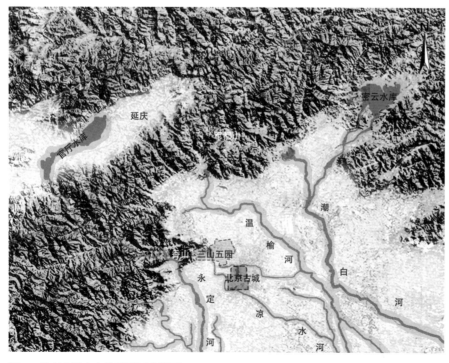

图5 北京古城山水关系平面分析图

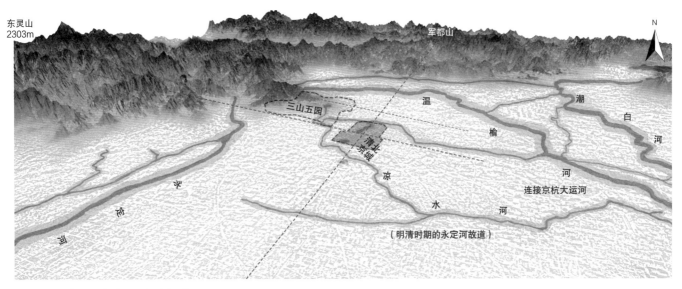

图6　北京古城山水关系透视分析图

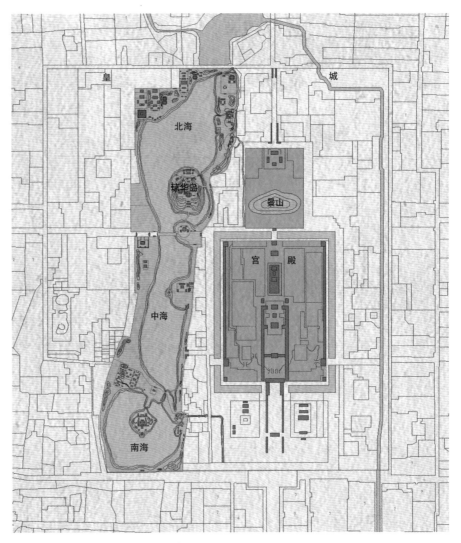

图7　乾隆时期故宫与西苑三海示意图

图 8　北京故宫及西苑鸟瞰（2009 年 10 月拍摄）

图9　北海琼华岛与故宫景山（2009年10月拍摄）

1176年开始在金中都东北郊修建的离宫——太宁宫，利用古高粱河河道蓄水，仿汉代"一池三山"古制建"太液池"，其中最高的岛被称为琼华岛，其上建有广寒宫（图9）。从金世宗到金章宗都将这里作为暑期处理政务之所，开阔的水面和远山吹来的习习凉风，让久居塞外寒地的人们可以消解北京的酷暑。

1260年元世祖忽必烈在开平（今辽阳）称帝之后回到燕京，也相中了琼华岛作为行政居住之所，进行了恢复建设。或许是游牧民族喜欢水草丰美之地，于是将金朝修建的太液池（水域面积约0.75km²）和北部水域（元代称为海子，水域面积约1.25km²）全部纳入元大都的规划之中，保持如此大面积的水域，在中国以往的都城建设中是绝无仅有的。不过如此庞大的水域并不是为了皇家专用，北部的海子则主要为漕运通航之用，据考古发掘验证，当时的水深在5~10m。

元大都建在永定河与温榆河之间，高程在40~50m的分水岭上，地形平坦开阔，非常有利于刘秉忠实现《周礼·考工记》中完美的方形城市，但是太液池和海子的出现打破了这种礼制上的"完美"构图，使得城市的空间更加灵动，生态环境更加宜居。郭守敬是另一位实现忽必烈在城

图 10　故宫景山夕照（2009 年 10 月拍摄）

市中感受"水草"之美的水利专家，他组织了跨流域的引水工程，将温榆河上游的山泉水引入翁山泊水库（今颐和园昆明池），再通过人工修建的御河将水引入海子，然后从皇城穿过，经过人工修建的坝河和通惠河与东部的京杭大运河相连，这条人工水系至今仍在发挥作用。

除了西苑的湖岛之外，在紫禁城北中轴线上有座景山，也是人工堆筑的土山，在风水上讲是故宫的靠山或镇山。图 10 是近期拍的照片，皇上在宫城内可以清楚地看到西山的远景和北海白塔以及故宫的角楼，形成了一个远近前后多层次呼应的景观效果，这要感谢当代北京城西部地区的建设很好地控制了高度，使我们可以和乾隆皇帝看到同样的山水景观，在城市中心能做到这一点是非常难得的。

在平原地区，大面积的公园绿地建设或在绿地内挖湖堆山可能招致诸如劳民伤财之类的质疑，这是由于对大面积绿地系统带来的生态效益还缺乏充分的认知，需要注意的是，城市绿地系统除了为市民提供宜人的居住环境之外，也提高了城市抵抗自然冲击的"韧性"，减少了财产损失，间接产生了可观的经济效益。2012 年 7 月 21 日北京暴雨，紫禁城安然无恙，没有被淹。其原因是紫禁城的宫城面积不到 $1km^2$，而三海和

图11 西苑三海鸟瞰照片（2009年10月拍摄）

筒子河的面积超过 $2km^2$，水域的面积是宫城面积的 3 倍以上。园林里的水体涨幅也可以达到 80cm 或 1m，相当于一个滞蓄洪水库，再加上皇城里有完善的下水道系统，北京古城内的园林绿地成功地起到了城市海绵的作用（图11）。而朝阳 CBD 区和西三环金融区的高密度建设、钢筋水泥的"森林"则产生了大量的地表径流，造成了在莲花桥等低洼地区的严重水灾。

有学者将奥姆斯特德的纽约中央公园与北京古城内六海园林系统相比较，从对城市的生态服务功能角度讲，两者的作用是类似的。主要的区别在于服务对象发生了变化，前者是社会发展到民主社会的产物，服务对象面向大众和普通群众，强调不同社会阶层的平等共享。明清时期的西苑主要服务于皇家，另一个区别是西苑里面还蕴含着深厚的文化，比如"一池三山"的传统神仙文化，还有道教、佛教的文化。这些富有内涵的文化精神，构成了中国园林的"意境美"，此外，西苑还具备农耕、居住和办公功能。在生态功能的基础上，有机地融入更多的实用生活功能，将文化、生态、生活等内容融为一体，这些功能是纽约中央公园所不具备的。

1.4 古代山水园林城市的范本——北京西山的"三山五园"

张恩荫先生所著《三山五园史略》介绍了"三山五园"的建设历史。北京的皇家园林系统大体包括三大部分：一是位于北京西北郊西山脚下的"三山五园"园林群，一是位于北京古城南部的南苑，再有就是皇城的西苑。在两处郊野的宫苑中，南苑建设较早，主要功能是行围打猎和驻军，顺治帝和康熙帝也偶尔在这里的行宫小住，办理朝政，但是并没有形成"居住在御苑内处理朝政的定制"。西北郊的"三山五园"兴起于清代中叶，"三山"是指玉泉山、香山、万寿山，根据清宫资料记载，"三山"专指清代三处皇家御园，即玉泉山静明园、香山静宜园、万寿山清漪园。其中玉泉山静明园由康熙帝在 1680 年始建，乾隆中叶大规模兴建，在 1753 年乾隆御制"静明园十六景"诗，标志玉泉山静明园修筑完成，总面积约 60hm²。香山静宜园始建于乾隆八年（1743 年），竣工于乾隆十一年（1746 年），乾隆御提"静宜园二十八景"，面积约170hm²，布局疏朗，主要建设在山地之上。万寿山清漪园也是乾隆皇帝主持修建的，从 1749 年大规模疏浚瓮山泊开始，1750 年又在瓮山前修建大报恩延寿寺，为其母祝贺五十大寿；同年传旨改瓮山为万寿山，瓮山泊为昆明湖。1751 年正式定名为清漪园，并设置总管园务大臣，统领万寿、香山、玉泉"三山"事务。至 1761 年万寿山清漪园基本完成。

关于"五园"的说法历史上有不同的版本，一说专指圆明园全盛时期所包含的五处园林，现代一般指以畅春园和圆明园为核心的园林群，加上"三山"所指的园林群，统称为"三山五园"（图 12）。据史料记载，在康熙十八年（1679 年），康熙皇帝传旨驻跸畅春园，在 1687 年基本建成，从此康熙年年来此园居住，并在康熙六十一年（1722 年）病逝于园内寝宫清溪书屋。据统计，在去世前的 36 年时间里，康熙每年在畅春园居住的时间近 107 天。到了乾隆年间，畅春园被用于皇太后园居之所，乾隆帝也偶尔在此居住办公。圆明园是"五园"之中规模最大的一处皇家园林，最初是康熙赐给皇四子胤禛的一处私园，在雍正元年（1723 年）升格为御园，经雍正朝十三年大规模拓建和乾隆初年增建，到乾隆九年（1744 年），最终形成著名的"圆明园四十景"，此后又陆续

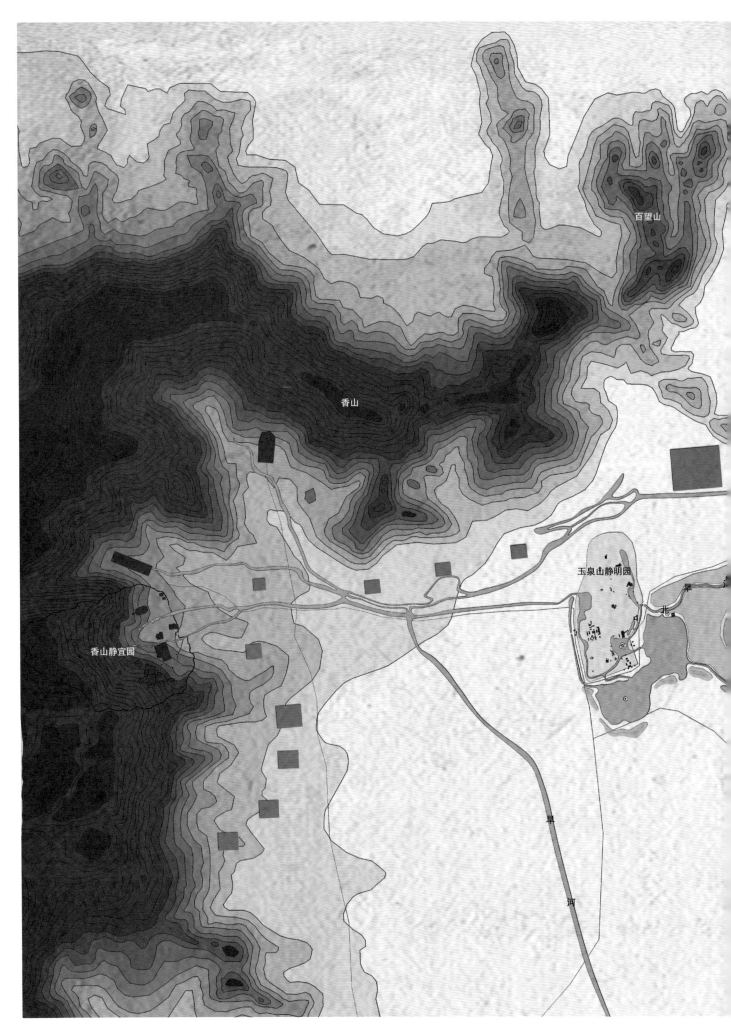

图 12　北京"三山五园"平面图（图片来自：王鹏摹自《中国古典园林史》等资料）

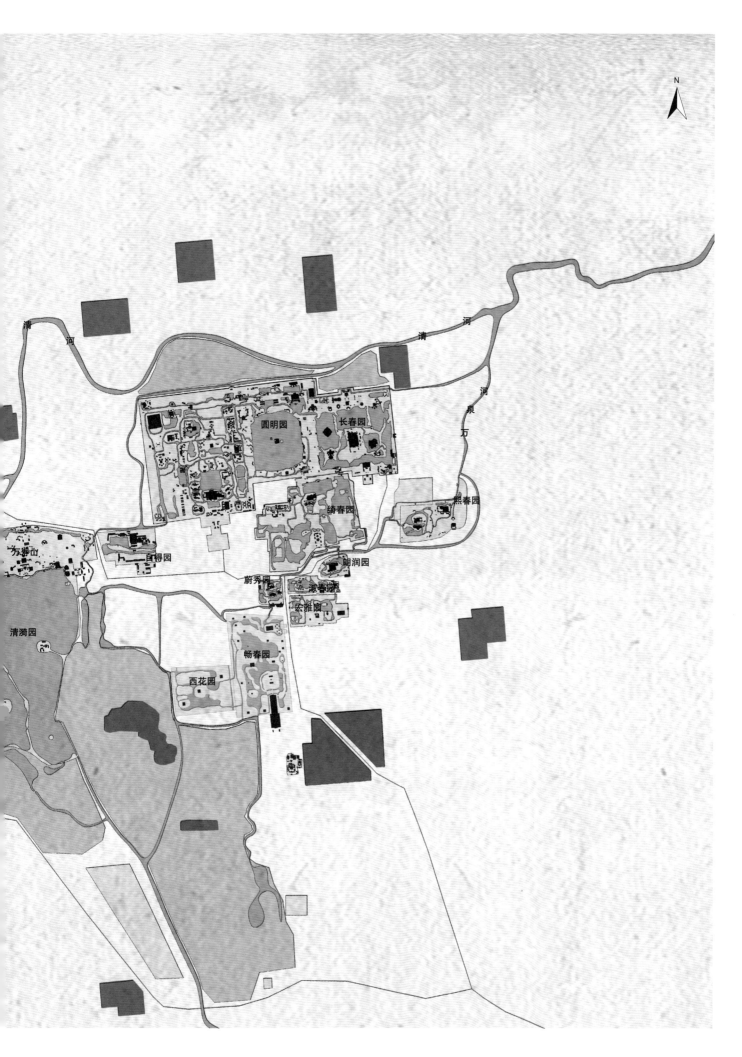

N

清河
清河
河泉
万

圆明园
长春园
熙春园
绮春园
明润园
蔚秀园
淑春园
宏雅园
畅春园
西花园

万寿山
自得园

清漪园

山水城市思想研究篇

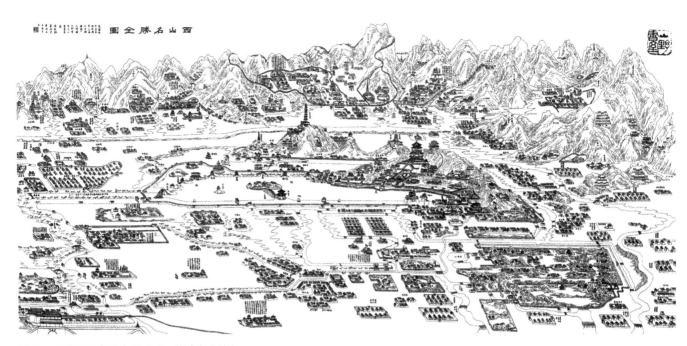

图 13　北京西山名胜全图（清·熊涛老人绘）

将长春园、绮春园并入圆明园，形成圆明园三园格局。圆明园的修建前后历时百余年，景色奇丽，美不胜收。供职清廷的西洋传教士则誉为"万园之园，唯此独冠"和"东方凡尔赛宫"。据统计，圆明园总面积约为350hm²（5250 亩），其中人工挖掘的大中小水面近 2000 亩，人工堆筑的土阜石峰 250 余座，水随山转，山因水活，构成了山重水复、柳暗花明、变化无穷的园林空间，堪称人造山水园林之大成。

后世的城市规划学者根据三山五园的实际功能，提出了北京的双城格局，认为三山五园地区实际上与紫禁城一样发挥着都城的外交、军事、政务、农业生产、仓储加工、商业、宗教活动和居住等功能，只不过城市形态不同而已（图 13）。2017 年《北京城市总体规划（2016 年—2035年）》获得国务院批准，在"构建全覆盖、更完善的历史文化名城保护体系"一节中提出"加强老城和三山五园地区两大重点区域的整体保护"。与北京老城相映生辉，北京历史文化名城保护把"三山五园"确定为两大重点区域之一。总面积 68.5km²，和北京古城 62.5km² 相当。乾隆皇帝

图14　从颐和园万寿山向西望（2009年10月拍摄）

有句诗中写道"紫禁映红墙，未若园居良"，正是由于这种巨型皇家山水园林的启发，才有钱学森"山水城市"思想的提出（图14）。

中国园林赞美自然、描摹自然，体现人与自然相融合的环境设计理念，远远超出了园林本身，具有人居环境生态化规划设计的现实指导意义。建筑和园林紧密融为一体是中国传统园林的重要特色，也是"山水城市"思想形成的重要源泉之一。笔者在师从孙筱祥先生时，他就教导学生忘掉建筑学的圆规和直尺等，忘掉圆和直线这些人为创造出来的几何图形，而是要学习利用自然的线形，不规则、不对称的空间塑造方式，要用一套与建筑完全不同的设计手法训练自己。当把两种设计体系很自然地融会贯通之时，就像把红色和绿色两块橡皮泥揉到一起，找不出彼此的边界，这时候才能称得上成熟的园林设计师。如何把传统园林的设计理念放大到城市尺度上，将建筑系统、园林系统、地形系统、植物系统融为一体进行规划设计，这应该成为当下的建筑师、规划师、风景园林设计师和市政设计师们需要共同努力学习的地方。

2 郡县型古代山水城市经典案例

2.1 四川阆中古城

阆中之所以能够成为中国四大历史文化名城之一，有两个重要的基础条件：一是因其自然山水之美（图15）。除了交通条件之外，优美的山水环境往往成为中国古代城市选址的先决条件；二是因其是国内唯一按照唐代风水理论修建并完整保存下来的古城。

首先，阆中得名，寓象于自然地形。阆中古城建城2300多年，其城市的名字始终没有变化，可见中国古人对大自然的尊崇和厚爱。阆中地处四川省东北部，大巴山脉、剑门山脉与嘉陵江交汇处，境内地势东北、西北高，中部和东南低，全城格局主要受巴山山脉、剑门山脉和嘉陵江控制。"其山四合于郡，故曰阆中（《北宋乐史·太平寰宇记》）""阆水迂曲，经郡三面，故曰阆中（《资治通鉴·汉纪四十二》）"。巴山山脉延至阆中北面，剑门山脉伸于阆中东、南、西三面，嘉陵江自北而南，绕城三面，形成古城外围严密的山水缠护，构成"三面江光抱城郭，四面山势锁烟霞"（华光楼对联，北宋知州李献卿）的山水格局。得天独厚的阆山阆水，自古享有"阆苑仙葩映玉寰"（《南宋·苏轼》）的美称，不仅吸引了中国道教始祖张道陵侨居于此修仙传道，还吸引了无数文人墨客到此一游，赞誉之词不胜枚举。其中杜甫的《阆水歌》传唱最广，

图15　四川阆中市航拍（图片来自网络）

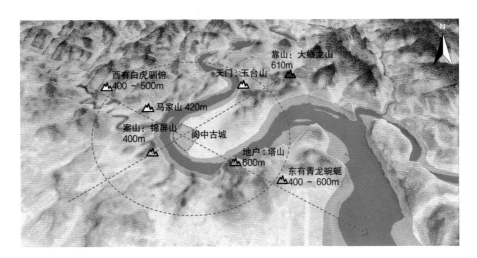

图16　四川阆中古城山水关系分析

"嘉陵江色何所似，石黛碧玉相因依。正怜日破浪花出，更复春从沙际归。巴童荡桨欹侧过，水鸡衔鱼来去飞。阆中胜事可肠断，阆州城南天下稀"。阆中的山水还是书画家艺术创作的圣地，东晋大画家顾恺之画阆中云台山作记，唐代大画家吴道子画嘉陵江三百里风光最重阆中山水。嘉陵江的水为城市提供了充足的饮用水源，通过蒸发为城市提供了潮湿清洁的空气。嘉陵江水之美也深为阆中人所钟爱，夏日纳凉消暑更兼观风赏景，这里也成大好去处，逢端午龙舟竞渡在此，沿为民俗直至今日。

其次，古城规划为山水添色。阆中古城被称为"中华风水第一城"。其城市与周围山水关系完整地反映了中国古代城市对"风水宝地"的理想环境模式，即"背山面水，左右护卫"的格局。基址背后有座"来龙"，其北有连绵高山群峰为屏障；左右有低岭岗阜"青龙""白虎"环抱围护；前有池塘或河流蜿蜒经过；水前又有远山近丘的朝案对景呼应（图16）。

据相关研究，目前留存下来的阆中古城的城址形成于初唐并延续到清代。目前国内研究阆中的古城城池图，多利用清代的古城，尽管与唐代的城郭轮廓有所变化，但是古城十字街的位置始终没变。风水家称之为"穴位"，认为以此为中心发展城市最为有利。十字街的南北轴线略向西偏，北面正对大蟠龙山，山峰海拔在610m左右。唐高宗时（650年）风水大师袁天纲移居阆中，就居住在大蟠龙山上，并在山顶筑观星台。十字街的南面正对一组鞍形的小山，称为锦屏山，高度在400m左右。向其南方远望，可见层叠不绝的仙桂山群峰。十字街东西向也有对景山峰，东侧正对的山峰叫塔山，江水在这里向北回澜，南宋时在山顶建白塔寺和镇水的白塔。西侧正对的小山叫马家山，高度 420m 有余，是来自西北方向山脉最末端的一个小山。还有一处对完美的风水格局有重要意义的山峰，就是玉台山，海拔约 490m，位于大蟠龙山的西南方，靠近嘉陵江边。其上修有玉台观、滕王阁、望水寺等宗教及景观建筑。塔山和玉台山两个"水口山"的建筑依风水择址而建，既为山水增色，又立观瞻远眺之所。其建筑均因建于天门地户也自然成为入阆中首见景观，起到城外识别标志的作用。嘉陵江的河水平面形态与城池的关系在风水学说中是最为理想的"干水成垣"和"金城环抱"的形态，还为城市与外部的交通提供了非常便利的水上通道，使得阆中在 2000 多年的建城史上一直扮演重要的角色，成为关中、巴蜀和江汉地区的军事和交通要邑。

2.2 云南丽江古城

2.2.1 丽江古城的山水环境

清雍正元年（1723 年），丽江改土归流后的第一个儒学教授万咸燕，在他撰写的丽江第一志——乾隆《丽江府志略》中的"舆图说"如是概述丽江山水环境："丽江古越嶲属地，发脉于西藏枯尔坤，金沙、澜沧两江挟持，至老君山，穿窿郁崒，为滇省众山鼻祖（图 17）……象山绵延，

图 17　从云南丽江大研古城远眺玉龙雪山（图片来自网络）

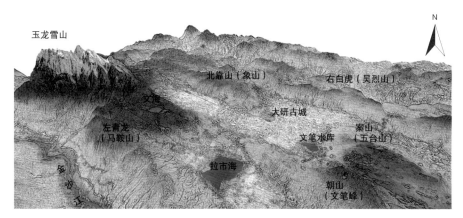

图18　从云南丽江大研古城远眺玉龙雪山

府治建焉。黄山（狮子山）右环，吴烈（山在良美）左峙，（玉龙）雪峰雄踞于后，五台（此山在文笔山以南）特拱于前，丽水（金沙江）绕其东北，怒江界其西南，中则玉河漾流，潆洄襟带，风气实攸聚矣，至若邱塘为鹤剑之咽喉，石门扼蒙番之要路……西北藩篱，诚极边重地也。"在阅读万老的地理文字时，不仅可感受中华古文韵律之美，从中亦可看出风水思想对古代文人的影响，"众山鼻祖""风气实攸聚矣"都是风水家常用的说辞。

　　从地图上可以清楚地看到，金沙江向北绕过玉龙雪山，在其"臂弯"中玉龙雪山十三峰由北向南排列，矗立在县境的北端。其主峰扇子陡与丽江坝区的相对高度为3000多米，在其海拔4500m处有现代冰川分布，是中国境内纬度最低的冰川，冰山积雪为丽江坝区提供了稳定的水源。丽江市境内的"芝山""马鞍山""金虹山""吴烈山""象山"都是玉龙雪山的余脉，均呈南北走向。围合于县区南部的是老君山，发源自青藏高原南下，从兰坪、剑川入丽江境内，自最北端的塔城乡直到最南端的九河乡连绵数千里，成为丽江市西边的屏障，老君山脉在县城南侧有一突兀的山峰，被称为文笔峰，海拔3462m（图18）。

2.2.2 丽江大研古城的山水关系

（1）符合择中思想与风水文化

　　大研古城的位置距离东西两面金沙江的长度均约40km，距离南面的文笔峰和北面的玉龙雪山也接近40km，因此在空间尺度上，城市与外围主要山水之间的关系均等，符合中国"居中而治国"的传统思想。

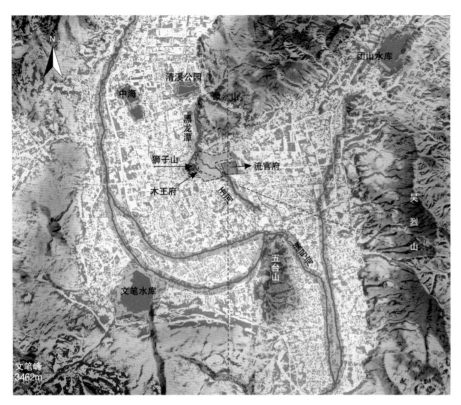

图 19 丽江大研古城周边山水关系

由巍峨的玉龙雪山向东西两侧延伸出去的两道山脉，宛若人张开的手臂，在坝子南端的邱塘关处合拢，一个丽江坝子，被玉龙雪山抱在怀中。丽江古城以象山、金虹山为枕，以狮子山为屏风，五台山为案，西面的芝山与马鞍山、东边的东山与吴烈山分别为青龙、白虎，将古城左拥右抱（图19）。五台山下是集丽江坝子水源汇集而成的漾弓江，宽阔的河流在丽江坝子南端弯成一条美丽的环带，绕过东元蛇山后由北向南奔流。蛇山虽不高，但在丽江地理风水中占有重要位置，"东员（圆）岗者，为丽郡东南第一重锁钥"（徐霞客游记）。清朝时期曾在岗头修过一座白塔，期望在这潜龙卧虎之地，人才辈出，为山川增辉。

从明代开始，丽江的上层社会开始大力推行汉学，作为儒家学说的一部分，丽江上层社会掌握风水学的知识应该不是什么难事。明丽江府第十三任知府木增写过一首诗，"东壁图书照丽阳，湖边文笔碧霄翔，列岫层峦皆几案，行云流水尽文章"，从中可以看出非常明显的风水观念。

由于纳西族的传统文化中认为太阳升起的东方象征着光明和生命，所以大研古镇的民居建筑以坐西朝东为最佳朝向。因此整个大研古镇实际上形成了坐靠西北、放眼东南的空间格局。木王府的设计也吸收了汉文化中的礼制思想。建筑群呈明显的中轴对称关系，建筑建在地势较高的位置，以显示尊崇的地位。从轴线与山峰的对应关系来看，木王府的建筑轴线与吴烈山的主峰有明显的对应关系，这当然不是一种偶然现象。

（2）因地制宜、顺应自然的营造方法

在微观尺度上，城市与自然山水紧密相依，在顺应自然的基础上巧妙创造理想的人居环境。同样是遵循"河水先行"的古代传统城建方法，古镇民居建筑现大致划分为三个片区，片区依据河流的走向而确定——西城片区、东城片区、老城片区分别沿西河、东河与中河水系开辟，并相互交织，紧密地联系成大研古镇的整体。因循水路的曲直弯转与地势的起伏变化，古镇民居的布局与组合并非严密工整，而是自由灵活、错落有致，形成了变化丰富的空间与景观。

2.3 浙江金华古城

金华建制久远，至今已有2200多年的建制史。金华古称婺州、婺城，简称婺。南朝陈天嘉三年（562）改金华郡。隋开皇十三年（593），改称婺州。据史料记载，现在位置的金华古城建于唐天复三年（903年），在1200多年的时间里，基本上没有迁城址。现存的金华古子城是清代的城址，其中保存最完好的是太平天国侍王李世贤的王府。浙江省金华市在2007年获批为第四批历史文化名城。

2.3.1 金华府城的风貌

1995年，在申报国家级历史文化名城工作中，发现了清代画家吕焕章1891年游历金华时在八咏楼上所作的"金华府城图"。图20中展示了100多年前的金华古城风貌，万佛塔、城楼垛口、府县衙古建筑等历历在目，全城风物尽收眼底，反映了金华当时盛极一时的城市景象。图上还可以看到古城的城墙是弯弯曲曲的，跟起伏的地形融合在一起。古城内的建筑高低错落，城市内部没有中轴线，也没有笔直的大道，道路弯弯曲曲，整个城市与自然的山体河道融为一体，既能不受洪水的影响，又不远离水源，和今天"三通一平""画方格网"的做法完全不同。

图 20 金华府城图（清·吕焕章绘制，图片来自网络）

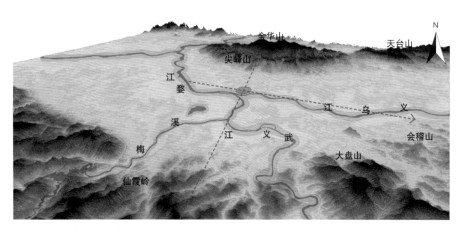

图 21 浙江金华古城周边山水关系

2.3.2 金华古城的山水环境

金华位于浙江省中部，东邻台州、南毗丽水、西连衢州、北接绍兴，地理特征独特，可概括为"一盆一山一水"。"一盆"指金衢盆地，金华地处浙江中部盆地的中心区，金华山屹立在这只绿"盆"中心，海拔1300余米，而金华城海拔只有30多米。在金华山之南，有一条三江聚汇而成的婺江，水流潺缓，从城南逶逸而过，金华城就坐落在金华山与婺江之间。

除了北面的金华山之外，南面和西面也是群山掩映。东、东北连大盘山、会稽山，南面的山脉属仙霞岭。金华境内超过千米的高峰208个，最高峰在武义县与遂昌县的牛头山主峰，位于金华古城的南部（图21）。

图 22　北海琼华岛鸟瞰（2009 年 10 月拍摄）

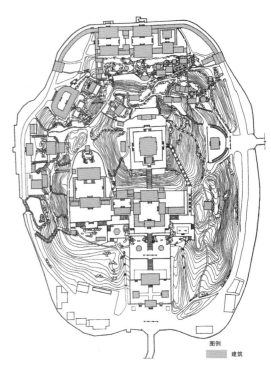

图 23　北海琼华岛平面图（胡洁手绘）

3　中国古代山水园林

3.1 "因山构室，其趣恒佳"——北京古城西苑琼华岛设计研究

　　明清两代对北京城的轮廓进行了改建，但是对宫城与西苑、海子的布局基本保留原样，只是在河湖岸线的变化及太液池三山的建筑上下了一番功夫。其中乾隆年间由于国力鼎盛，再加上乾隆皇帝五次下江南后，极为热衷模仿江南园林到皇家园林中。西苑琼华岛是乾隆经常驾临的地方，他亲自主持了该岛的设计，并手书了《白塔山记》来讲述自己的造园意图（图 22）。其中在《塔山西面记》中有一段经典语句："室之有高下，犹山之有曲折，水之有波澜。故水无波澜不致清，山无曲折不致灵。然室不能自为高下，故因山以构室者，其趣恒佳。"

　　笔者在北京林业大学师从孙筱祥教授攻读风景园林学硕士，研究的课题是琼华岛的设计，对琼华岛进行了详细测绘，从中领悟建筑师与园林师的融合之道（图 23、图 24）。琼华岛总面积 6.3hm²，其中建筑占地面积 1.7hm²，占比为 26%，山体的高度约 30m。从空中俯视，除了白塔之外是一片葱茏的绿色，所有的建筑都掩映在绿树之下，乾隆所选的绿化

图 24 北海琼华岛后山立面图（胡洁手绘）

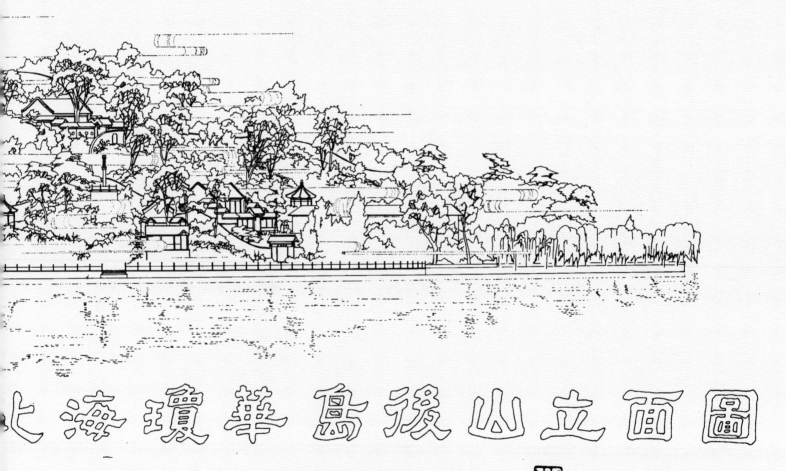

北海瓊華島後山立面圖

測绘、制圖：胡洁 1986年7月

树种都是长寿树种，如白皮松、圆柏、油松、红枫等，一旦长成之后就会长久地形成浓荫遮蔽效果，不用再去更换，这一点也值得今天的城市绿化工作学习。在琼华岛山体东、西、北三侧的山坡上顺应山形地势布置了多组建筑，地形的起承转合与建筑本身的变化互相配合，使得建筑与山体浑然一体，形成富有诗意的景观效果（图25~图27）。在北海太液池的东岸有个园中园叫濠濮间，是乾隆皇帝在1757年修建的小别墅园，通过挖湖堆山营造空间变化，然后再转折布置大门、濠濮间、崇淑室等四栋建筑，建筑被周围地形上的大树所环绕，形成了"壶中天地"的景观效果。这种"人造山水，因山构室"的别墅园营造理念和西方的传统独幢别墅的效果截然不同，前者求静谧、中和与内敛之气，追求山水之诗意栖居；后者讲气派，追求建筑之华美荣光。

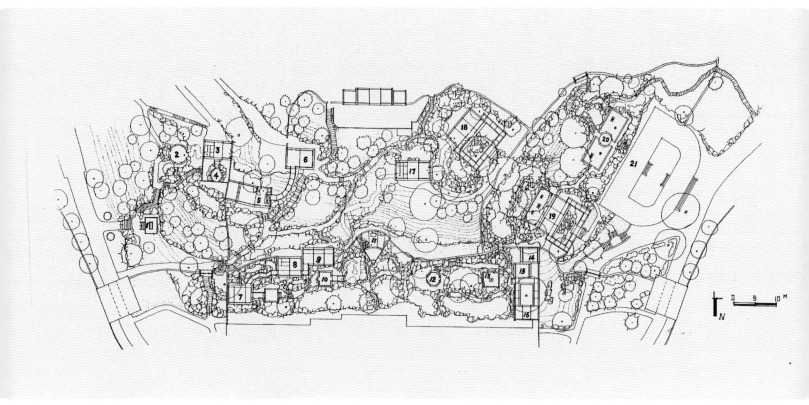

1 "琼岛春阴"石碑	8 坏碧楼	15 抱冲室
2 见春亭	9 盘岚精舍	16 邻山书屋
3 古遗堂	10 一壶天地	17 写妙石室
4 峦影亭	11 一延南薰	18 酣古堂
5 看画廊	12 小昆邱	19 一亩鉴室
6 交翠亭	13 仙人承露盘	20 云烟尽态亭
7 嵌岩室	14 得性楼	21 阅古楼

图25　见春亭与交翠亭在琼华岛后山的位置（胡洁手绘）

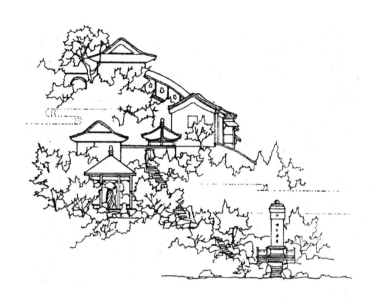

图26　交翠亭立面图（胡洁手绘）

图27　见春亭立面图（胡洁手绘）

3.2 小中见大，借景随机——无锡寄畅园设计研究

寄畅园始建于明嘉靖六年（1527年），园主为户部尚书秦金。乾隆六次南巡过程中，曾经十一次游寄畅园。1751年乾隆在清漪园效仿寄畅园建惠山园，是他写仿江南园林的首次实践。正是因为乾隆皇帝的临幸，使得这个不足1hm²的私家园林跻身江南名园之列（图28）。

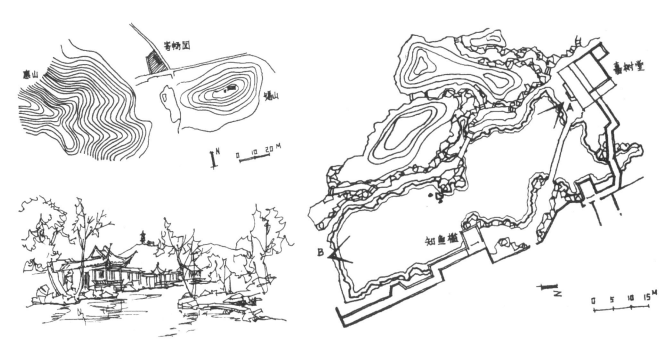

图 28　寄畅园的位置、平面及长轴透视图（胡洁手绘）

　　无锡寄畅园也是小中见大的经典案例。该园是在惠州金山寺几排僧舍的基础之上改造而成。这个明朝末年留下来的园林，在狭窄的空间里安排了居住生活的区域和喝茶观景的角落。园主人挖了一个小湖，这个小湖的长轴线对着西侧远景的锡山，山顶上有龙光寺和龙光塔，园子的景色一下子就扩大了许多。尽管身居闹市的园子不足 $1hm^2$，但是看到的却是周围几平方公里内的山景、寺庙和塔景。在园子的南侧靠近围墙处堆了一个小的山石假山，约有 2m，从院墙上一路铺下来，铺到水边，然后留一个石脊探到水里边，称之为惠山的一只脚。所以在园子主人的巧妙构思下，把周围的远处与近处山景完全融入园子里边，体现了园主人"取欢仁智乐，寄畅山水荫"的精神追求（图 29）。

图 29　寄畅园借景锡山龙光塔

4 结语

本文介绍的古代山水城市案例尽管尺度跨度很大，但其中人与自然和谐的哲学思想是一以贯之的。通过一大批通晓儒道哲学的儒生和能工巧匠的实践，古人创造了大量的伟大工程，也总结出不少规划设计原则，比如"人与天调而后天下之美生"（《管子·五行》），"城郭不必中规矩，道路不必中准绳"（《管子·乘马》），"巧于因借，精在体宜"（《园冶·园说》）等等。通过这些案例的研究，我们可以看到，中国古人在人居环境建设中所蕴含的"顺应自然、保护生态"的智慧顺应当前绿色发展的主旋律，应当在新型城镇化建设工作中发扬光大。

参考文献

[1] 鲍世行.钱学森论山水城市 [M].北京：中国建筑工业出版社，2010.

[2] 周维权.中国古典园林史（第三版）[M].北京：中国建筑工业出版社，2008.

[3] 吴良镛.中国人居史 [M].北京：中国建筑工业出版社，2014.

[4] 李路珂.古都开封与杭州 [M].北京：清华大学出版社，2012.

[5] 苏建明.南宋临安城"精明增长"模式初探 [J].四川建筑，2011 (03)：12-15.

[6] 侯仁之.北京城的生命印记 [M].北京：生活·读书·新知三联书店，2009.

[7] 李峥.平地起蓬瀛，城市而林壑——北京西苑历史变迁研究 [D].天津：天津大学，2006.

[8] 吴庆洲.中国古代城市防洪研究 [M].北京：中国建筑工业出版社，2009.

[9] 张恩荫.三山五园史略 [M].北京：同心出版社，2003.

[10] 戚衍，范为.古城阆中风水格局：浅释风水理论与古城环境意象 [M]// 王其亨.风水理论研究.天津：天津大学出版社，1992.

[11] 龙曦.阆中古城地理环境及景观意向解构 [J].四川建筑，2006 (04)：33-37.

[12] 尚廓.中国风水格局的构成、生态环境和景观 [M]// 王其亨.风水理论研究.天津：天津大学出版社，1992.

[13] 乔柳.西南山地典型古城人居环境研究——云南丽江古城 [D].重庆：重庆大学，2010.

[14] 周燕芳.历史时期丽江大研纳西族聚落形态初探 [D].西安：陕西师范大学，2007.

[15] 杨会会.闫水玉.任天漫.丽江古城适应水文环境的生态智慧研究 [J].风景园林，2014 (06)：54-58.

[16] 仇保兴.历史文化名城的功能及其实现途径——兼论金华城的开发与保护 [J].城市发展研究，1994 (01)：18-21.

回顾与借鉴

——基于生态学的西方城市景观规划与中国山水城市思想

杨翌朝　梁晨　胡洁

1　山水城市思想与生态学

钱学森提出"山水城市"思想的源泉不仅来自中国古代的山水文化，还包括与西方文化的对比、借鉴，以及吸收利用西方先进的科学技术。1993 年 2 月他为山水城市研讨会发表书面文章——《社会主义中国应该建设山水城市》（1993.2.11）。在这篇文章中他再次强调借鉴西方国家的先进科学经验，提出："山水城市的设想是中外文化的有机结合，是城市园林与城市森林的结合。山水城市不该是 21 世纪的社会主义中国城市构筑的模型吗？"

1995 年，在《关于山水城市的看法》（1995.10.22）这封信中，钱学森受《华中建筑》杂志中几篇文章的启发，针对城市规划与建设科学界热议的生态城市概念，指出了山水城市与生态城市的区别，"生态城市是山水城市的物质基础，山水城市是更高一层次的概念，山水城市必须有意境美！意境是精神文明的境界，这是中国文化的精华"。这句话可以说明，钱学森先生提出的"山水城市"首先应该是"生态城市"，生态学作为一门新兴的学科对现代城市规划产生了非常重要的影响，得到了钱学森先生的高度重视。因此，积极引进西方生态科学的理论、思想与技术方法，也是践行"山水城市"思想的重要内容。

2　西方城市规划与生态学结合发展概述

城市作为一个物质元素空间的组合，是承载着人类社会经济、政治、社会和文化等诸多要素的综合系统。由于快速城市化发展带来的巨大社会和环境挑战，面对有限的地球资源所带来的压力，城市空间和景观的规划设计领域需要在不断扩大的视角下引进和运用多学科的理念和方法，以实现城市发展的可持续性、城市构建和维护对环境的低冲击性，以及能够应对各种灾难的城市韧性。城市建设的过程是通过物质交换和能量流动将人类社会的文化与自然环境连接在一起的过程。对于设计和规划人员来讲，这一过程应当立足于生态科学提供的环境和社会科学的知识，在可持续发展原则的指导下，为解决环境问题和提高人类生活品质提供创造性的答案。反过来，通过规划和设计所实现的环境改造又可以为生态科学的发展提供新的研究基地，为自然规律和过程的总结提供检验途径和充分的实证。在实现人与自然和谐共存和共同发展的理想时，规划设计与生态科学应是相辅相成的关系；以生态为出发点来进行规划和设计（ecological planning and design）正逐渐成为城市和风景园林规划设计的主流。不过这样的规划设计理念并不是可以轻松实现的，它的出现和日渐成熟经历了自然和人居环境的危机、科学和技术进步的飞跃，以及对"人与自然"关系的深刻反思。

城市发展与自然环境的关系起源很早，人类在早期城市规划及建设中就已将整合自然因子或生态原则充分体现在人类聚落的选址、选材与其周围自然环境的资源条件限制与潜力的密切关系中。城市与景观规划中有意识地考虑和处理生态／自然的理念来自于西方 19 世纪人类对理想城市模式的思考，并随着 20 世纪后期的城市生态学、景观生态学、可持续发展理论等系统技术及理论体系的出现和成熟，融入多学科的先进理念及规划方法，使其理论体系不断得到延续、拓展和完善，并逐步从理想化的愿景向具体的实践探索转变。从人的生存和发展需要自然，到认识人类必须与自然和谐相处；从将人的社会与自然分割开来考虑，到认识到人是自然系统中的有机部分；从追求理想的城市和景观形态，到发展出以自然的科学客观分析为依据的规划和设计；从早先倾向于把人的需求放在人居环境建设中的首位，到现在如何实现人工环境与自然在一个生态系统中相互共存。人居环境的规划和设计在过去 150 年的发展过程中，体现出对人与自然关系的认真思考和科学化认识。

通过对西方（主要是英美）城市及景观规划和设计理论与实践演变进行综述，本文针对规划设计中"生态"（ecology）这一观念和相关手段的融入与影响作出分析，并以此作为评析中国山水城市规划设计理念和手段的基础。在下文中，我们将英美有关环境和景观规划的理论和实践分成三个主要阶段进行总结，重点放在描述时代背景与理论产生的关系上，介绍主要规划理论及其倡言者，以及对代表性实践项目进行分析。文章的第四部分将西方的生态规划设计与中国的山水城市规划设计进行比较，重点在两者之间可以汇集和相互补充的领域。

3 受生态理念和科学影响的西方城市与景观规划设计发展回顾（1860年至今）

基于西方理论研究及实践案例的汇总梳理，对其历史脉络进行系统的分类分析，并根据其时代的特征、理论与实践内容共性，我们将19世纪（主要从1860年）至今的城市与景观规划设计分为三个阶段。

（1）1860~1950年，工业革命到第二次世界大战结束之前，人们的关注点集中在如何在前所未有的大规模工业生产中公共卫生、住房、交通、社会冲突等日益严峻的形势下，寻找能与自然环境获得较好协调的理想城市形态，这一时期的理论和模型开始重视环境对人的福祉的影响，从以人为本出发，认识到城市规划与景观、生态结合的重要性。这是城市与景观规划中生态思想的发源和探索阶段。

（2）1960~1990年，大规模资源掠夺引发了世界上第一次环境问题的高潮，这一阶段中出现对城市发展的反思，体现了全球生态意识的觉醒与演进。除了提倡对环境的尊重，城市与景观规划开始将保护、治理生态环境作为全人类的共同责任，并强调运用科学的分析、评价和模拟来指导城市与景观规划的理论与实践。这是生态科学与城市景观规划学科互相影响并进的阶段。

（3）1990年后期至今，以追求人与自然和谐为目标的城市生态运动在全球蓬勃展开，可持续发展成为全球共识，景观与生态理念更多融入城市的实践发展与复兴中，试图探索并示范以合理的城市规划和设计方法实现城市与自然的和谐。相比以上总结的第二个时期，最新的实践中除了积极地将对生态过程和功能的理解结合到规划设计中，设计师们开始更多地强调通过"设计"本身来协调城市生态的进程，而非消极地划分区域和自然保护区，更强调一种"城市生态学"层面的复兴。

下面简单介绍不同阶段的代表人物及其主要思想和实践。

3.1 发源阶段（1860～1950年）

这一阶段被认为是在城市建设中有意识地考虑自然环境和生态健康

的理念产生和发源阶段。19世纪中期，饱受工业革命副产品之苦的欧洲开始自我反思，一时间反工业化的思潮竞相涌现。19世纪中叶英国的"工艺美术运动"就是其中的典型代表。莫里斯（William Morris）在他著名的《来自乌有乡的消息》（*News from Nowhere*）（1890）一文中提出反对工业化大生产的粗陋制品，倡导中世纪质朴的生活和精湛的手工艺风格。类似思潮影响了当时有社会责任心的有识之士，他们面对大规模工业生产和城市化的进程加剧后出现的公共卫生、住房、交通、社会冲突等日益严峻的问题，开始思索城市作为人居环境应该拥有的必要（重要）因素，并探索理想的城市形态或城市的理想发展轨迹。

这一时期的主要人物包括了霍华德（Howard）和奥姆斯特德（Olmsted）。他们理论的共同点都是认识到良好和怡人的自然环境对人成长的重要作用，以及在城市发展中帮助避免和解决城市病、改善城市风貌的功效。

3.1.1 霍华德与"田园城市"

霍华德在1898年出版了影响巨大的理论著作《明天：通往真正改革的和平之路》（*To-morrow, a Peaceful Path to Real Reform*）（1898），文中正式提出了田园城市的理论（图1）。他在书中描绘出一座兼有城市和

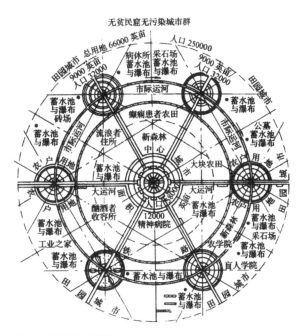

图1　田园城市图解
［图片来源：（英）埃比尼泽·霍华德，金经元译.《明日的田园城市》，商务出版社，2000年］

乡村之妙的理想城市——田园城市（Garden City）。若干个田园城市围绕中心城市构成城市组群，他称之为"无贫民窟、无烟尘的城市群"。霍华德倡导并提出"用城乡一体的新社会结构形态来取代城乡分离的旧社会结构形态"的社会变革思想。通过城乡结合控制合理的城市规模，在更大范围内形成一种有机、平衡的发展模式。在"田园城市"中自然生态不再是陪衬巨厦的后园，而是城市建设中至关重要的因素。霍华德构思的田园城市是一种坐落于乡村中，拥有适当规模的城镇模式，期望借此让居民们可以兼得乡村的恬静舒适与城市的便利发达。

田园城市理论的基础是三磁铁理论：将城市和乡村的各自特点吸取过来，取长补短，加以融合，形成一种具有新特点的生活方式，从而避免各自的缺点，只存在优点。霍华德理想中的田园城市风貌——城市四周为农业用地所围绕；城市居民经常就近得到新鲜农产品的供应；农产品有最近的市场，但市场不只限于当地。田园城市的居民生活于此、工作于此。城市的规模必须加以限制，使每户居民都能极为方便地接近乡村自然空间。霍华德主张城市不能无限蔓延，在达到一定规模以后，应该建设新的城市来容纳人口和产业的增长；在这些城市之间设置永久性绿带，同时具有便捷的公共交通联系，从而形成由多个田园城市组成的区域，称为社会城市。正是在建立这种社会城市的基础上，每个田园城市才会具有所谓的"城镇——乡村磁力"。

霍华德提出了实现田园城市的办法和途径：①疏散过分拥挤的城市人口，使居民返回乡村；②建设新型城市，即建设一种把城市生活的优点同乡村的美好环境和谐地结合起来的田园城市；③改革土地制度，使地价的增值归开发者集体所有。田园城市是为健康、生活以及产业而设计的城市，它的规模能足以提供丰富的社会生活，但不应超过这一程度；四周要有永久性农业地带围绕，城市的土地归公众所有，由一委员会受托掌管。

1899 年霍华德发起了"田园城市协会"，并于 1903 年在距离伦敦 56km 处兴建了第一座田园城市——莱奇沃思（Letchworth），1919 年又在伦敦北 33.6km 处兴建了韦林（Welwyn），然而这两个城市并没有取得霍华德预想的成功和影响力。芒福德（Mumford）在他的《城市的发展史》，（*City in History*）（1961）中给出了合理的解释："他低估了在一个以赚钱为主的经济社会中一个大都市市中心的强大吸引力，他想以创造 32000 人口的一个独立自足的社区来替换伦敦过分拥挤的生活，这个具体建议本身没有很好地对待今天社会和技术的复杂性。"

值得提出的是，当时另一位重要代表人物——地理学家和规划师 Geddes 反对霍华德的观点，他认为那只是乌托邦的想法（Geddes，1915）。作为一位生物学家，Geddes 认为每一座城市和其周边的郊区是一个不断发展的有机体，城市的发展应建立在它的自然、人文历史以及"当下的生命进程"的基础之上。他主张将"区域调查"应用于城市规划和城市设计中，以寻求每个城市的"个性和精神"。Geddes 的主张从本质上讲是要超越对形式的追求，号召规划师和设计师用对地区发展过程的学习和理解来确定最终的规划和设计决策。他提倡的客观的态度和研究的方法为接下来在规划和设计过程中提高科学性奠定了基础。

3.1.2 F·L·奥姆斯特德（Frederick Law Olmsted）与城市公园系统

19 世纪的美国处在由农业化加速向工业化转变的过程中，大量的移民潮流和公路、铁路等交通网的形成推进了美国城市化的进程。伴随而来的就是：贫富差距日益明显，城市居民公共活动的空间极为匮乏，城市中当初为了方便管制建立的千篇一律的网格状道路系统，逐渐不适应人们对于提高生活质量的需求。随着人口的增长、拥挤和贫困的加剧，远离城市压力的开放空间以及恢复身心的机会越来越少。居民迫切需要可逃离城市繁忙和嘈杂的公共开放空间，因为在这里他们可以在宁静的氛围中缓解压力和紧张的情绪。受欧洲公园运动的感染，景观建设的推崇者和早期的实践者们针对一些城市问题，如疾病的爆发、水资源的污染、新鲜空气的缺乏，以及大城市墓地的紧缺等，做出了各种努力和尝试。他们呼吁大型公共绿地空间的建设，并且提倡利用墓地园林来实现公众与自然融合的思想理念。奥姆斯特德领导的"城市公园运动"在一定层面上解决了社会面临的问题，他认为单个公园的建设只是"隔靴抓痒"，故发展了公园系统理论。

公园系统指公园（包括公园以外的开放绿地）、公园道路和绿道所组成的系统（参见案例 1）。奥姆斯特德采用的是全局观念，提倡通过将公园与线性绿地的系统连接来保护生态环境，并引导城市开发向良性循环发展。奥姆斯特德的公园系统使得公园与城市生活的其他方面共同形成一个面向广大群众的和谐整体。在实践中，公园系统的建立是将城市公园和城市区域的街心绿地、滨河绿地、沼泽地、河道景区、湖泊和自然保护区通过景观道相连接，在城市区域范围内形成一个整体的景观系统，

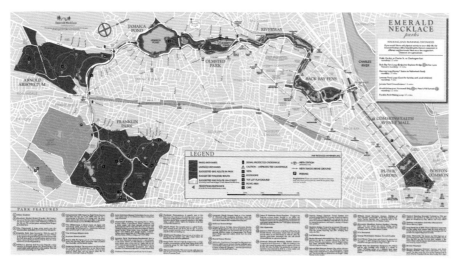

图 2　波士顿翡翠项链公园系统原始规划图（图片来自网络）

案例1：波士顿翡翠项链

波士顿公园系统由奥姆斯特德规划设计，从波士顿公园到富兰克林公园绵延约16km。系统以河流等因子所限定的自然空间为定界依据，利用200~1500英尺（1英尺≈0.3m）宽的绿地，河边湿地、综合公园、植物园、公共绿地、公园路等多种功能的绿地连锁起来，形成网络系统，被当地人称为"翡翠项链"（图2）。奥姆斯特德将人文主义理念、自然主义理念、景观公平性与平等性理念、景观系统性理念融入公园系统规划设计当中，满足了城市居民的需求，提高了生活环境质量。此外，由于公园系统是在城市扩张过程中建立起来的，在开发前就已确定好保护范围，因此，为城市健康发展起到了良好的引导作用。后人在原设计的基础上，根据需求加入了动物园、高尔夫球场、运动场等元素，拓展了奥姆斯特德期望的漫游、跑步、野餐、网球、骑马等户外活动功能。

增加公园的服务范围。波士顿城市翡翠项链公园系统是体现奥姆斯特德理念的一个成功例子。

3.2　发展阶段（1960~1990年）

　　这一段时期是生态或环境保护运动意识茁壮成长，改变公众态度并转化为公共行动的时期。第二次世界大战之后，欧美国家的大规模生产、工业和城市建设是以自然资源的滥用为前提，并以生态环境的迅速恶化为代价。20世纪50年代后期大量学者提出对全球环境恶化的担忧，开始运用生态保护意识关注和深入思考人类社会对生态环境破坏的恶行。1962年出版的《寂静的春天》（*Silent Spring*）（Larson，1962）一书，成为发起现代环境保护运动的导火索。这一时期涌现出许多与城市生态环境相关的新研究领域和专业，大量的科学研究不仅提高了我们对城市环境和城市变化的了解，也为城市研究和城市规划贡献了全新的视角、先进的技术手段和客观的科学知识。在规划与景观领域，出现了以模型的调查、分析、论证为指导，立足于自然环境的积极反馈，并将人的需求建立在环境承载力范围内的方法。这种自然观和以实证出发来规划和设计是这一时期生态规划的基础。

　　2014年，麻省理工学院的教授 Ann Spirn，在《回顾生态与环境学科对规划与设计的影响》一文中总结了从20世纪50年代开始到80年代出现的一系列关于城市自然学科的发展，包括了与城市相关的气象学、地质学、水文学、湖泊学、土壤学、植物学、动物学等。生态学与城市研究的结合也是在70年代开始的，一些城市，如日本的东京，还探索了如何将城市的生态知识用于指导城市市区的规划和建设。

城市和生态科学的繁荣帮助人们重新考虑城市作为人居场所在自然环境中的位置和人类在环境塑造中的角色。这一时期的许多学者、社会活动家、规划设计师，如 Jane Jacobs、Kevin Lynch 和 Lewis Mumford，积极地宣传对城市观念的转变以及改造城市的相应途径。Jacobs 在她著名的《美国大城市的生与死》一书中指出城市是复杂的有机体，城市中诸多系统互相牵连影响，设计师和规划师们应该从分析和认识城市运作的细微内容来总结规律和指导实践（Jacobs，1961）。Lynch 强调评判城市形态的优劣要建立在城市环境使用者的感受基础上，并探索了如何理解和分析人们的空间感受，尤其是"地方感"（Sense of Place）的方法（Lynch，1981）。作家、批评家和城市历史学家 Lewis Mumford 认为新的城市形态"必须包括自然的形态要素——河流、海湾、森林、植被和气候；还有人类历史和文化，以及团体、企业、组织、机构和个体的复杂的相互作用"；所以他推动一种城市和区域综合的规划方法，"一旦我们以一种更加有机的方式来看待城市和其周边区域的复杂联系，以及城市和郊区的环境因素时，无论其尺度范围大小如何，一种新的形态理念将会在建筑和城市设计领域中应用推广"（Mumford，1968）。

这个阶段的科学研究结果启发了规划设计师从追求空间形式到研究环境的生态特性和环境变化的内在机理，并用从研究中获取的客观知识来指导规划和设计。这一时期计算机技术、地理信息系统、遥感技术等的迅速发展大大提高和改进了城市与环境数据的采集及分析手段，使得规划设计能够跨越多空间尺度和时间尺度来分析和考虑规划设计的生态影响。生态设计作为一种面向环境保护，通过积极利用各种设计和工程技术手段来解决环境问题和人类发展需求的方法，越来越受到社会的认可。以下重点介绍两位在这方面作出重要贡献的人物。

3.2.1 麦克哈格与"设计结合自然"

从 1955 年开始就在宾夕法尼亚大学创办景观设计学系的 McHarg，经过 10 多年的探索，在 1969 年出版的《设计结合自然》（*Design with nature*）一书中提出了一整套将生态学原理结合到景观规划之中的规划方法。麦克哈格主张将多个环境学科的科学家召集到一起，再加上社会科学家和经济学家，使他们为解决一个共同的问题进行研究。在方法上他开创了使用"千层饼"模式（图3），将这些知识和成果进行综合及筛选

人	人类	社区需要
		经济等
		社会团体
		人口统计
		土地使用
		人类历史
生物的	野生物	哺乳动物
		鸟
		爬行动物
		鱼类
	植物	习性
		植物种类
非生物的	土壤	土壤侵蚀
		土壤排水
	水文学	地表水
		地下水
	自然地理学	斜坡
		立面
	地质学	地表地质
		基岩地质
	气候	微气候
		宏观气候

图3 麦克哈格"千层饼"模式图

来实现问题的解决。地理信息技术的发展对后世的景观与生态规划产生了深远的影响，可用于阐述时间作用下生物因素与非生物因素的垂直流动关系，即根据区域自然环境与资源的性能，通过矩阵、兼容度分析和排序结果来标志生态规划的最终成果，确保土地的开发与人类活动、场地特征、自然过程的协调一致。在麦克哈格的影响下，以感性认识和理性表达为主体的风景园林设计范式逐渐转向了以科学与技术占据主导的生态规划范式（参见案例2）。

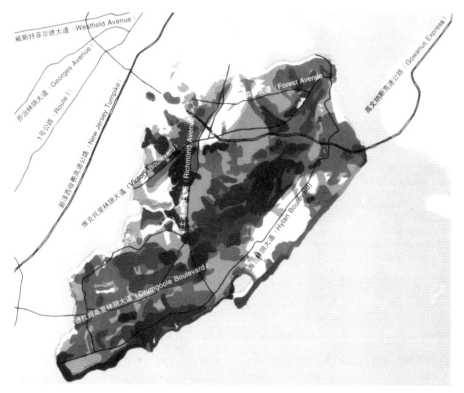

图4　保护分区〔图片来源：（美）麦克哈格，芮经纬译，《设计结合自然》，天津大学出版社，2006年〕

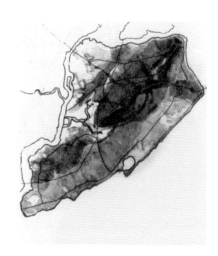

图5　居住适合度分析（图片来源同图4）

图6　城市化不适合度分析（图片来源同图4）

案例2：纽约斯塔滕岛新城规划

麦克哈格在纽约斯塔滕岛新城规划中勾画了斯塔滕岛的诸多限制因素，比如洪水、不利于排水的地表和土壤情况，以及受飓风影响和被大西洋海水淹没的危险（图4~图6）。尽管这些影响城市开发的重要因素是被人们所承认的。然而，在斯塔滕岛实际的城市规划与土地开发中并没有得到应有的重视。50多年后的2012年12月29日，飓风"桑迪"（Sandy）袭击纽约市时，斯塔滕岛全岛，特别是在大西洋的一侧，遭遇重创，造成19人死亡以及财产与公共设施的严重损失。灾后，宾夕法尼亚州立大学景观建筑学教授尼尔·克里斯托弗（Neil Korostoff）的研究表明，不仅岛上受飓风影响最大且受灾最严重的区域与麦克哈格50多年前划出的"不适宜城市发展"的区域之间在空间上存在着高度重合，而且19名遇难者中的多数，都是在濒临大西洋的"不适宜城市发展"区域或附近被发现的。

3.2.2 弗曼（Richand Forman）与景观生态学

随着与城市自然相关的诸多知识体系的发展，景观生态学（Landscape Ecology）作为 20 世纪 80 年代中蓬勃发展起来的一门新兴交叉学科，逐渐成为世界上资源、环境、生态方面研究的一个热点。美国景观生态学奠基人弗曼（Richard Forman），与国际权威景观规划师 Carl Steinitz 紧密配合，并得到地理信息系统教授 Stephen Ervin 强有力的技术支持，使景观生态学真正与规划设计融为一体，扩展了生态学在区域和规划的研究领域。景观生态学将重点放在空间格局、生态过程和空间尺度的关系上，关注更为广阔的生态和环境问题。景观生态学将生物物理科学与社会经济科学结合，其重点研究课题包括了景观多样性中的生态流动、土地利用和土地覆盖的变化，景观格局（形态）与生态过程相关的跨尺度分析，以及景观保护和可持续发展（Forman & Gordon，1986）。

景观生态理论是运用生态系统的原理和研究方法，研究景观的功能结构、动态变化和景观要素之间的相互作用。其基础是整体论和系统论，一般说来，景观生态学的基本理论至少包含以下几个方面：①时空尺度；②等级理论；③耗散结构与自组织理论；④空间异质性与景观格局；⑤斑块-廊道-基底模式；⑥岛屿生物地理学理论；⑦边缘效应与生态交错带；⑧复合种群理论；⑨景观连接度与渗透理论。

景观生态学将生态学中结构和功能关系的研究与地理学中人地相互作用过程的研究有机融合，形成了以不同时空尺度下格局与过程、人类作用为主导的景观演化等概念为中心的理论框架，形成了强调自然与人文因子相结合的景观规划与管理等实际应用领域。作为对麦克哈格生态规划所依赖的垂直生态过程分析方法的补充和发展，景观生态学着重于对穿越景观的水平流的关注，强调景观空间格局（pattern）对过程（process）的控制和影响，并试图通过格局的改变来维持景观功能流的健康与安全，尤其强调景观格局与水平运动和流（movement and flow）的关系。Forman 和 Godron 界定了景观生态学的领域，阐明了景观生态学对于规划的潜在意义，他们认为"景观作为有着结构和功能的生态单元，主要是由基体中的补丁构成。补丁在起源和动态上存在差异，然而其大小、形态和空间结构也很重要。线形廊道、带状廊道、河流廊道、景观网络和栖息地是景观的综合结构特性"（Forman & Godron，1981）。

景观生态学的方法以分析水平生态过程为主，强调景观中生物及非生物环境中存在的物流、能流、干扰、生物流及生态系统的水平作用过程（图7）。它着重对于生态有效性的评价，强调景观的异质性、连续性和完整性对维持生态系统平衡的影响。在分析景观构成元素的形状、尺度和空间结构时，这一方法以斑块–廊道–基质模式为主来确定景观的最终表征，景观被视为离散的斑块结构、网络结构、指状交叉结构、棋盘结构或上述结构的综合，本质是点、线、面的组合（图8）。景观生态学理论将麦克哈格的理论向前推进了一大步，其"斑块、廊道、基质"的理论指出生态不仅仅是标出那些自然区域，更进一步认识到自然是动态的、有生命的生态系统，水体、能量和野生动物之间存在着流动和交换。

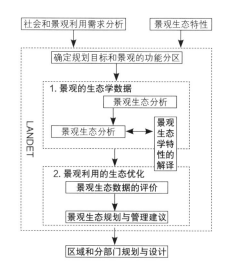

图7　景观生态规划方法系统研究内容示意

3.2.3 景观生态学的实践——绿色基础设施的规划和建设

绿色基础设施是景观生态学中非常重要的一部分，将基础设施理解为构筑生态城市的空间环境，是支撑生态城市可持续运营的重要载体。强调具有基础性服务功能的绿色基础设施体系将破碎的生态环境恢复为连续的整体，注重维护生态过程的连续性和生态系统的完整性，为生物栖息地系统和人类城市栖息地系统提供可持续性支持，是城市的自然生命保障系统。绿色基础设施体系主要由网络中心、连接廊道和小型场地组成，其外部可能还有不同层级的缓冲区。

图8　绿色基础设施理论示意图

绿色基础设施规划是一个从资料收集到目标方案决策的完整过程，是一个庞大的规划系统。以生态学理论为基础，并辅以多样化的土地利用，在地理信息系统的技术支撑下，通过生成和提取生态"汇集区"和"廊道"来构建区域绿色基础设施网络的处理和分析方法。综合过程是绿色基础设施规划的核心部分，通过探究现有绿色基础设施的保护状况，并以绿色基础设施网络为理想分析模型，比较和分析两者差异，从而找出经济发展过程中正在和即将面临巨大威胁、需要重点保护的区域，并以地理图件的形式表达出来。最终通过构建优先保护体系作为规划实施的决策支持系统，并在此基础上生成一个能够指导规划实施结果的土地保护战略，形成实施机制和资金筹措计划，推进实施过程。

20世纪90年代末期，美国可持续发展委员会在报告中强调绿色基础设施是一种能够指导土地利用和经济发展模式往更高效和可持续方向发展的重要战略，从而掀起了美国绿色基础设施规划的热潮。相较之下，西欧绿色基础设施更侧重于关注城市内外绿色空间的质量，维持生物多样性、野生动物栖息地之间的多重联系，以及绿色基础设施在维护城市景观、提升公众健康、降低城市犯罪等方面的作用，并展开了一系列的规划实践。

3.3 生态规划与设计的蓬勃交流应用（1990 年后期～21 世纪初）

自 20 世纪 90 年代后期以来，生态视角下的城市设计和景观规划实践越来越蓬勃发展，许多新的实践手段和理念层出不穷，如生态设计（Ecological Design）、环境艺术（Environmental Art）、景观规划（Landscape Planning）、可持续设计和规划（Sustainable Design and Planning）、绿色建筑（Green Architecture）等。这些实践繁荣让生态规划设计的理论探索和总结有了一个飞跃，各种理论名称层出不穷，如绿色都市主义（Green Urbanism）、景观都市主义（Landscape Urbanism）、生态都市主义（Ecological Urbanism）等。相比以上总结的第二个时期，最新实践中除了积极地将对生态过程和功能的理解结合到规划设计中外，设计师们开始更多地强调通过"设计"本身来协调城市生态的进程，而非消极地划分区域和自然保护区，更强调一种"城市生态学"层面的复兴。这一点在生态都市主义的理论中可以很好地体现出来。

生态都市主义的出现和成熟要归功于诸多实践和理论家的解说和诠释，Mostafavi 与 Doherty 将其简编在了 2010 年的以"生态都市主义"为名的一书里（Mostafavi & Doherty, 2010）。生态都市主义并不是一个全新的概念，也不是设计实践中的单一模式，它结合了新旧方法、不同的工具和技术，运用一种跨学科协作的方式对都市主义和生态学的发展进行研究。生态都市主义立足于区域进行全盘分析，采用跨学科的研究方法为设计者适应未来场所环境的挑战提供了丰富的思路。它不但继承了景观都市主义的观点，更重要的是将生态的内涵构建其中，并有志于更全面的融合。生态都市主义强调了景观都市主义中的将城市理解成一个生态体系，景观是所有自然过程和人文过程的载体；它不同于一些城市发展模式中过多地强调数量上的变化（如低碳城市），而是基于城市生活的各个方面，在可持续发展背景下考虑城市的发展（参见案例 3）。

生态都市主义源于风景园林、建筑、城市设计与规划领域的理论家和实践者的理论和实践。生态都市主义的理论和实践综合了生态手法和艺术表现。近几十年来，自然科学和社会科学的融合使得生态都市主义获得了发展和成熟。生态都市主义提出了三种可能的研究方向：审美认识的革新，人类能动性在生态学更深的理解，以及通过实践的反思性学习。不同溯源和职业的设计师和规划师，从自然科学和社会科学，到艺术和人文，都为生态都市主义原则的形成提供了支撑。在当前很多城市人口增长速度非常快的背景下，传统的规划方法已不能应对这种高速发展，生态都市主义推崇和提倡用灵活的原则来适应特定场所的环境和状况；生态都市主义也提供了一个可行的策略，即从都市主义和城市生态学中提取观点，将其融合成一个新的领域来指导研究和实践，最终使得城市的改造和发展能够反映当地的文化和自然进程，能够使得我们的人居环境可持续和有复原性。

4 中国山水城市规划设计与西方生态规划的对比

中国的山水城市规划设计是指建立在中国式山水观念（包括对自然的观念和对自然的态度）基础上的城市规划和设计实践。用山水观念来指导的城市规划，会包含对以哲学、社会宗教及审美为基础的一系列内容的考虑，其核心元素会是可持续发展、重视生态规律、以因地制宜作为城市形态形成的依据。

中国的山水城市设计强调自然和城市之间所能达到的相互支持和培育的关系。应用山水城市思想规划设计的过程应是从科学和人文的体系出发，既要体现我们对自然美好的感受和对自然的利用，同时也要从科学上寻求符合生态学和城市发展的科学规律。这一规划设计过程的结果是去优化自然，从生态、功能、美观和文化角度去维护甚至提高自然的价值。山水城市思想会涉及从建筑到景观再到城市的一系列尺度上。它要求用各种方法来将自然引入城市，并认可中国的园林设计与山水文化是重要的城市设计的灵感来源。山水城市思想关切的是创造一个环境，在那里人与自然可以达到人地共融。

如果用以上西方与生态相关的规划设计三个阶段的演变来审视山水城市，我们能看到山水城市这一理念指导下的实践原则包含了西方生态规划发展的三个阶段中所推崇的方法和途径，也可以总结成为山水城市设计的三个层次：景观山水、生态山水、人文山水。

案例3：纽约高线公园景观设计

詹姆斯·科纳的 Field Operations 事务所设计的纽约曼哈顿高线公园，成功地将城市废弃铁轨转变成为富有环境和经济效益的城市公共空间，从而也带动了其周边地区的复兴与发展（图9、图10）。

图9　纽约市利用废弃铁路修建的公园（图片来自网络）

图10　纽约高线公园的建成照片（图片来自网络）

4.1 景观山水（营建以山-水-人居空间关系为基础的理想人居环境）

山水城市设计理念的直接应用目的是创造和营建出能够帮助人获得精神升华的理想物质环境和空间。在中国自然哲学和山水文化中景观审美标准的影响下，山水城市设计推崇在公共空间和景观设计中实现特定的山水形象和山-水-人居的空间关系。这种理想的山水人居形态是中国几千年城市建设经验的升华，也体现了中国哲学和中国文化中的一种信念，就是对人最好的环境是能够让人回归自然，能帮助重新建立人类与自然在精神层面上的沟通。

与西方在 20 世纪初出现的对人居环境建设的重视和探索相比，山水城市的空间形态基础并不是应对于城市化进程加剧后出现各种问题而出现的。它对山水元素的需求，来自于中国文化中对自然的理解和崇拜；它对山水人居空间形态和布局的考虑，起源于古代中国人对环境质量和环境规律的感性认识和经验提炼，又受到后来日趋成熟的山水文化的自然美学标准的影响。对比之下，西方当年以霍华德的田园城市为代表，开始"以人为本"的理想城市建设，是基于人的发展需求来考虑各种城市要素，而且这些要素的空间布局建立在相信这样的布局可以帮助实现经济实效和社会进步的信念上。虽然中西方的人居环境理想形成原因有很大差距，但它们在形成过程中运用了类似的方法，即都是通过寻找对人类有利的环境要素，然后规定出这些要素的空间关系，来营建出一个理想的人居环境。

4.2 生态山水（利用生态科学和技术来实现"道法自然"和"因地制宜"）

山水城市的概念从 20 世纪 90 年代初以来由诸多学者、官员和从业人员重新诠释，并从可持续城市发展的背景来重新定义。在探索可行的途径和方法以达到山水城市的交流中，山水城市设计已经跨越了对山水元素和其空间形态的追求。当今的山水城市设计从"天人合一"出发，强调对自然的尊重，呼吁充分利用现代的生态科学知识和生态技术，更有意识地去遵循"道法自然"和"因地制宜"的原则。山水城市设计中推崇的自然不仅仅局限在自然的元素（如山、水），也包括了自然的规律（如多样、循环、系统等），以及自然提供各种生态服务的过程（如湿地的水净化、温室气体的缓解、物种多样性的保持）。运用道法自然和因地制宜的原则与西方景观设计中的生态景观设计相一致，是在规划和设计过程中科学地分析地方生态和环境特色，运用生态技术将人工环境与自然集成在一个生态系统中。

4.3 人文山水（用文化和艺术来帮助建立人与自然的"天人合一"）

有学者认为山水城市作为有中国特色的生态城市，比通常西方推崇的生态城市概念有更广泛的关注度，因为它更深入地运用科学、技术和文化的因素。中国山水城市理念强调运用艺术和文化来作为灵感源泉，认识到在人居环境中的"自然"因素和环境是可以通过人工改造和创造来实现最佳的绩效和更高的价值。在山水城市理念下，自然具有深刻的内在价值，远远超过了西方那种以"人为中心"，只看重自然能为人类所提供现实服务的功利价值。同时山水城市理念所追求的自然也不同于西方那种以"自然为中心"、完全不加修饰的"野性"自然。山水城市推崇的理想人居环境是一个人与自然共同创造出来的结果；它鼓励明智地改变和调整自然（如人造山或水），以创建符合中国人景观美学的环境。中国山水城市中的自然是人性化的自然。按照钱学森先生的理解，这样的"自然"才能帮助提高人与自然在精神和哲学层面上的关系（Yang & Hu，2016）。

5 中国山水城市理念与西方生态规划的融合

我国著名的科学家、"两弹一星"功勋卓著思想家、"山水城市"思想的提出者——钱学森曾提出，生态城市是山水城市的物质基础。建设山水城市要靠现代科学技术，"山水城市"要有中国文化风格，吸取传统中的优秀经验，充分利用西方现代科学技术。这就要求我们需要对西方理念的优势和先进性进行系统辨析，以更好地实现与中国传统文化精髓相融合，从而指导实践工作（Bao，2010）。

5.1 对西方生态学的三个借鉴

通过对西方在景观与城市规划实践中生态理论起源、发展等历程的梳理研究，我们可将对其的借鉴总结概括为三个方面。

第一，城市和景观规划理念在不同阶段的提出均结合现实情况，受实践影响，逐渐成为较为完善的理论体系。通过前文对西方在城市与景观规划中生态思想与理念的发展历程的研究可以看出，在19世纪中叶由于西方工业革命之后大规模工业生产带来了公共卫生、住房、交通、社会冲突等日益严峻的问题，造成了严重的城市膨胀和环境污染，人们开始寻找能与自然环境获得较好协调的理想城市形态的大背景下，霍华德提出了"田园城市"。之后，随着城市发展而出现的奥姆斯特德与城市公园系统、麦克哈格的"千层饼"理论，以及后来涌现的景观生态学、生态都市主义等理念都结合当时的形势和问题，提出了各自的核心内涵、技术方法与实现途径，继而形成了可以指导实践的理论体系。

第二，追求景观和城市的公众性。例如奥姆斯特德的城市公园系统，其主旨是在城市快速扩张以及人民公共空间匮乏的背景下，基于对大尺度城市空间的认识，建立为全体市民服务的大型城市公园体系，使得公园与城市生活的其他方面共同形成一个面向广大群众的和谐整体。相较之下，中国的古典园林系统，不论是大尺度的皇家园林，还是小尺度的江南文人园林，其服务对象都是少数人。因此，这种在大城市尺度上构建为公共服务的大型公园系统的理念值得我们借鉴。

第三，用科学和技术体系指导和影响规划与设计。麦克哈格综合生物、水文、地理、地质等诸多生态环境要素，建立"千层饼"模式，通过量化分析从而实现城市土地的合理开发；景观生态学从生态流动、土地利用和土地覆盖的变化，到景观格局（形态）与生态过程相关的跨尺度量化分析介入区域与城市规划体系，来实现景观保护与可持续发展。其技术体系的核心均在于定量化研究环境的生态特性和环境变化的内在机理，计算方法更是在信息化技术、地理信息系统、遥感技术等迅速发展的支撑下，实现数据采集、分析和评估手段的量化可衡量，从而更利于获取的客观知识来指导规划和设计实践。

5.2 中国古代哲学对西方生态学的影响

然而，作为真正将生态与环境学理念引入西方城市与景观规划的"先驱者"之一的麦克哈格，他的生态哲学理念的基础正是来源于对东方尊重自然理念的崇尚（他认为西方世界失误的根源在于流行的价值观。他们的错误在于过分强调以人为中心的社会，自以为具有统治一切的权力，以为宇宙是为人建立起来的结构）。中国古代"道法自然""天人合一"的思想，正是古人通过对人与自然和谐共处的认识所建立的朴素的生态观；"凡立国都，非于大山之下，必于广川之上，高毋近旱，而水用足，下毋近水，而沟防省"，这样一种平衡自然地理因素的客观制约与人类生存发展需要的主观追求，塑造了中国古代城市选址与规划建设理念；基于遵循自然运行的朴素生态法则所形成的水资源智慧利用、一体化农耕体系、森林-村寨-梯田-水系"四素同构"造就了哈尼梯田系统；再有源自道家经典理论"道法自然"思想的都江堰水利工程——该工程自始就提出"整体性"原理，以此引导整个工程在各个环节上的每一步行动，实现从规划、设计、营建，到运营、维护与管理，都具有持久的生态服务效益。这些大到城市建设、小到工程设计的一系列经典范例，无不证明了中国古人对自然规律的深刻理解。虽未形成与西方科学类似的理论体系和公式表达，却在大量工程经验的基础上一代代传承，在今天亦闪耀着生态智慧之光，具有极大的研究和实践价值。

5.3 再次反思中国的城市建设

实际上，我们再次回顾中国的城市建设，自古皆基于山水文化，大多践行着尊重自然、顺应自然的朴素生态法则。直到20世纪初国门被西方列强打开，社会陷入战乱与纷争，城市发展建设出现了停滞，中国传统文化出现断裂。中华人民共和国成立后，由于苏联的大规模援建及社会经济全面落后所带来的对于自我文化的不自信，使得我国的城市规划与建设在一定程度上全盘接受苏联模式。而80年代改革开放之后到现今三十多年的时间内，在市场经济的大环境下，中国城市进入高速发展期。这样的腾飞和跨越式发展，一定程度上是在国家重新开放国门接纳西方（尤其欧美）文化与资本进入的市场前提下，而他们所带来的理论和城市建设思路则是一种效率至上的模式——在资本运作前提下，城市的发展与建设以谋求快速、利润最大化的经济发展为导向。由于对效率的追求以及对西方建设模式的简单粗暴照搬，大量无场所性的"国际风格"和"现代主义"在许多城市内出现。这些没有地域特色、放之四海而皆准并且违背自然规律的景观和城市规划，无关当地特定自然环境与历史文化，更是现如今"千城一面"泛滥的重要原因。

6 结语

　　在生态与环境危机严峻的形势下，2012 年底党的第十八次全国代表大会报告中，第一次明确指出生态文明建设是关系人民福祉、关乎民族未来的长远大计，并首次提出把生态文明建设融入经济建设、政治建设、文化建设、社会建设的各方面和全过程，将生态文明建设提到了全新的高度；习近平总书记更是提出要坚定文化自信，要认真汲取中华优秀传统文化的思想精华。因此我们再次回溯往昔，20 世纪 90 年代初钱学森先生就提出了尊重自然生态、尊重历史文化，重视现代科技、重视环境艺术，为了人民大众、面向未来发展，讲求整体美、意境美、特色美的山水城市思想；而后又有人居科学导论的创立者吴良镛教授总结了"山-水-城"三者相互作用的关系，提出了"山-水-城"三者和谐发展的模式，即"山得水而活""水得山而壮""城得山水而灵"。他们这种基于对中国传统文化、山水文化、建筑传统与自然相融合的文化以及现代科学体系的充分理解所提出的理论，在现今的大时代背景下又得到了再一次焕发光彩的机会。

参考文献

[1] Bao S. On Shan-Shui City by Qian XueSen [M]. Beijing: China Construction Industry Press, 2010.

[2] Forman R, Gordon M. Patches and Structural Components For A Landscape Ecology [J]. BioScience 1981 (11) :

[3] Forman R T T, Godron M. Landscape Ecology [M]. New York: John Wiley, 1986.

[4] Geddes P. Cities in Evolution [M]. London: Williams and Norgate, 1949.

[5] Howard, Ebenezer. To-Morrow: A Peaceful Path to Real Reform [EB/OL]. London: Swan Sonnenschein, 1898. http://archive. org/details/tomorrowpeaceful00howa.

[6] Jacobs J. The Death and Life of Great American Cities [M]. New York: Vintage, 1961.

[7] Lynch K. A Theory of Good City Form [M]. Cambridge: MIT Press, 1981.

[8] McHarg I. Design with Nature [M]. Garden City: Natural History Press, 1969.

[9] Morris, William. News From Nowhere, 1890.

[10] Mostafavi M, Doherty G. Ecological Urbanism [M]. Harvard University Graduate School of Design, Lars Müller Publishers, Baden, 2010.

[11] Mumford, Lewis. City in History: Its Origins, Its Transformations, and Its Prospects [EB/OL]. Harcourt,

Brace & World, 1961. https://www. bookdepository.com/City-History-Lewis-Mumford/9780156180351.

[12] Spirn, Anne Whiston. Ecological Urbanism: A Framework for the Design of Resilient Cities [M/OL]. Washington, D. C. : Island Press/Center for Resource Economics, 2014. https://doi.org/10.5822/978-1-61091-491-8_50.

[13] Yang Y, Hu J. Sustainable Urban Design with Chinese Characteristics: Inspiration from the Shan-Shui City Idea. Articulo – Journal of Urban Research. 2016 (14) : Ecourbanism Worldwide [EB/OL]. https:// articulo.revues.org/3134.

山水城市思想实践篇

北京奥林匹克公园鸟瞰照片（2019年10月拍摄）

通往自然的轴线

——北京奥林匹克公园风景园林规划设计

胡洁　吕璐珊　张艳

项目位置　北京市朝阳区

项目规模　11.35km²

设计时间　2002/07~2010/10

图1 北京奥运公园风景园林规划功能
分区图

引言

0.1 通往自然的轴线

北京奥林匹克公园（以下简称"奥运公园"）的规划设计从第一次的概念规划国际竞赛中方案胜出开始，就以传承中国山水文化为导向，突出中轴线的重要地位，赋予其更多的文化内涵。最终将风景园林规划设计方案命名为"通往自然的轴线"，确立了奥运公园规划的主题，将北京的城市中轴线向北延伸到奥运公园，延伸到了自然山水之中，也延伸到了历史之中。

0.2 奥运公园规划概述

北京奥运公园由奥运中心区和奥林匹克森林公园（以下简称"奥森公园"）两个部分组成（图1）。奥森公园是奥运中心区鸟巢、水立方等奥运比赛场馆的绿色背景，以人造山水的方式在北京北中轴线上留下一片美好的自然空间；奥运中心区是奥运会田径和游泳等项目的主要比赛场地，在风景园林概念规划阶段，胡洁作为SASAKI公司主创设计师之一，根据中国古代城市文化传统，提出龙形水系和五千年文明大道的概念，将鸟巢、水立方、奥森公园主山和中轴文化广场等风景元素，以中国传统园林艺术的手法融合在一起，形成了以中国传统山水文化为支撑，兼具国际生态先进技术的构思。这一构思最终发展成为奥运公园规划实施方案。

0.3 奥森公园规划概述

在奥运公园规划实施方案确定后，北京清华规划设计研究院风景园林所[①]获得了奥森公园的方案设计和实施阶段总体控制单位的资格。按照"城市的绿肺和生态屏障、奥运会的中国山水休闲后花园、市民的健康大森林和天然大氧吧"的功能定位，我们以中国传统叠山理水的思想梳理奥森公园内的山水格局，并且在科技创新方面，秉持北京奥运工程"绿色、人文、科技"三大理念的要求，在运动健身、雨洪管理、能源与物质循环、生物多样性等多个专项方面取得突破。目前奥森公园成为北京市民健走、健身活动等最受欢迎的场地，也是学校和家长带孩子接近自然、认识自然最受欢迎的户外课堂。

在奥森公园建成后十周年，当年的规划建设者和公园管理者齐聚一堂，回顾过去，展望未来。清华大学教授尹稚先生在会上说道：

"园林是营造的，不是一次性的设计过程，是永远活态化的东西，是永远处在新陈代谢、四季更替的……真正能留给后代的、能传承数百年乃至上千年的大概就是山水园林了。"

① 2011年更名为北京清华同衡规划设计研究院有限公司，风景园林所改为风景园林中心。

第一阶段 北京奥运公园总体规划设计

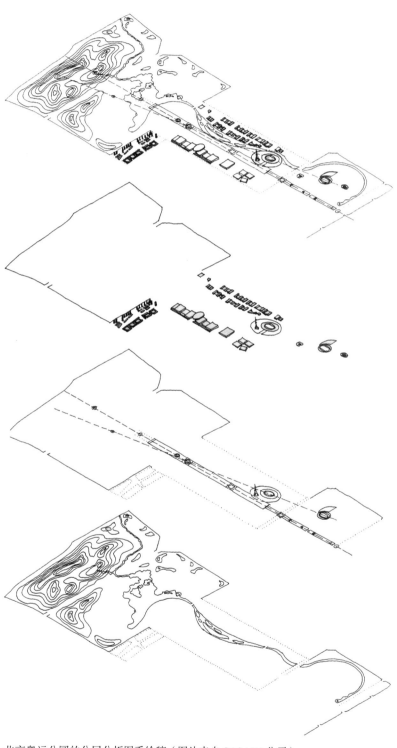

北京奥运公园的分层分析图手绘稿（图片来自 SASAKI 公司）

1 项目背景

1.1 项目选址及用地功能

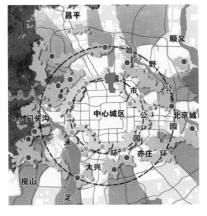

图2 北京奥运公园在北京的位置

北京奥运公园的选址在北京市区北部，最大的特点是北京古城中轴线的延伸线在此穿过（图2）。规划用地范围共1135hm²（不包括穿过规划用地中部的五环路、四环路和辛店村路），其中奥森公园680hm²（包括现状碧玉公园别墅区用地7.7hm²），奥运中心区总用地405hm²（包括四环路以北用地291hm²、现状国家奥林匹克体育中心及其南部预留地共114hm²），中华民族园及部分北中轴路用地50hm²（图3）。在赛时，奥运中心区承担田径和水上运动的比赛任务，还包括新闻中心和兴奋剂检查等功能。在赛时，奥森公园仅对奥运会的运动员和工作人员开放。在公园内还设有奥运会赛时的管理中心。

1.2 项目规划设计历程

图3 北京奥运公园建设前卫星照片（2003年拍摄）

北京奥运公园的整体规划设计历时共7年，可以分为四个阶段：第一阶段是2002年3~7月的风景园林总体规划方案征集阶段，面向全世界进行招标，以求获得最先进的规划理念，美国SASAKI公司在这一阶段胜出；第二阶段是2003年9~11月北京奥运公园总体规划设计投标阶段，北京清华同衡规划设计研究院（以下简称"清华同衡"）与美国SASAKI公司组成的联合体提供的方案获胜；第三阶段是2003年12月~2005年12月奥运公园实施方案设计阶段，主要工作内容是各个相关专业的衔接、实施的经济性和实施的前期准备工作，在这一阶段，奥森公园与中心区被分成两个部分深化设计，清华同衡负责奥森公园，北京市建筑设计研究院负责奥运中心区；第四阶段是2005年4月~2010年7月清华同衡风景园林中心主要负责奥森公园施工图及施工现场的总体协调工作，在施工图阶段有四家北京市的设计公司通过招标加入施工图的设计工作中来。

作为国家重大事件的奥运工程项目，从选址到规划，再到具体落地技术的选择，经历了一个非常艰苦的过程，凝聚着来自各方面工作人员的辛勤汗水，是北京市勘察与设计行业的一次盛大聚会。

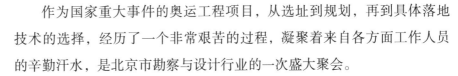

2 北京奥运公园风景园林总体规划

2.1 北京奥运公园总体规划国际竞赛

　　在北京市政府和第 29 届奥林匹克运动会组委会的授权下，由北京市规划委员会组织，面向国内外公开征集奥运公园的概念性景观规划方案。方案征集活动受到世界各国规划设计团队的热切关注，共有 21 个国家和地区的 100 多家设计单位提交了方案，最终由美国 SASAKI 公司与天津华汇公司合作提交的奥运公园概念性风景园林总体规划方案荣获一等奖。清华同衡副院长、风景园林中心主任——胡洁先生当时是 SASAKI 公司的奥运公园方案主设计师之一。凭借在风景园林设计领域多年的经验和职业敏感，在设计方案中大胆建议加入中国传统山水元素，如龙形水系（图 4~ 图 6）及中华文明五千年纪念大道等。

　　最终 SASAKI 公司的方案以中国传统山水文化为支撑，兼具国际生态先进技术的构思，赢得了各方专家和评委的高度赞赏，从 96 个候选方案中脱颖而出，荣获一等奖（图 7）。

　　当初在设计方案时面临三个挑战：

　　其一，如何体现中国特色；

　　其二，奥运公园以什么样的方式结束北京的中轴线；

　　其三，如何在奥运公园中体现"绿色奥运、科技奥运、人文奥运"这三大理念。

图 4　在奥森公园主山阳坡上放风筝的人们（图片来自 SASAKI 公司）

图 5　在龙形水系旁看鸟巢（图片来自 SASAKI 公司）

图 6　奥运中心区广场的人们（图片来自 SASAKI 公司）

1 森林公园
2 奥运村
3 室外展场
4 会展中心
5 首都青少年宫
6 商业服务
7 北京城市规划展示馆
8 文化轴线
9 奥林匹克轴线
10 国家体育馆
11 国家游泳中心
12 观景塔
13 国家体育场
14 奥体中心体育馆
15 英东游泳馆
16 奥体中心垒球场
17 奥体中心体育场
18 国家曲棍球场
19 国家网球中心
20 体育公园
21 元大都遗址公园

图 7 2002 年 SASAKI 公司投标总平面图（图片来自 SASAKI 公司）

这是中国第一次办奥运，方案中体现中国特色和北京特色是奥运公园总体规划成功的关键。主打"中国山水文化"，就是让每一位来公园的客人都体会到中国特色。在96个候选方案中，SASAKI公司是唯一走传统文化路线的，在竞赛设计过程中，其方案传承中国传统山水文化的空间布局手法，在中国特色和北京北中轴线几个关键问题的处理上，赢得了专家评委们的肯定。

首先，研究北京的中轴线及中轴线上的建筑，方案认为在中轴线上现已有故宫、人民英雄纪念碑等代表政治、历史的建筑，而体育建筑则是公众休闲娱乐的文化类建筑，不是宗教性、政治性建筑，所以主体场馆不应该压在中轴线上，而应该由一片中国式的自然山水园来结束北京的中轴线（图8）。

其次，在考虑如何将奥运中心区与北部的森林公园融为一体时，我们尝试将现状破碎的水系联系成有机的整体，当时我们画水系图的时候，越画越觉得像一条龙，所以提出"形似中国龙的水系统"，评委们非常认可。"龙"是中国最深入人心的民族文化历史图腾，后来经过评委和媒体的描述，"龙形水系"的概念逐渐突显。

第三，提出五千年文明大道的规划构想，从北土城路熊猫环岛到规划的森林公园主山之间的距离恰巧五公里，和中华五千年文明相当，可以在其上设计反映中华文化的景观节点来弘扬中华经典文化（图9）。

总之，概念规划方案寻求和谐性与综合性的并存，追求诗的意境又兼顾实用性，追求东方文化与西方文化、古典与现实、周边环境与北京奥运公园之间的和谐。最终此方案以中国传统山水文化为支撑，以兼具中国特色与国际生态技术的理念赢得了各方专家和评委的高度赞赏。

2.2 北京奥运公园风景园林总体规划招标

在第一阶段国际竞赛的基础上，北京市政府继续组织奥运公园的景观总体规划招标，要求境外机构和国内甲级设计院组成联合体，于是SASAKI公司与清华同衡组成联合体进行总体规划的投标工作。2003年11月，奥运公园风景园林总体规划方案征集活动评选出A01、A02、A04三个方案为优秀方案。2003年12月北京市规划委员会确定由美国SASAKI景观设计公司和清华同衡联合创意的A02号方案为中标方案。

图8　北京古城与奥运公园平面对比图（图片来自SASAKI公司）

114

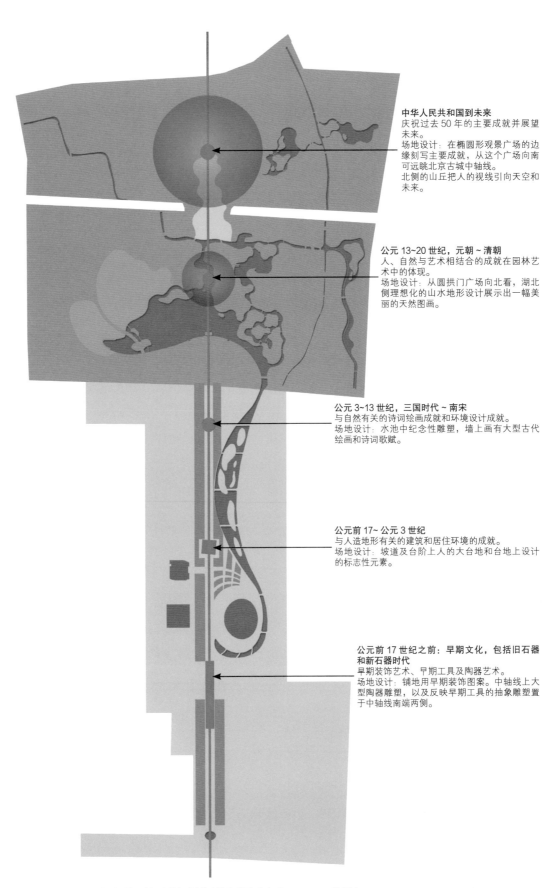

中华人民共和国到未来
庆祝过去 50 年的主要成就并展望未来。
场地设计：在椭圆形观景广场的边缘刻写主要成就，从这个广场向南可远眺北京古城中轴线。
北侧的山丘把人的视线引向天空和未来。

公元 13~20 世纪，元朝~清朝
人、自然与艺术相结合的成就在园林艺术中的体现。
场地设计：从圆拱门广场向北看，湖北侧理想化的山水地形设计展示出一幅美丽的天然图画。

公元 3~13 世纪，三国时代~南宋。
与自然有关的诗词绘画成就和环境设计成就。
场地设计：水池中纪念性雕塑，墙上画有大型古代绘画和诗词歌赋。

公元前 17~公元 3 世纪
与人造地形有关的建筑和居住环境的成就。
场地设计：坡道及台阶上人的大台地和台地上设计的标志性元素。

公元前 17 世纪之前：早期文化，包括旧石器和新石器时代
早期装饰艺术、早期工具及陶器艺术。
场地设计：铺地用早期装饰图案。中轴线上大型陶器雕塑，以及反映早期工具的抽象雕塑置于中轴线南端两侧。

图 9　中轴线五千年大道风景园林规划分析图（图片来自 SASAKI 公司）

该方案基本保持了之前的总体规划设计方案，延续了"中华文明五千年纪念大道"理念，并在此基础上进行了丰富和深化，最终将风景园林规划方案主题思想确定为"通往自然的轴线"，确立了奥运公园风景园林规划的主题（图10）。按照这一方案，奥运公园中心区内坐落着"鸟巢"与"水立方"，这两座建筑阴阳相济、东西相映，是中国传统文化精髓与现代建筑元素的完美结合。由此向北，逐渐步入奥林匹克森林公园的自然美景。宏伟的建筑与园林，沿着北京城市传统中轴线自南向北延伸，消融在风光秀丽的山水森林之中。

其中，奥森公园仍然延续北园以山为主、以水为辅，南园以水为主、以山为辅的格局，并以大型跨越式生态廊道将南、北园联系起来，使中轴线渐隐在自然山水中。由于主山距离主入口及湖面太远，无法起到在视线上强烈的统摄作用，因此在南园湖北侧规划了一系列的配山与岛屿。设计主山高度为41.5m，同时将南园水系面积进行了扩张，湖面达到450m的进深和近1000m的面阔，总面积约63hm²。其尽端的"奥海"与轴线东侧的奥林匹克运河组成"龙形水系"，与北京古城区内中轴线西侧的河湖水系——什刹海、中南海遥相呼应，形成均衡式布局。

除了大的山水布局的深化设计之外，在这一阶段，还进行了较为深入的多专业沟通与配合。比如，国家运动中心"鸟巢"和水上运动中心"水立方"的建筑方案还处在投标阶段，风景园林规划形成的总图作为建筑设计的条件图纸提供给建筑设计单位；奥运公园的外部交通条件也日趋明晰，并和北京市地铁运营公司的8号线设计进行了初步对接，地铁出入口的位置、地下空间的初步规划都在设计上进行了沟通；在公园内部还增加了两条城市次干道，加强四环和五环之间在交通上的联系，即后来的北辰东路与北辰西路。在此期间还就水利和生物多样性等方面进行了专项研究，为公园的用水保证和植被群落营造提供了规划参考（图11、图12）。

"通往自然的轴线"贯穿了整个北京城，设计师们将北京古城的中轴线延伸到奥林匹克公园，延伸到了自然之中，也延伸到了中华民族五千年文明的漫长历史之中。

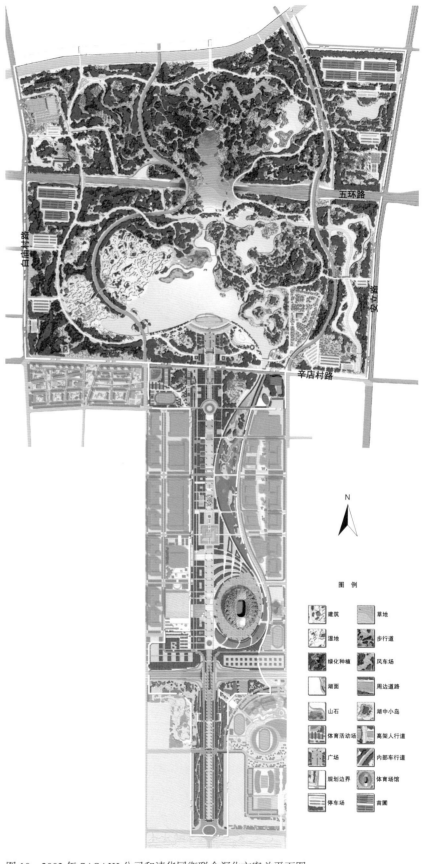

图中文字标注：
五环路
白廎村路
安立路
辛店村路
N

图例
建筑　草地
湿地　步行道
绿化种植　风车场
湖面　周边道路
山石　湖中小岛
体育活动场　高架人行道
广场　内部车行道
规划边界　体育场馆
停车场　苗圃

图 10　2003 年 SASAKI 公司和清华同衡联合深化方案总平面图

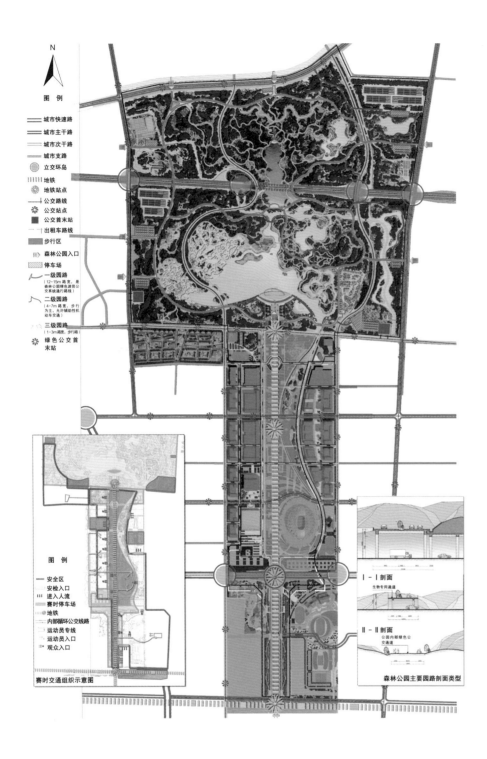

图 11　2003 年 SASAKI 公司和清华同衡联合深化方案的交通分析图

在风景园林总体规划阶段，进行了详细的城市交通专业对接工作。在此阶段，奥运中心区的地铁轨道交通设计已经完成初稿，其设计成果及相关配套要求被纳入风景园林规划的设计条件中来。在施工期，修建地铁挖出的土方将就地堆山，在奥森公园内部又增加了两条城市支线交通，即北辰东路和北辰西路，公园外部交通条件基本明确

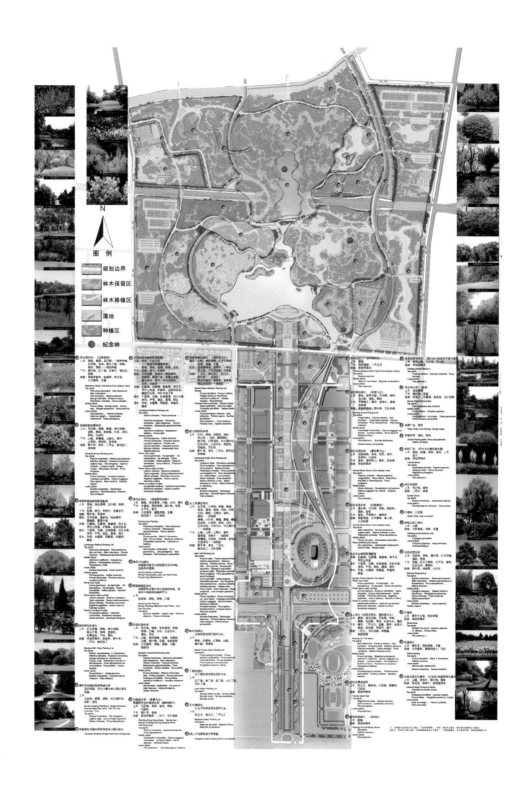

图 12　2003 年 SASAKI 公司和清华同衡联合深化方案的生物保护分析图

为了落实绿色奥运理念，聘请了美国密歇根大学专业团队负责生物多样性规划，图 12 是现场植物调研后绘制的植物分析图，在我国当代公园设计中，奥森公园是最早设置生物多样性专项规划实践的项目

3 北京奥运公园实施方案的形成

在奥运公园总体规划完成之后，规划设计团队继续深入探讨总体布局的经济性、适用性以及多专业的融合性，赛前赛后场地可持续利用，以及"三大理念"的落实方法，对规划总图进行了较大的调整。

实施方案设计的重点工作内容：

首先，北京规划委员会提出将主山南移。奥森公园在南园辛店村路和北五环之间近1000m的南北距离范围内挖湖堆山，形成主山在后、主湖在前、山水相依的格局。其中，主山的主峰恰好位于奥运公园中轴线的尽端，呈"镇山模式"。另外，将主山的高度降低至48m，减少土方量，降低土山堆筑的成本。在如何设计奥运主山这项工作中，还得到了北京林业大学孟兆祯教授的指导，对保证山体设计的艺术水准起到了重要作用。

其次，与交通、桥梁设计师配合，优化了穿越和临近奥森公园的城市道路形态和结构，进一步确定了公园外部交通出入口的位置，以及停车场的规模。减小了跨五环的生态廊桥宽度，在满足生物迁徙功能的同时，使造价更为合理。

第三，从未来公园体育产业发展考虑，在奥森公园内建设网球运动中心，其中包括奥运会网球比赛场馆。另外，赛时的奥运指挥中心也建设在奥森公园内，会后将作为奥运公园的管理中心办公区。

第四，北京市水利规划设计研究院和北京市清华同衡规划设计研究院环境所也在此期间介入水系的设计，对人工湿地和奥运主湖的规模、水质等关键问题提出规划意见，缩小了主湖的水面，减少了水资源的消耗量，调整了现状市政河道的平面形态和宽度，在提升防洪等级的基础上又为生物多样性环境营造了更好的条件（图13）。

4 北京奥运公园风景园林规划实践与"山水城市"思想

北京奥运公园的风景园林规划实践是钱学森先生"山水城市"思想的生动展现。在总体布局上，发扬了中国的传统园林规划设计艺术，利用不均衡对称布局、人造山水园林的艺术手法，营造了充满诗意的大型城市公园。正如钱学森先生在1984年《城市规划》杂志上刊发的文章中

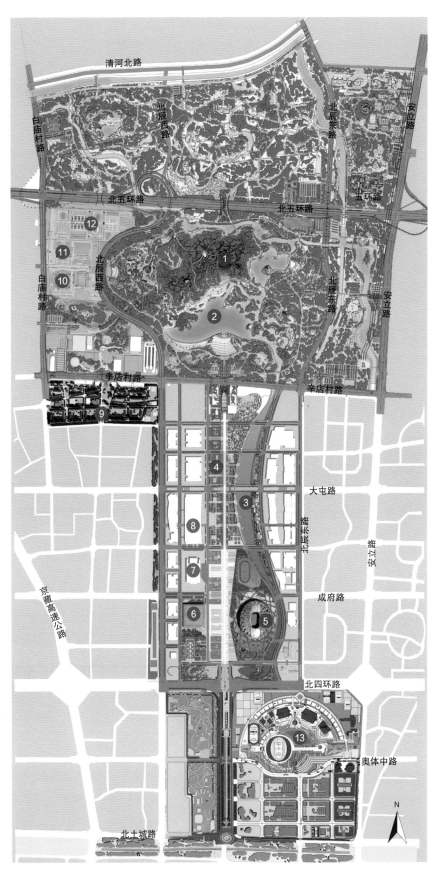

1 仰山
2 奥海
3 龙形水系
4 中轴线景观大道
5 国家体育场（鸟巢）
6 国家游泳中心（水立方）
7 国家体育馆
8 国家会议中心
9 奥运村
10 曲棍球场
11 射箭场
12 网球中心
13 奥体中心体育场

图 13　2005 年最终确定的奥运公园规划实施方案总平面图

图 14　北京奥运公园规划论坛照片（2007 年 5 月拍摄）

提出的：

"应该用园林艺术来提高城市环境质量，要表现中国的高度文明，不同于世界其他国家的文明，这是社会主义精神文明建设的大事。"

钱学森先生还论述道：

"山水城市的设想是中外文化的有机结合，是城市园林与城市森林的结合。山水城市不该是 21 世纪社会主义中国城市构筑的模型吗？"

美国 SASAKI 公司之所以能够在国际竞赛中获胜，关键是很好地将中外文化结合在了一起。"通往自然的轴线"这一理念，将西方生态科学与北京城市发展的文脉有机结合在一起，充满现代感的鸟巢和水立方在现代声光电等新技术的装扮下，放射出耀眼的光芒，为中国奥运的成功举办增添了光彩。通过北京奥运公园项目，清华同衡风景园林团队树立了信心，坚定了践行山水城市思想的信念，也摸索出了切实可行的工作方法，为我们在后面更多的城市尺度规划项目中获得成功奠定了坚实的基础（图 14）。

第二阶段 北京奥森公园风景园林方案设计

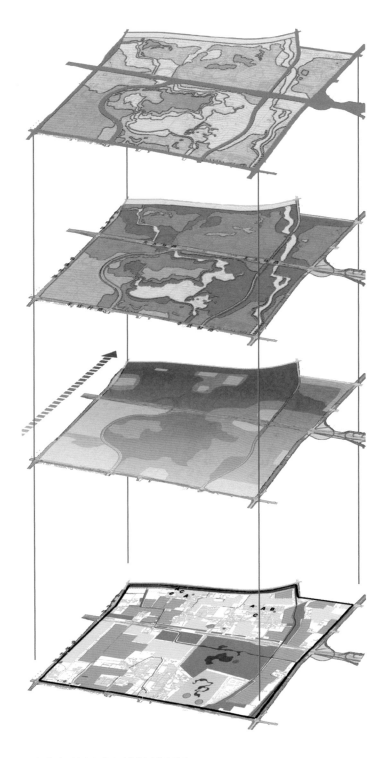

北京奥森公园生态规划分层分析图

5 北京奥林匹克森林公园规划设计

在奥运公园的实施方案确定之后，项目被分成两个部分进行方案设计。北京市建筑设计研究院负责奥运中心区的方案设计，清华同衡负责奥森公园的方案设计。

奥森公园是奥运中心区重要的景观背景，其规划设计既要保证奥运赛时活动的需求，又要符合建设一个多功能生态区域长期目标的需要。根据北京市城市总体规划，奥森公园的位置是中心城区南北向通风廊道的重要生态节点（图15）。奥运会期间，这里将成为北京市带给各国代表团、运动员、奥委会官员的一份礼物——一个充满中国情调的山水休闲花园。奥运会后，这片公园将向公众开放，成为市民的休闲乐土，为北京留下一份珍贵的奥运遗产——公园对改善北京生态环境、完善北部城市功能、提升城市品质并加快北京向国际化大都市迈进的步伐起到重要作用。因此，奥森公园的功能定位为"城市的绿肺和生态屏障、奥运会的中国山水休闲后花园、市民的健康大森林和天然大氧吧"（图16~图18）。

图15 北京奥森公园在北京市的位置
［背景图为《北京城市总体规划（2016年—2035年）》中"中心城区通风廊道规划示意图"］

5.1 建设前场地现状

北京奥森公园的规划范围北至清河南侧河上口线和洼里三街，南至辛店村路，东至安立路，西至白庙村路。规划面积约680hm²，分为两个区域：五环以北地区占地约300hm²，五环以南占地约380hm²。整个场地地形平坦、南高北低，有大片的杨树林分布在用地的东南部。用地中部的村落为洼里村，村北部有一人工湖——洼里湖。在洼里湖的南部是碧玉公园，公园的中部也有一人工湖，被称为碧玉湖。靠近用地的东侧边界有一排水沟——仰山大沟，其名字源自用地东边的仰山村，意为"仰望西山"。

图16 北京奥森公园建设前现场照片
（2002年4月拍摄）

5.2 奥森公园的山水架构

在北京奥森公园山水框架建构过程中，规划设计团队与北京林业大学孟兆祯教授等造园专家一起追寻中国传统叠山理水艺术的足迹，梳理公园内的山水格局，将其山形水系组合确定为"山环水抱，起伏连绵，负阴抱阳，左急右缓；左峰层峦逶迤，仰止西山晴旅，右翼余脉蜿蜒，环顾龙湖胜景"的模式。奥森公园以主山为骨骼，以贯穿全

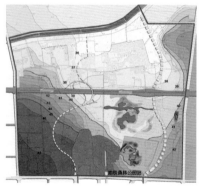

图17 北京奥森公园建设前竖向分析
（图片来自SASAKI公司）

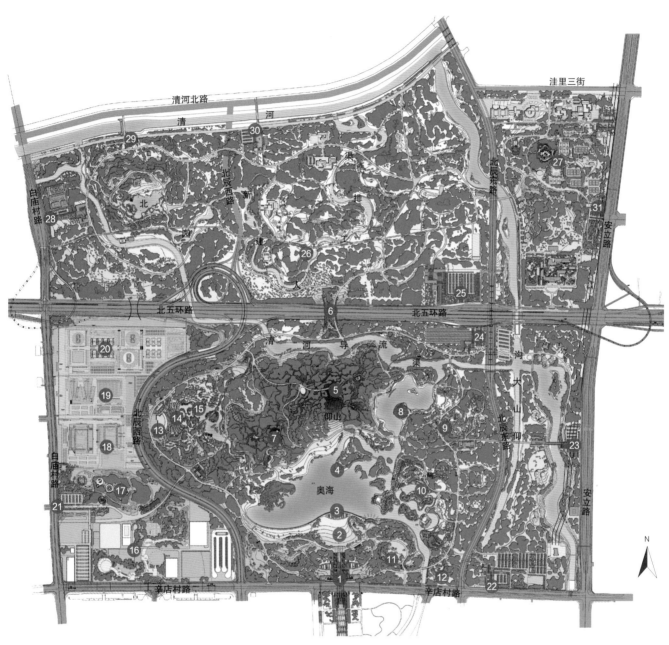

1 南园主入口
2 露天剧场
3 山水看台
4 湖心观景平台（天元）
5 主山观景台（天境）
6 生态廊桥
7 林泉高致
8 洼里湖茶室

9 森林艺术中心
10 垂钓区
11 森林剧场
12 奥运纪念林
13 人工湿地展示温室
14 叠水花台
15 人工湿地景区
16 国际区及公园管理中心

17 南园儿童活动区
18 曲棍球场
19 射箭场
20 网球中心
21、22、23、24 南园次入口
25、28、29、30、31 北园出入口
26 雨燕塔
27 北园儿童运动区

图18 北京奥森公园规划设计总平面图

图 19　北京奥森公园规划设计鸟瞰图

园的水系为血脉，以"天境"等重要景点为眼，以道路为经络，以树木花草为发，构架了一个山因水活、水随山转、步移景异的自然式园林（图 19）。

水系设计则以"因地制宜、生态高效"作为总体原则，通过连接现状水系，整合清河导流渠和仰山大沟，使全园可以有效统一调蓄利用雨洪，会前北园的水系只做地形，不做驳岸衬底。森林公园的南园地下埋入高效生态水处理系统，结合地上覆土，种植各种湿地植物，形成湿地景观，确保湖水水质。为实现"龙形水系"的整体景观意象，结合场地西南高、东北低的地形条件，充分利用现状洼里公园及碧玉公园湖区水系，构筑以主湖为主水面的整体"龙头"水系格局（图 20）。

主湖位于奥运公园中轴线的北端，背依主山，南临森林公园南入口，西北利用现状近 10m 的高差规划为由层层落水构成的湿地观赏景区，东及东北向分别与碧玉公园水系、洼里公园水系相连，跨过主山与清河导流渠相接，最终形成湖、湿地、河渠等形态多样、景观丰富的水景效果。

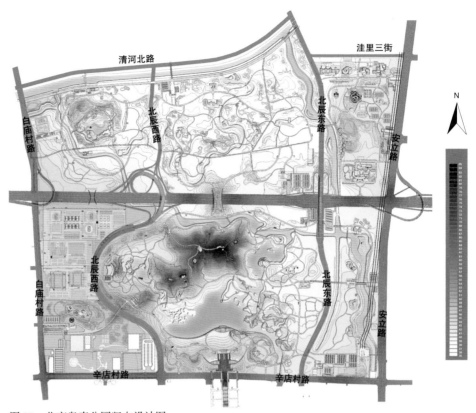

图20 北京奥森公园竖向设计图

北园水系引自西北部的清河导流渠，以萦回曲折的溪流和小尺度的湖面为主，蜿蜒于山丘之间，最终注入北侧的清河。该水系一方面能够收集雨水、防洪减灾；另一方面则通过湿地、山溪等风景的营造，烘托北园朴野自然的山林气氛。

从主轴画面上看，北侧是高耸的主山，得高远之"势"；南侧是开阔的主湖水面，得深远之"意"；圆形平台四周波光潋滟、人声悠远，空气中弥漫着温和的水汽，游人站在平台上犹如置身在一幅山水画卷中心，得平远之景（图21）。此情景深含画意，而总体格局以山水为独一无二特色，以简练、浑厚、质朴、清雅为设计主旨，形成开阔豁朗的大风景控制体系，兼具中国传统人文审美和现代公园活力，与中华传统人文精神紧密结合，臻至形神兼备、意境深远、清新自由的精神境界，将成为具有文化与历史代表性的人文景观。

图 21　北京奥森公园南园鸟瞰（2019 年 10 月拍摄）

5.3 奥森公园重要节点设计

5.3.1 主湖与主山

奥森公园南园的主山与主湖是设计的重中之重。设计过程中方案几经修改，在施工期间，设计人员还和相关专家及领导到现场对山体的堆筑进行指导（图22）。

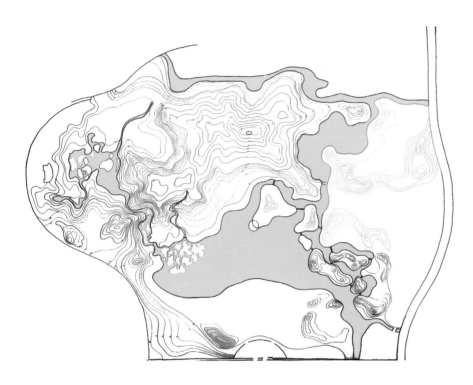

图22 北京奥森公园主山竖向设计草稿（胡洁手绘）

（1）奥运之海，有龙在渊

奥森公园主湖取名"奥海"。北京传统地名中的湖泊多以"海"为名，借"奥林匹克"之"奥"字，有奥秘、奥妙之意，命名为"奥海"，取意"奥运之海"。

象征大海的主湖，位于奥森公园南园居中的位置，水面宁静开阔、视域深远。主湖是北京奥运公园最大的集中汇水面，面积达 24hm²，是奥森公园灵动之所在。奥森公园的主湖"奥海"形如龙首，蜿蜒穿越整个奥林匹克中心区的带状河道则宛若龙身，盘旋的龙尾环绕着"鸟巢"，一条"奥运龙形水系"跃然显现。奥海和奥运中心区曲线形的水系与几何直线的奥运中心区中轴线建筑群形成了鲜明的对比，完成了"奥运中国龙"的主题塑造。

（2）高山仰止，景行行止

奥森公园的主山取名为"仰山"，与故宫内的"景山"形成文化上的呼应。这一地名上的巧合为奥运主山的设计增添了一份历史文化色彩。在诗经中有一句话，"高山仰止，景行行止"（诗·小雅·车辖），表达了人们对崇高德行的向往。

仰山的形态与奥海整体设计而成。经过现状综合分析和统筹考虑，确定主峰高度为 48m（相对于湖区常水位），海拔 86.5m。这个高度使得自奥海南岸北望仰山可以保持约 1：12 的视高比（这个高宽比与故宫太和殿广场和天安门广场的高宽比正巧相同），同时主山向西南延伸形成诸多次级山脉，并且根据渐次视域规律在中轴线两侧设置诸多岛山飞屿，从而形成均衡而丰富的山水格局（图 23）。

图 23　北京奥森公园仰山全景立面图（2010 年 4 月拍摄）

图24 站在天境上回望北京中轴线（2009年10月拍摄）

5.3.2 天境

（1）北京北中轴延长线上的观景点

"天境"是仰山顶峰的观景平台，是森林公园重要的观景节点。沿着平缓的登山步道，游人且行且游，不知不觉间就来到山顶，轻风拂去游人的疲惫，使人不觉想要停驻片刻，此时奥海及北中轴线俱在眼底。天境在高耸的松柏环抱下映射天光与流云，让游人恍惚间犹如置身于花团锦簇的"人间仙境"（图24）。自然质朴的天境观景平台，使游客可以停留俯瞰奥海，欣赏满目的绿色并远望北京中轴线，是驻足、游览、休憩之佳地。

（2）中国叠石艺术的创新

在设计之初，有人提出希望建一个颐和园佛香阁式的复古大建筑，经过反复讨论和模型参照，最终设计师把传统山水画中的自然山石、松树和自然平台组合形成一个山顶天境（图25~图27）。经过多种不同类型景石的筛选，最后选用泰山石作为主景石。一方面，泰山石在传统文化中有"稳如泰山"的吉祥寓意，符合仰山作为中轴线上的"靠山"这一传统文化象征；另一方面，尽管泰山石不是传统造园名石，但是其石材质感和纹理古朴大气，非常适合与北方的油松组合成稳重雄浑之景（图28）。

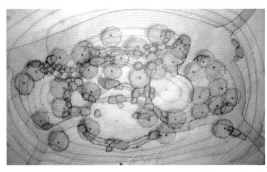

图 25　北京奥森公园天境设计草图和设计模型（胡洁绘制和制作）

图 26　北京奥森公园天境设计的立面图

图 27　北京奥森公园天境建成后的照片（2019 年 8 月拍摄）

图 28　北京奥森公园天境上的泰山石（2008 年 9 月拍摄）

5.3.3 林泉高致

（1）院士经典叠石作品

林泉高致景区位于仰山西南的一处谷地之中，全长约 370m，孟兆祯教授亲自为该景点烫制了叠石模型（图 29），北京著名叠石艺人、第四代山石韩传人韩建中负责施工。整个叠石轮廓清晰、体态自然、宛自天开。

（2）林壑尤美，最爱泉石

"林泉高致"叠石景观的山水构成为三潭两峰，泉水自西向东汇入奥海之中。石峰上挂落飞瀑、蜿蜒而下，林荫中潺潺溪水、石径其间，山水林泉相映成趣。水声四起的瀑布，层层跌落、势如白练、泻在潭里、激于石上、喷珠溅玉、水汽蒸腾、颇为壮观（图 30）。

（3）奥运声景规划的亮点之一

涧水因跌落高差不一、落水潭深浅变化有不同的音调，水声如琴筑齐奏、宫商交响，使人心胸为之一畅，大有"高山流水"之意境，这激越的曲调是利用跌瀑创造出的声音景观。山谷本幽静，但因夹涧而产生了滴水之声和空谷回响的音响效果，使得山谷的幽静感更加强烈。

（4）雨水循环利用的主要节点

从水资源循环利用方面考虑，山体雨水自然汇成小溪，最后蓄积在湖中，然后可用水泵提升至山顶，再次汇入溪流之中（图 31）。

5.3.4 南入口门区及露天广场

（1）与城市轨道交通接驳

奥森公园南入口与北京地铁 8 号线连接，为来自各地的游客提供了便捷的交通条件。轨道交通是奥森公园年游客量超过千万的重要交通基础设施。在地铁的上空，通过礼仪性的铺装和花柱，引导来自奥运中心区的游客步行从中轴广场进入南入口。

（2）巨龙衔珠吐琼浆，万民同乐山水间

进入南入口门区，巨大的廊架可以为游客提供荫凉。再向前走，可以看到一处宽大的草坪露天剧场，与景观大道贯通一体，面积约 4 万 m^2。露天剧场平面为椭圆形，配合北部壮观的喷泉水景，形成开阔大气的户外演出场所，在奥运会期间可举办世界各国的演出活动，而平时则成为市民休闲活动的草坪广场，可开展多种多样的市民活动。每逢假日，在如茵的绿草上面点缀着色彩斑斓的帐篷，众多的儿童与家长奔跑嬉戏。站在奥海边的山水舞台上远望仰山，唯见苍苍莽莽的无边绿色（图 32、图 33）。

图 29　设计团队与孟兆祯先生研究林泉高致

图 30　北京奥森公园林泉高致叠瀑建成效果（2009 年 10 月拍摄）

图 31　北京奥森公园"林泉高致"假山山洞的框景（2009 年 10 月拍摄）

图 32　北京奥森公园南入口及露天剧场鸟瞰照片（2008 年 7 月拍摄）

图 33　北京奥森公园南入口露天剧场（2009 年 10 月拍摄）

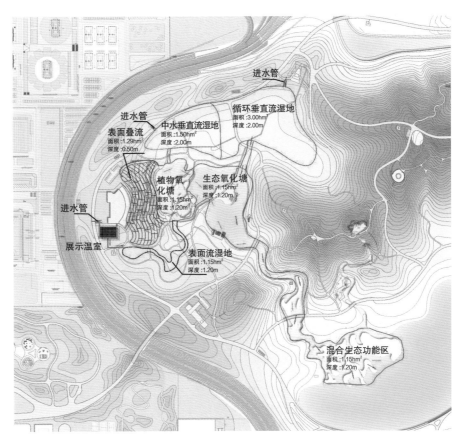

图34 北京奥森公园人工湿地平面布置示意图

5.3.5 人工湿地区

（1）灰绿基础设施的结合

奥森公园全面采用中水作为公园水系及园林用水的补水水源。湿地系统的设计是公园水质改善系统工程中生态自然净化系统的重要组成部分（图34）。其主要功能是通过景观化的复合人工湿地系统深度处理中水及循环湖水，与其他水质改善措施协同作用，为公园提供优质的水环境，同时打造独特的湿地生态风景。湿地景区内的各类植物共同营造了一个舒适、优美而又生态的自然生境，同时使游客在游览过程中实地接触各类湿地植物，了解其生长特性以及生态功能，达到了教育展示的作用（图35~图39）。在功能上湿地可分为三大区域：温室教育示范区、湿地生物展示区及游览区。其中湿地生物展示区根据湿地植物的自身属性分为沼泽区、浅水植物区、沉水植物区以及混合种植区。

（2）以景育人，科普教育的新创意

大片的芦苇、香蒲、球穗莎草、菖蒲和美人蕉掩映着木质小桥，桥体曲折平展，婉转间来到湿地。下桥走500m就可以到达水下沉廊，廊道

图35 北京奥森公园人工湿地科普温室
（2008年7月拍摄）

图 36　北京奥森公园垂直流湿地建成照片（2009 年 10 月拍摄）

图 37　北京奥森公园叠水花台（2008 年 7 月拍摄）

图 38　北京奥森公园的沉水步行廊道（2009 年 10 月拍摄）

图 39　北京奥森公园表流湿地的景色（2008 年 9 月拍摄）

两侧是玻璃隔挡。游客可以清晰地看到畅游的鱼群，更可低角度欣赏各种水生植物，如同漫步在天然水族馆中。抬头远眺，西侧就是"叠水花台"，由西往东利用高差，筑台形成三层叠水，伴随着水流的层层跌落，形成可以为水体增加氧气的曝气小瀑布。

6 奥森公园绿色科技与园林设计创新

作为较大面积的综合公园，奥森公园和常规公园在规划理念和方法上有所区别，尤其是北京奥运工程"绿色、人文、科技"三大理念的要求，使得奥森公园的设计得到了更多的创新机会，有多项设计内容在当时国内公园的设计中都处于领先水平，以下将重点介绍八方面的工作。

6.1 突破公园规范的主园路健身步道

城市居民的健康需求和奥森公园平坦的地形以及天然氧吧的优势，催生了一个创新设计点：在公园中规划一个满足大流量、群众基础好、便捷舒适的运动场地，选择慢跑和健走项目，运动场地就设在主园路上。在规划中突破公园规范对主园路7m宽的限制，设成"7+2"的断面形式，7m供步行使用，2m供慢跑和健走使用，路面采用红色沥青铺装，上面画出里程标志。主园路全长10km（南园和北园的主路各约5km），为了满足短时锻炼的人们，在南园还设计了3km长的小环线（图40）。建成后广受群众欢迎，设计取得巨大成功，奥森公园成为北京市区内健走活动、半程马拉松及冬季光猪跑等健身活动的最佳场地。

据北京奥运公园管理处提供的数据，在奥森公园开放之初，2008年游客量约为20余万；至2018年11月，奥森公园每年游客接待量连续五年保持在1200万人次（图41），累计游客量达到8700万人次。单日游客接待量平均为11万左右，单日游客最大接待量超过20万人次。自然茂盛的森林环境、便捷的城市交通、优美的山水园林景观、完备的户外休闲服务设施，尤其是园中专门设计的10km环形慢跑道最受欢迎，每到周末，奥森公园内都聚集了大量的跑步者（图42、图43），在2015年10月，首次由4万名网友票选出"2015年度跑步圣地十强"，北京奥森公园位居榜首（图44、图45）。

图40 北京奥森公园健身步道分析图

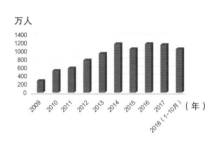

图41 北京奥森公园建园后历年游人数统计

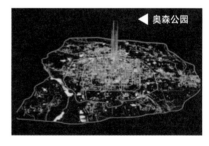

图42 北京市工作日跑步轨迹分析图（清华同衡技术创新中心李栋提供）

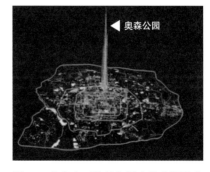

图43 北京市工作日与周末跑步轨迹分析图（清华同衡技术创新中心李栋提供）

图 44　北京奥森公园的跑步爱好者（2019 年 6 月拍摄）

图 45　北京奥森公园的群体健身活动（2019 年 6 月拍摄）

6.2 国内公园最早进行系统的生物多样性规划设计

生物保护是城市绿地系统规划的新兴内容，项目专门聘请了美国密歇根大学专业团队负责奥森公园的生物多样性规划，这在国内公园设计中还是首次。生物多样性的设计主要包含五方面内容。

第一，跨高速公路生态廊道建设；第二，近自然林设计；第三，近自然河湖及生态护岸设计；第四，小生境设计；第五，雨燕塔的设计。

6.2.1 跨五环高速公路生态廊道设计

奥森公园跨高速路生态廊道是国内首例为小型哺乳类动物迁徙而设计的大跨度生态廊道。将森林公园系统从岛屿式逐步过渡到网络式，将奥森公园连成一个整体，为隔离的物种提供传播路径，保障生物多样性，保护物种及栖息地，维护城市绿地生态系统与格局的连续性，有利于城市生态安全。（图 46）。

生态廊桥的结构设计有较大的难度，一方面要符合五环路交通高度的需求，另一方面要比普通的桥梁承受更大的荷载，同时要考虑桥梁下部对植物根系的冻害和排水等问题，最后，还要外形轻巧美观，使生态廊桥成为北五环路上的一个风景标志。

廊桥设计跨度为 28m×50m×28m，中心最窄处宽度为 60m，边缘宽 84m，桥面面积为 8158m²。采用 V 形钢筋混凝土结构。

图46　北京奥森公园中连接南北园的生态廊桥（2019年10月拍摄）

6.2.2 近自然林种植规划设计

奥森公园植物种植规划强调遵循生态学的规律和方法。我们与北京林业大学的植物专家进行共同研讨和调研，提出了近自然林模式的种植方式，并申请了国家科研课题。我们对北京市城郊自然植被保存良好的地段进行了实地踏查和资料分析，提出了研究的方法和实施方案，并进行物种和植物群落的分析与评价，在此基础上总结出适合北京城市园林中运用的植物材料。针对奥森公园基址条件，建立适当的植物群落模式，用以指导奥森公园植物景观的建设，如模拟天然植物群落结构进行种植设计等。经过三次专家研讨会，并会同建设方、施工图设计师、苗木商等多方面专业人士共同研究，确立了最后实施的种植方案，摒弃了大树移植、

图 47　北京奥森公园植物群落秋季景观（2018 年 10 月拍摄）

冷季型草坪等常规做法，模拟近自然林的模式，形成了目前的种植效果（图 47）。

通过植物群落结构的多样性设计、乡土植被的恢复与重建等工作，公园呈现出丰富的景观多样性，奥森公园全园由 100 余种共 53 万株乔木、80 余种灌木和 100 余种地被植物构建出近自然林的大群落系统（图 48）。

6.2.3 近自然河湖及生态护岸设计

北京奥森公园北界清河，地势西南高、东北低。用地内有两条排渠，在东部由南向北流入清河的叫仰山大沟，负责亚运村地区的雨洪水排放；从西北进入用地的河道叫清河导流渠（又称清洋河），平面呈"折线"形，

图 48　北京奥森公园的野花与林荫（2011 年 5 月拍摄）

在东南角科荟路下经暗涵入北小河污水厂。两条河渠水质均为劣V类，淤积较严重，行洪能力达不到50年一遇标准。用地内还有洼里和碧玉两个人工湖，水面面积约12万 m²，其中碧玉湖已经荒废。

河道及湖泊岸线经风景园林规划统一设计，与全园的地形融合为一个整体，整个河湖的平面形态都进行了弯曲化处理，更接近自然河流的形态（图49~图52）。设计通过挖深和加宽河道来提升河流的行洪能力，在有条件的地方尽量将岸坡的坡度设计为1：8~1：12，在坡脚处设计芦

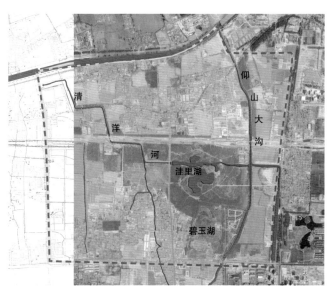

图49　北京奥森公园建设前的水系平面形态

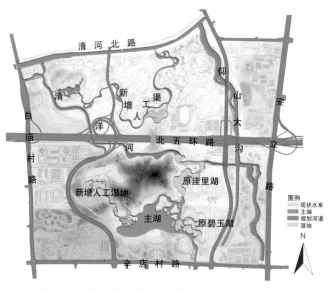

图50　北京奥森公园规划后的水系平面形态

图51　北京奥森公园建设前洼里湖的硬质护岸（2002年5月拍摄）

图52　北京奥森公园建设后洼里湖的生态护岸（2011年5月拍摄）

苇消浪带，并用卵石固定常水位以下的土坡，为了避免土壤中的细沙流失，在卵石防护层后都设有反滤层。因空间局促而必须设陡岸时，坡脚采用木桩或石笼作护岸，规定边坡坡度不得小于1∶3。

6.2.4 小生境设计

奥森公园在规划伊始就提出了生境营造的概念，按照生态修复学的原理还原动植物适宜的生物栖息环境。之后的每一轮规划、设计都围绕着这个概念进行（图53）。奥森公园不仅能够促进周边社区的环境提升，同时，本地生物物种也可以从周边地区移入奥森公园的生境。当被引进到某个现场时，这些物种将会繁殖、传播，丰富现场和周边地区的生物景观。物种丰富性的提高不仅增加了该地区的生态服务水平，而且还为青少年认识自然、亲近自然创造了良好的条件。

野生动物和植物专家与风景园林师合作，围绕现场保留的林地建立起多系列的自然生境。在公园的不同区域分别设有林地、灌木地、草地以及各类湿地，它们各自支持了不同的动物群落，使每个区域拥有不同的自然风貌。设计时尽量选择适合北京当地的植物物种和模拟当地生态环境，以便生活在这里的生物物种和种群数量能够快速恢复（图54）。

图53 在奥森公园人工湿地栈桥上的野鸭（2019年8月拍摄）

图54 在奥森公园人工湿地抓鱼的孩子们（2011年5月拍摄）

公园建成十年后，设计团队专门做了生境调查。当初的拆迁荒地，现在已经大变样。通过调查共记录到：

两栖爬行动物3种，其中两栖类2种，隶属于1目2科2属；爬行类1种，隶属于1目1科1属，红耳龟为归化中国的外来种。黑斑侧褶蛙和中华蟾蜍为广布种，属国家三有动物。

哺乳动物有东北刺猬1种。

昆虫类3纲11目43科74种，都属北方广布种。

鱼类13种，隶属于4目8科13属。

共观察及拍摄到鸟类56种，隶属于12目25科，均为北方常见物种。

另外，据观鸟协会长期观测的统计数据，从2009年起累计观测到的鸟类已经有176种，隶属于16目51科。

6.2.5 雨燕塔设计

北京雨燕是1870年由英国生物学家Swinhoe第一次发现并命名的，是老北京记忆的一部分。在奥运吉祥物中就有它的卡通形象，名字叫"妮妮"（图55）。

由于当代城市建筑的建设以钢筋混凝土结构为主，取代了传统的木结构，雨燕失去了筑巢的条件，于是雨燕的种群数量急剧减少，据专家

图55　北京奥森公园内的雨燕（2008年7月拍摄）

介绍，在 20 世纪之初，北京的雨燕数量已经不足 3000 只。为了保护这一地方特色物种，有专家建议修建雨燕塔，并将其视为奥森公园生物多样性保护的标志性工程之一。

北京雨燕具有一定的适应能力，如果有适宜的洞穴，就可以在其中栖息、繁殖。国外利用人工巢箱对普通雨燕开展了招引工作，取得了显著的成绩，积累了许多经验。我国纪加义等人于 1985 年和 1986 年共悬挂人工巢箱 70 个，做了北京雨燕的人工招引试验，证明通过人工招引的方式是可行的。

在本项目中，设计选择在奥森公园北园的河边空地上，立一座方形木塔，四个面上都设有方形的雨燕招引巢，塔高约 20m，可以为更多的雨燕提供栖息场所（图 56、图 57）。

图 56　雨燕塔全景（2010 年 10 月拍摄）

图 57　雨燕塔局部

6.3 国内公园领先的中水回用系统和人工湿地净化系统

　　北京市属于严重缺水的城市，节约用水是水资源不足问题的根本解决之道。奥森公园规划从清河和北小河污水厂引中水管道，并在南园建设人工湿地处理系统，利用闸门、提升泵及引水管线建水循环系统。在园区内设计了一套集人工湿地仿生设计、园林游憩、科普活动、丰枯季循环、水质监控、自动化控制于一体的中水回用系统，在国内外同行业中处于领先水平，其中高效生态水处理展示温室在国内城市公园中属于首创。在人工净化湿地设计中结合沉水廊道和叠水花台等园林小品设计，将水净化、科普教育设施与园林艺术结合在一起（图 58、图 59）。

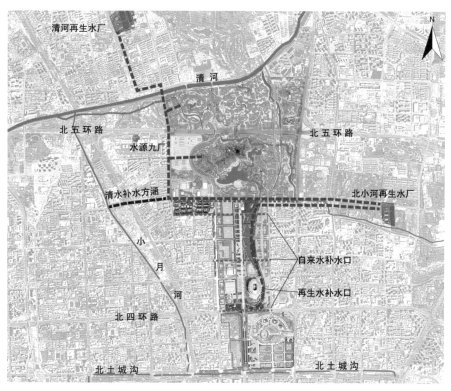

图 58　北京奥运公园中水运输路线

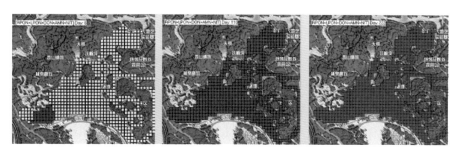

图 59　北京奥森公园主湖水质模拟图和总氮含量变化模拟图

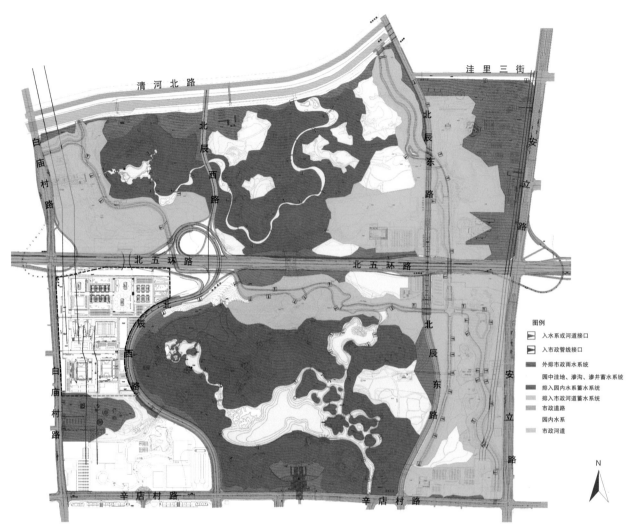

图例

入水系或河道接口
入市政管线接口
外排市政雨水系统
园中洼地、渗沟、渗井蓄水系统
排入园内水系蓄水系统
排入市政河道蓄水系统
市政道路
园内水系
市政河道

N

图 60　北京奥森公园雨水径流分析示意图

6.4 具有"海绵城市"示范地位的雨洪管理系统

　　奥森公园在规划初期就借鉴国外经验制定了很高的雨洪管理标准，道路、停车场、广场铺装全采用透水材料和透水设计；场地内设下凹绿地和生态雨水沟系统，加强雨水的滞留和下渗；园区内河道湖泊的面积和蓄水量是建设前的 3 倍以上，为雨水的蓄积和再利用创造良好条件。综合上述建设，全园雨水利用率达 95%，三年一遇降雨量雨水外排量为径流总量的 15%（图 60）。2014 年住房和城乡建设部开展"海绵城市"专项建设工作，奥森公园的雨洪利用与控制指标均高于"海绵城市"的指标，采用的工程技术措施也符合海绵城市的要求。

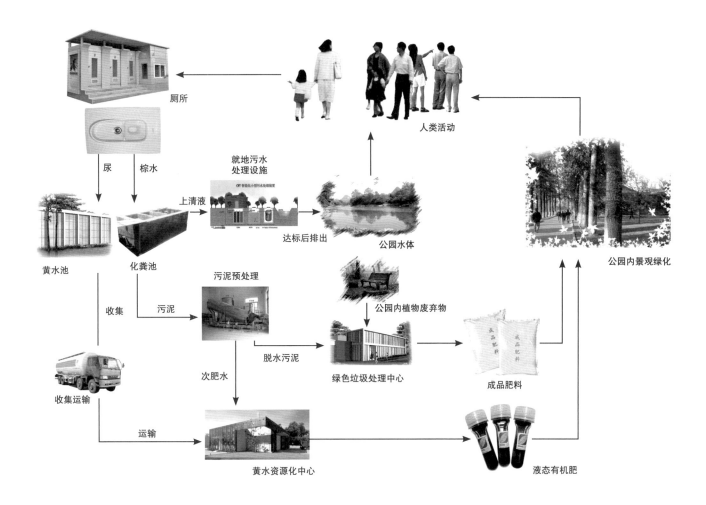

图 61　北京奥森公园内的物质循环分析图

6.5 成为国内公园中绿色能源、循环利用和智慧管理方面的典范

在国内城市公园规划中率先提出全园污水零排放的指标；在绿色能源方面，在国内城市公园中第一个采用 LED 绿色照明技术的景观平台、采用太阳能光电板与景观廊架相结合、全面采用生态节能建筑设计；利用木塑复合材料替代原木；在循环利用方面，在城市公园规划中第一个对园内废物资源进行循环使用（图 61）；在智慧管理方面，开创智能化管理系统规划的先河，同时完成了国内城市公园第一个消防系统规划，智能化灌溉系统和信息化控制的大型庆典喷泉都处于国内领先地位。

图62　在北京奥森公园唱歌的群众（2009年10月拍摄）

6.6 国内公园最早进行声景规划

声景规划是体现奥运三大理念的重点内容之一。在城市风景园林营造中，既要注重视觉要素对审美产生的影响，又要注重声音要素对唤起人们头脑中园林意象所具有的作用。

声景规划把听觉所能够体验到的所有声音，包括自然界的声音、生物活动的声音、人类活动的声音（图62）、音乐及园区有线广播、城市噪声等，通过声音规划，形成一个自然、静谧而又充满趣味的声景系统。重点规划工作包括以下四个方面。

第一，自然声的保全和培育。重点对全园的自然景区进行主导声景的类型划分，并提出保护方案。

第二，噪声的预防和控制。对来自城市和园区内的噪声进行分区和分级控制（图63）。

第三，功能性人工声景系统规划，包括广播系统、背景音乐及音乐喷泉等人工声景规划。

第四，结合风景园林设计的室外艺术声景项目策划，利用高科技手段营造声景园林小品。

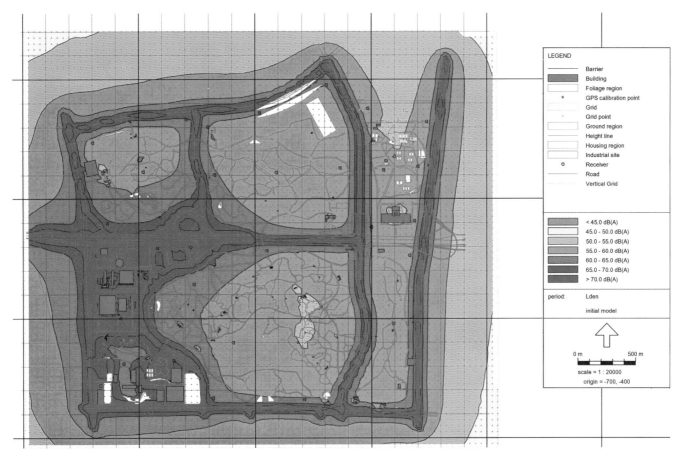

LEGEND

	Barrier
	Building
	Foliage region
	GPS calibration point
	Grid
	Grid point
	Ground region
	Height line
	Housing region
	Industrial site
	Receiver
	Road
	Vertical Grid

	< 45.0 dB(A)
	45.0 - 50.0 dB(A)
	50.0 - 55.0 dB(A)
	55.0 - 60.0 dB(A)
	60.0 - 65.0 dB(A)
	65.0 - 70.0 dB(A)
	> 70.0 dB(A)

period:　Lden

initial model

0 m　　　　500 m

scale = 1 : 20000
origin = -700, -400

图 63　北京奥森公园的噪声分析

6.7　推行专家评审机制

公园的规划设计在践行"人文奥运、绿色奥运、科技奥运"的理念中，融汇了风景园林专业以外的多项专项设计，为了使这些专项能够在公园里得到科学合理的应用，特建立了"专家评审机制"，充分依靠专家团队的技术支持和科学论证，专家评审会共形成评审文件27份，通过以下13项议题：

（1）奥森公园建设项目交通影响评价。

（2）奥森公园水体水质保障方案。

（3）奥森公园照明总体规划方案。

（4）奥森公园植物景观生态设计可行性研究。

（5）奥森公园声景总体规划方案。

（6）奥森公园消防规划设计方案。

图 64　2007 北京奥运公园规划论坛专家合影（2007 年 5 月拍摄）

（7）奥森公园涉水工程初步设计。

（8）奥森公园全园智能化系统设计方案。

（9）奥森公园二标段种植扩初设计。

（10）奥森公园灌溉系统设计方案。

（11）奥森公园污水处理技术（MBR 和速分技术）项目。

（12）奥森公园风景园林设计、绿色能源和生态节能建筑设计方案。

（13）奥森公园地源热泵设计方案。

2007 年专门召开了奥森公园的规划论坛，来自十几个不同专业领域的国内外专家共同探讨了大型城市公园的规划方法，对奥森公园的规划设计科学体系提出了宝贵意见，并高度赞赏了奥运公园的整体规划设计成果（图 64）。

6.8 奥森公园生态工程实践的经验总结

奥森公园规划设计的主要参与者——市政工程师何伟嘉先生在长期

的生态文明建设实践中总结出一个评估模型，并使用此模型指导了奥森公园的绿色基础设施建设（图65）。其主要内容如下。

（1）生态持续。该指标为系统构建的目标和定位，是理念和建设实施的初衷。

（2）技术可靠。该指标具体指工艺或技术方案和措施等，需要开展多方面的技术比选，从而确定最可行和可靠的技术系统。

（3）经济合理。该指标是在具体系统进行多方案比选与筛选中的评估选择的依据，需要在可行可靠的技术中选择出投资、运行等方面经济合理的技术系统。

（4）因地制宜。该指标为针对技术系统所分析的城市或区域，分析属地特点和条件，进行多方面因素和实施条件的评估，从而选择出最适宜于该城市的技术系统。

（5）过程可控。该指标为全周期性的要求，是具体的规划、建设、运营各阶段保障生态持续目标可贯穿始终的基本的营造和管理手段，必须制定合理的配套管理体制，从而让生态的理念可落地，并且落地不走样。

（6）社会受益。在完整运行维护阶段，通过跟踪和评估，在具体的价值层面来分析系统对社会的贡献，同时，这也应该是在规划和建设之初，生态理念所支持和导向的预期结果。

从模型的构成可以看出，忽略任何一个方面，或仅关注其中的一个或几个方面，都将导致最终的系统不是一个被社会所认可的系统，在实

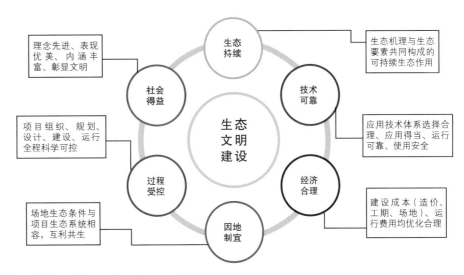

图65　生态工程的六个重要因素

际过程中也将被印证为不可持续的系统，因此需要在评估中时刻把握六个方面依序推演、相互关联、相互作用、共生成效的逻辑关系。

7 北京奥林匹克森林公园的长远社会影响

北京奥森公园建设完成后，变成了北京市民经常健身休闲的森林氧吧，得到社会各界的广泛赞誉。公园还因为其自然条件丰富而成为学校和家长带孩子接近自然、认识自然的户外课堂。

北京奥森公园的规划设计，在国内荣获了风景园林学会的规划设计一等奖，在国际上获得了包括美国风景师联合会、国际风景师联合会在内的五项国际大奖，为中国风景园林行业争得殊荣。2018 年 11 月 6 日，奥森公园当年的规划设计者、建设者和公园的管理者齐聚一堂，举行了主题为"同奏山水轻音，共建诗意人居"的"北京奥林匹克森林公园建园十周年纪念会"活动（图 66），孟兆祯院士专门为此次活动题词（人与天调则天下之美生，该题词现保存于奥森公园管委会），大家畅谈与北

图 66　北京奥森公园建园十周年纪念会合影（2018 年 10 月拍摄）

京奥森公园相伴的朝朝夕夕。北京世奥森林公园开发经营有限公司党委书记田巨清用数据说明了北京奥森公园赛后对北京市的贡献。北京奥森公园入园人数近五年连续超过一千万人次；目前企业自营收入已经突破两个亿（2018年），更多靠的是绿水青山，吸引更多的市民到北京奥森公园来；北京奥森公园 10km 健身步道成为和奥森网球场、奥运瞭望塔、公园水上娱乐同等重要的四大经济支柱之一，周六日全年备案比赛场次超过 300 次，这正是规划者当初所期待的。

清华大学建筑学院教授、清华大学中国新型城镇化研究院执行副院长尹稚教授在发言中说，北京奥森公园的建设是中华人民共和国成立以后在北京的中国园林史上跨界合作、跨单位合作最大规模的一次。他认为"真正能留给后代的、能传承数百年乃至上千年的大概就是园林了——山水园林"，北京奥森公园是我们这代人为北京乃至中国留下的千年遗产；奥森公园的建造也是在新中国园林史上奏响的一个高音符，同时开启了新时代园林建设的进程。尤其是在生态化方面的考虑，"现代园林很重要的概念，就是植被群落的本土化和当地化。北京奥森最牛的就是我们当时顶住这个压力，没有全世界搜罗奇花异草"。尹稚教授在论及山水园林之所以能够千年不灭的原因时还谈到，"园林是营造的，不是一次性的设计过程，是永远活态化的东西，是永远处在新陈代谢、四季更替中的"。北京奥森公园建成后，其规划设计仍在继续进行，社会各行各业普遍参与其中，北京奥森公园在后期运行当中不断会发现新的需求，也就会不断有新的精彩在未来展现（图67）。

8 北京奥林匹克森林公园规划设计顾问团队

美国 SASAKI 设计事务所、孟兆桢、陈吉宁、尹稚、梁伟、袁昕、Laurie Olin、崔愷、张晓林、曹忠豪、殷双喜。

9 设计团队

项目负责人：胡洁。
主设计师：胡洁、吴宜夏、吕璐珊。
主要设计人员：
张艳、刘辉、李薇、刘海伦、孙宵茗、朱慧、赵春秋、赵婷婷、李

图 67　回归自然的北京中轴线（2019 年 10 月拍摄）

加忠、尤斌、邹梦宬、郭峥、李春娇、张传奇、陈霞、冯霄、朱育帆、姚玉君、张洁、高政敏、衣立佳、Andreas Luka、Angela Silbermann、Verena Fischbach、David Pasgrimaud。

10 专家团队

檀馨、端木歧、栗德祥、安友丰、殷双喜、苏云龙、秦佑国、董丽、倪学明、李湛东、赵福生、张帆、张晓林、张正旺、曹宗豪、钱德琳、Ron Henderson（美）、Betsy Damon（美）、赵岩、隋建国。

11 合作单位

北京创新景观园林设计有限责任公司；

北京中国风景园林规划设计研究中心；

北京市园林古建设计研究院有限责任公司；

北京北林地景园林规划设计院有限责任公司；

北京中元工程设计顾问公司；

北京清城华筑建筑设计研究院有限公司（现为北京清华同衡规划设计研究院建筑分院）；

中国城市建设研究院有限公司；

北京市水利规划设计研究院；

北京市首都规划设计工程咨询开发公司；

北京城建设计研究总院有限责任公司；

北京中京惠建筑设计有限责任公司；

北京清华城市规划设计研究院环境与市政研究所；

北京清华城市规划设计研究院城市光环境研究所；

北京清华城市规划设计研究院交通规划研究所；

北京清华城市规划设计研究院声环境设计研究所；

北京清华城市规划设计研究院公共安全研究所。

12 获奖信息

北京奥运公园风景园林规划设计：

2003 年 11 月获北京市规划委员会、朝阳区政府颁发的北京奥林匹克森林公园及中心区风景园林规划设计方案征集的优秀方案奖。

北京奥森公园风景园林规划设计：

2011 年 10 月荣获中国风景园林学会首届优秀规划设计奖一等奖；

2011 年 6 月荣获欧洲建筑艺术中心绿色优秀设计奖；

2009 年 9 月荣获美国风景园林师协会综合设计类荣誉奖；

2009 年 8 月荣获国际风景园林师联合会亚太地区风景园林设计类主席奖（一等奖）；

2009 年 11 月荣获中华人民共和国住房和城乡建设部 2008 年度全国优秀工程勘察设计铜奖；

2009 年 4 月荣获中国城市规划协会 2007 年度全国优秀城乡规划设计项目城市规划类一等奖；

2009 年 3 月荣获北京市奥林匹克工程落实"绿色奥林匹克、科技奥林匹克、人文奥林匹克"理念突出贡献奖；

2009 年 3 月荣获北京市奥林匹克工程绿荫奖一等奖；

2009 年 3 月荣获北京市奥林匹克工程优秀规划设计奖；

2009 年 3 月"北京奥林匹克森林公园景观水系水质保障综合技术与示范项目"荣获北京市奥林匹克工程科技创新特别奖；

2009 年 3 月"北京奥林匹克森林公园建筑废物处理及资源化利用研究项目"荣获北京市奥林匹克工程科技创新特别奖；

2009 年 2 月荣获北京市奥林匹克工程落实三大理念优秀勘察设计奖；

2008 年 12 月荣获北京市奥林匹克工程规划勘查设计与测绘行业综合成果奖、先进集体奖、优秀团队奖；

2008 年 2 月荣获国际风景园林师联合会亚太地区风景园林规划类主席奖（一等奖）；

2007 年 12 月荣获北京市第十三届优秀工程设计奖规划类一等奖；

2007 年 3 月荣获意大利托萨罗伦佐国际风景园林奖城市绿色空间类奖项一等奖。

铁岭市凡河新城如意湖片区建成照片（2010年10月拍摄）

龙首凤冠，山水融城

——辽宁省铁岭市凡河新城风景园林规划设计

胡洁　韩毅

项目位置　辽宁省铁岭市
项目规模　15km²
设计时间　2006\05~2009\09

引言

图 1 铁岭新城、老城和莲花湖湿地公园的位置

铁岭凡河新城风景园林规划以人居环境科学为支撑，以"山水城市"思想为指导，构建出由凡河、如意湖、天水河、凤冠山、莲花湖等风景要素构成的新城绿地系统和山水格局，从规划到设计的全程控制，确保了新城的生态和环境品质。

本项目以"龙首凤冠，山水融城"为风景园林规划主题。"龙首凤冠"是指铁岭老城的龙首山和新城的凤冠山遥相呼应，引喻了中国传统文化中"龙凤呈祥"的阴阳平衡之美，表达了城市与自然和谐发展的美好愿望。在规划设计中努力追求"虽由人造，宛自天开"的造园理想，把人造山水园林完美地融入城市设计中，实现"山水融城"之意境，使凡河新城成为"优美健康，生态安全"的幸福之城。

1 项目背景

1.1 沈铁同城

铁岭市位于沈阳市北部，两城相距约 75km。为了振兴东北老工业基地，国务院提出建设沈阳经济区的发展战略，以沈阳为中心的 90km 范围内的 6 个中型城市将逐渐融为一体。在 2005 年编制的《铁岭市城市总体规划》（简称总规）中，决定向南跨越 15km 建设新城，以旅游和生态休闲产业、沈北地区物流中心、沈阳金融后台服务基地和绿色农产品加工制造业基地为新城的四大基本功能。

1.2 北方水城

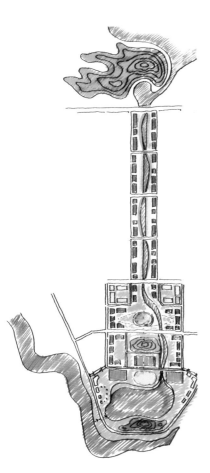

图 2 铁岭凡河新城城市中轴线风景园林规划草图（胡洁手绘）

为了提高新城的投资吸引力，铁岭市领导非常重视生态和城市环境品质，将新城选择在凡河与莲花湖水库之间（图 1）。这里在明清期间是铁岭古八景之一"鸳鸯泛月"的所在地，利用这里丰沛的水资源，铁岭市政府决心打造北方特色水城，并且正式注册"北方水城"商标。2006 年，清华同衡规划设计研究院风景园林中心受邀于铁岭市政府研究新城规划，在会上，团队项目组构思了一张新城中轴线的规划草图，并从中国传统文化的角度解释了规划思想，打动了市政府领导，于是被指定按照此构思完成凡河新城中轴线的风景园林规划设计（图 2）。

1.3 规划设计任务

此后，铁领市政府又陆续委托了辽宁铁岭莲花湖国家湿地公园（后文简称莲花湖湿地公园）核心区风景园林规划设计、凡河滨河绿地风景园林规划设计、城市骨干道路附属绿地绿化设计、凡河新城绿地系统规划。其中有将近15km²的绿地园林设计深度达到了施工图阶段。在施工期，风景园林师又驻场工作，配合当地施工企业解决技术难题。

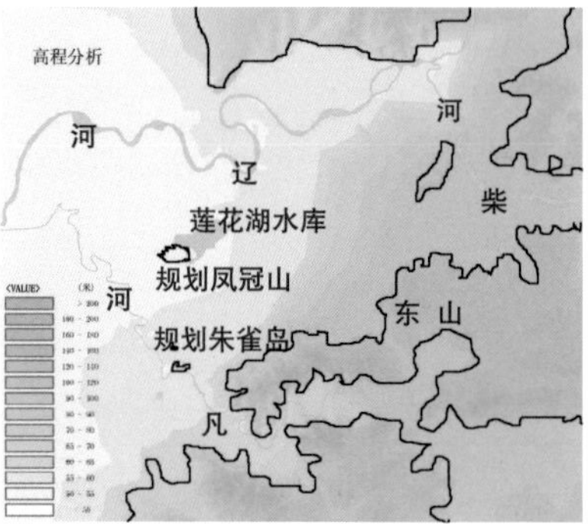

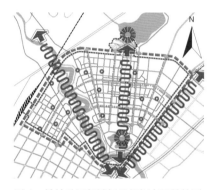

图3 铁岭城市山水格局分析图

2 风景园林规划重点

2.1 城市山水格局与新区绿地系统结构

2.1.1 铁岭市山水格局构想

铁岭市中心城区所在地的东面和北面是长白山余脉，地势最高；南面是东山的余脉，地形也较高；而西面是辽河，地势低洼。铁岭市老城区建设在龙首山山坡西面，有条名为柴河的河道从老城北部流过。新城的选址在辽河一级支流凡河右岸的大凡河村所在地，这里地势较高，利于防洪排涝，而在新城的北面就是地势最低的莲花湖水库。形成"两条碧水穿城过，十里湖山尽入城"的山水格局（图3）。

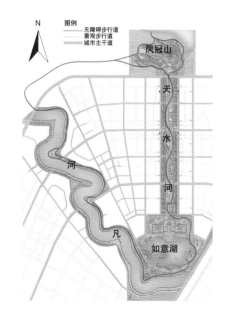

图4 铁岭凡河新城绿地规划布局结构图

2.1.2 新区绿地系统结构

风景园林专业在总规阶段开始介入新城的规划，在对新城及其周边自然环境的调研中发现，新城及周边环境存在诸多生态问题，如湿地因缺乏与河流的水力联系而产生的退化、工农业污染导致的水质恶化及鸟类生境缺失等问题，最后结合多专业科研论证，提出了新城绿地系统"一心，三廊，绿道成网"的结构形态（图4）。

其中，"一心"是指如意湖片区，包括行政中心、文化、旅游服务及城市公园等功能。"三廊"是指天水河、凡河、京哈高速公路及铁路的市政生态廊道。其中天水河是人工修建的给莲花湖湿地公园补水的通道，总规阶段确定其在新城的南北中轴线上穿过，其生态功能还包括为城市通风换气及降低热岛效应，还可以开展水上旅游。"绿道成网"是指城市南北向、东西向主干道附属绿地的绿带宽度都达到了较舒适的城市绿道标准，凡河、天水河、莲花湖湿地公园的主园路也是经过整体设计的连续的大型绿道，并且与城市主干道的绿道相连（图5），在城市内部形成

图5 凡河-天水河-凤冠山-莲花湖绿道规划

图6　铁岭凡河新城风景园林规划总平面图

了非常便捷的绿道网。

　　通过人工水系、大型生态廊道和城市绿道的建设，可以充分体现本项目所追求的"山水融城"的理想境界（图6）。

2.2 莲花湖国家湿地公园核心区景观规划设计

2.2.1 半废弃水库与鸟类天堂

莲花湖水库原名得胜台水库，是修建于 20 世纪 60 年代的灌溉和平原蓄洪水库，在 80 年代之后逐渐变成铁岭老城区和铁岭市经济技术开发区的排污与蓄洪水库。由于长期淤积，水库的库容已经不及当初设计的 1/5，目前水库的水面面积约 2km²。

由于处于东北亚地区候鸟迁移路线上，莲花湖湿地成为候鸟迁徙的中转站，每年有大量的候鸟在此停留休息，据铁岭市林业局提供的资料，在该地区栖息的鸟类有 123 种，其中包括东方白鹳、白鹤、大鸨等国家重点保护鸟类（图 7）。莲花湖湿地不仅具有"国家保护意义"，同时也是一个具有"公园开发价值"的泛洪湿地。铁岭市政府决定申请建设国家级湿地公园，总面积约为 37km²（图 8），其中以水库为核心的区域将与新城同步建设，总面积约 6.5km²，确定为莲花湖湿地公园核心区，规划内容参见图 9。

2.2.2 湿地公园核心区风景园林规划要点

核心区内的湿地由得胜台水库、五角湖、大莲花泡、中朝友谊水库等废弃的水库和排水沟渠网络构成。核心区地形平坦，地下水位高，外部交通便利，建设条件优越。基础条件与管理现状符合国家林业局《关于做好湿地公园发展建设工作的通知》中关于建立国家湿地公园的条件要求。

为了恢复莲花湖水环境与生态状况，实现生态、园林与环境的协调，对核心区重点进行三个方面的统筹规划：

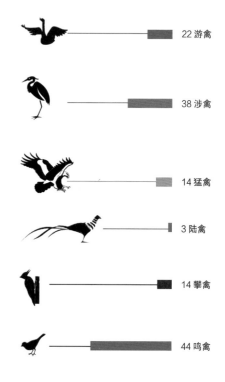

22 游禽

38 涉禽

14 猛禽

3 陆禽

14 攀禽

44 鸣禽

规划研究前发现 165 种鸟类

图 7　铁岭凡河新城莲花湖湿地栖息鸟类的种类数量及生态类型研究

图 8 铁岭凡河新城莲花湖湿地公园入口刻有"国家级湿地公园"的标志石（2010 年 8 月拍摄）

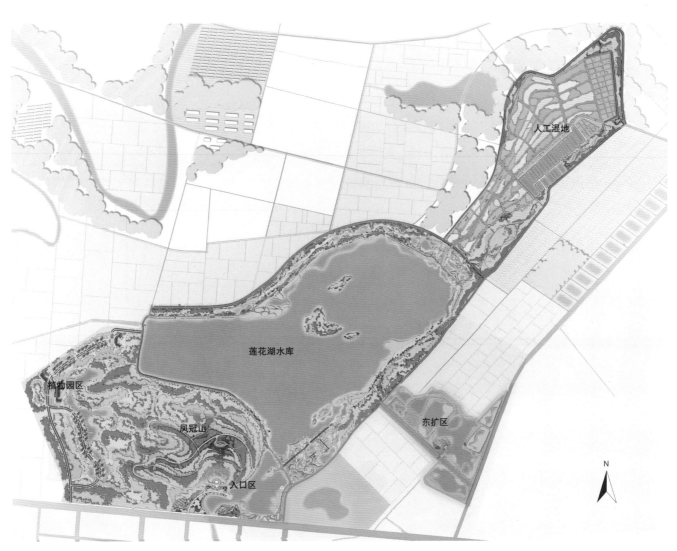

图 9 铁岭凡河新城莲花湖湿地公园核心区风景园林规划平面图

构建莲花湖生态、环境、景观、雨洪综合调控系统。

建设物种多样性，尤其是满足鸟类迁徙、栖息的自然景区。

初步完善湿地公园内部的旅游服务基础设施，开展湿地生态旅游。

1 湿地净化科普观光区
2 湿地生态保护区
3 湿地植物园区
4 雨洪缓排区
5 湿地休闲观光区
6 凤冠山景区

图 10　铁岭凡河新城莲花湖湿地公园核心区功能分析图

2.2.3 空间功能划分

根据莲花湖湿地公园的性质、资源特点和管理要求，将公园地域空间划为 6 个功能区（图 10）。

（1）人工湿地净化科普观光区

该区位于用地的东北侧，面积约 65hm^2，是以人工净化湿地为主的科普展示区。通过对现状破碎水域的整合、改造，模拟自然界湿地生态系统中的物理、化学、生物协同作用，经由过滤、吸附、沉淀、离子交换、植物吸收转化和微生物分解来实现对来自老城中水的净化（图 11、图 12）。

（2）湿地生态保护区

保护区的范围是现状莲花湖水库的中心水域，面积约 2km^2。在该区内，将营造多种不同类型的水禽栖息环境，以丰富水禽觅食及生活空间。主要工作包括湖心筑鸟岛（莲花岛）、扩湖筑新堤以保护老堤生境，从而增加湖泊的深度和广度以扩大库容，增强调蓄功能，同时形成深水、浅水、沼泽、滨水直至旱生的立体生境序列，并进一步进行小生境营造，构建鸟类栖息的良好环境（图 13、图 14）。

（3）湿地植物园区

湿地植物园位于用地西侧，面积约 80hm^2。通过系统性展示和介绍

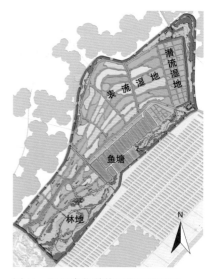

图 11　湿地净化科普观光区平面图

图 12　湿地净化科普观光区表流湿地建成照片（2010 年 10 月拍摄）

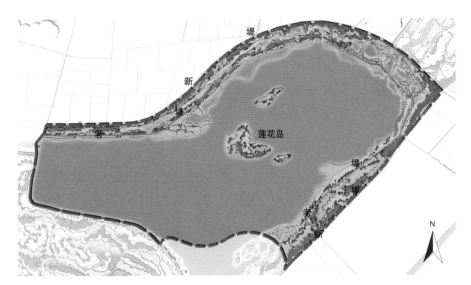

图 13　铁岭凡河新城莲花湖湿地生态保护区平面图

图 14　在凤冠山上空俯瞰湿地生态保护区（2009 年 10 月拍摄）

各类湿生植物，培养公众树立良好的湿地保护和湿地公园建设意识。同时，植物园的设立还有利于保护当地特有、稀有植物种植资源，为科学研究提供便利条件。

（4）雨洪缓排区

雨洪缓排区位于用地的东侧，面积约20hm²。该区是以湿生植物景观为主的雨洪缓冲区，对凡河新城东侧铁岭市开发区方向的雨洪来水进行滞留、降解，减少流入湿地公园保护区内的泥沙量。

（5）湿地休闲观光区

位于用地的东南角，面积约30hm²，是公园的主入口及管理区，可以通过天水河水上交通与新城相连，并设有换乘码头。在该区内

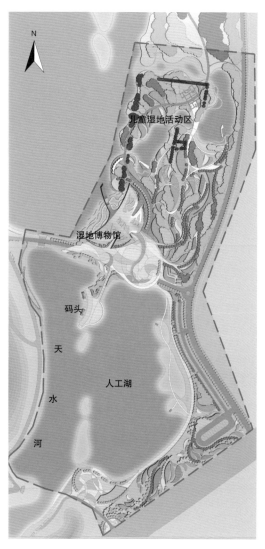

图 15　铁岭凡河新城湿地休闲观光区平面图

图 16　铁岭凡河新城湿地博物馆是该区的标志（2010 年 10 月拍摄）

图 17　铁岭凡河新城湿地休闲观光区码头石舫（2010 年 7 月拍摄）

新开挖了水面，水深符合公园水体的安全规范，可以开展丰富多彩的湿地游憩和科普教育活动，主要内容包括湿地博物馆（兼公园管理办公室）、湿地探索、儿童湿地活动区、观鸟区和婚纱摄影等内容（图 15~ 图 17）。

（6）凤冠山景区

凤冠山景区位于莲花湖南侧，面积约 80hm²，主要由新区建设排出的土方堆筑而成。在功能上，除了可以登高俯瞰新城和莲花湖之外，还可以隔离新城对莲花湖环境的影响。同时，丰富的森林植物群落将吸引大量的鸣禽、攀禽、陆禽等鸟类，为铁岭市民创造更为丰富的观鸟体验（图 18、图 19）。

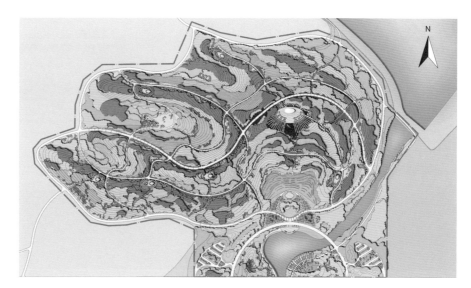

图 18　铁岭凡河新城凤冠山风景园林规划总平面图

图 19　夕照下的凤冠山轮廓（2010 年 7 月拍摄，铁岭市规划局提供）

2.2.4 鸟类生活习性及生境需求研究

首先，对核心区的现状生境进行分析，包括湖底和湖边的竖向分析、淤泥厚度分析、生境类型分析、现状植被分析等内容。

其次，对不同鸟类的生活习性、栖息地类型、与人的关系、生存状态等方面进行了深入的研究与分析（图 20）。

再次，通过大量的调研查阅和实地观测、走访等完成了莲花湖鸟类生态类型统计：游禽 22 种，涉禽 38 种，猛禽 14 种，陆禽 3 种，攀禽 14 种，鸣禽 44 种。

最后，完成研究报告，提出鸟类迁徙类型与生境需求，绘制了生境类型与鸟类分布统计表，总结出现状生境类型欠缺等研究成果（图 21）。

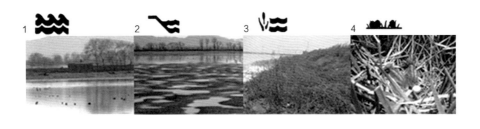

图 20　现状用地的生境类型划分（2005 年 12 月拍摄）

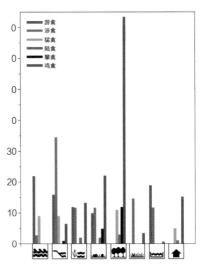

图 21　不同生境对应的鸟类生态类型及种类数量

2.2.5 生态优先，谨慎清淤

建设前的莲花湖水库淤积严重（图 22）。在规划之初，当地政府想对莲花湖水库进行清淤和加高堤防，恢复水库的蓄洪和灌溉功能。为了更好地评估清淤工程的环境影响，聘请北师大的环境评估团队介入。评估结果有两点：

第一，淤积了 30 多年的水库底泥污染严重，300 多万方有污染的淤泥外运会造成次生污染。

第二，如果淤泥清掉了，水禽、涉禽等候鸟可能不会回到这里。因为水库内部的淤泥浅滩是水禽和涉禽的主要取食场所。因此，为了不破坏候鸟的栖息地，决定放弃库区内的大面积清淤，改为修建新堤来扩大水库的库容，提升水库的防洪能力。

图 22　莲花湖水库淤积严重（2005 年 12 月拍摄）

2.2.6 保留、修复与重建

根据鸟类的栖息生境需求和市民观赏鸟类的喜好，规划通过保留、修复和重建三种方式进行核心区内的生境设计（图 23）。

第一，保留。规划保留老堤的现状杨树和柳树及其周围的灌草丛，为陆禽和猛禽提供栖息环境。

第二，修复。在水库北侧将现状破碎的湿地连在一起，建设人工湿地，既净化了来自老城污水厂的中水，也为涉禽提供了栖息场所。

第三，新建。在水库中部偏北的水面上利用淤泥堆筑鸟岛，为珍稀水禽提供了安全的产卵场地；在莲花湖南部与城市之间建设凤冠山林地，

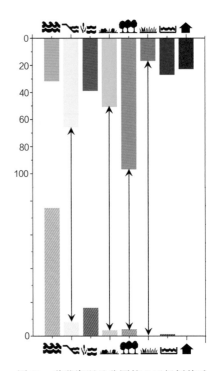

图 23　莲花湖湿地公园核心区规划前后生境对比分析图

图 24　莲花湖湿地公园核心区建设后鸟类爱好者拍摄的水鸟（2009~2011 年拍摄，铁岭市规划局提供）

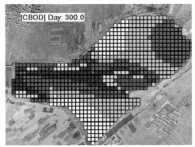

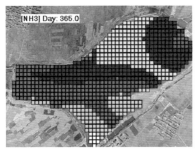

II类　　　　超V类25%
III类　　　　超V类50%
IV类　　　　超V类1倍
V类　　　　超V类2倍

图 25　莲花湖湿地公园水质模拟分析图

图 26　建设前莲花湖湿地的水华现象（2006 年 5 月拍摄）

可隔离城市的光、声及空气污染的影响，同时还为鸣禽、陆禽、小型哺乳动物的栖息创造了理想的条件。

莲花湖湿地公园核心区与新城的建设基本同步，在建成初期对鸟类还是产生了影响。但是两三年之后，离开的候鸟们又回来了，而且带来了新的成员，鸟类专家又发现了 7 个新的品种（图 24）。

2.2.7 补水及水质维护系统

现状贺家排干、城市污水厂出水是莲花湖湿地的主要水源，因此水质恶化在所难免（图 25）。水利部门进行了丰水期和枯水期的供水规划，为了确保莲花湖的水质，规划从凡河引水为莲花湖补水，莲花湖生态保护区一旦出现大面积水华（图 26），可以通过换水的方式解决问题。

2.3 新城"水中轴"风景园林规划设计

2.3.1 总体布局——龙首凤冠，山水融城

前文提到，在凡河上修建橡胶坝，将河水通过人工挖掘的渠道——"天水河"引入到北面的莲花湖水库，作为湿地的补给水源。在凡河、天水河和高速公路绿化带三条廊道交汇点处挖湖，命名为"如意湖"，湖体南侧堆筑了"朱雀岛"。在莲花湖南部利用新城建设的土方堆山，命名为"凤冠山"，此山不但起到了中国古代风水学中"靠山"的作用，还与老城的龙首山呼应，暗含"龙凤呈祥"的美好寓意。

上述各风景元素最终构成了南朱雀（朱雀岛）、北玄武（凤冠山）、左青龙（天水河）、右白虎（凡河）的"龙首凤冠，两湖一轴正礼乐"的文化意境，形成了充满中国山水情调的城市中轴线（图27），由于天水河在这条中轴线上，故而称其为"水中轴"，这一设计创意在中国城市建设中尚属首例。

正如天安门和天坛是北京的象征，西湖是杭州的"代名词"一样，龙首山和柴河是当地人普遍认同的地理标志，新城的地理标志不能忽略与老城区的呼应，由此"龙凤呈祥"的主题应运而生。"龙凤呈祥"是中国传统文化中代表"吉祥如意"的图案，龙、凤二者都是四灵之一，分别为百鳞之王和百羽之首，以"龙"或"凤"冠名的山水城郭遍布中华大地。传统婚俗中，龙为男方代表，而凤为女方代表；龙凤同在标示着阴阳和合。社会关系的最小单位是家，家的理想状态就是阴阳和合。这一主题将城市设定为一个扩大化的"家园"，柔化了工业城市的刚硬印象，将"宜居"的思想隐隐展示出来。

2.3.2 行政中心布局与传统礼制思想

在城市功能安排上，将行政中心建筑规划为稳定的"品"字形结构，包括三个行政用地建筑组团和两片主体绿地（图28~图30）。在建筑布局上首先考虑的是3个组团的建筑群既要体现出主次分明的结构关系，又要均衡和相互呼应。位于中轴线上的行政办公楼是整体建筑群的中心和主体，具有第一高度，若仅做一座建筑或两个中心对称的楼体很难体现出层次

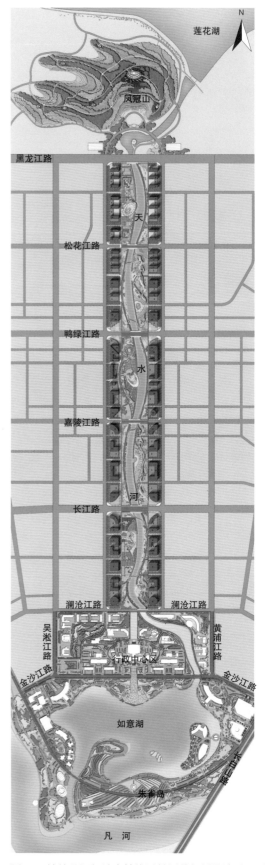

图27 铁岭凡河新城中轴线风景园林规划设计平面图

图 28 行政中心建筑设计模型

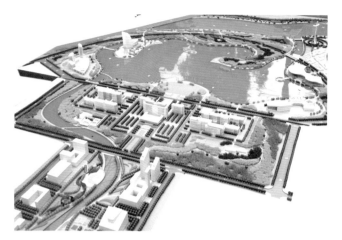

图 29 天水河、行政中心及如意湖模型

图 30 铁岭凡河新城中轴线建成照片（2009 年 9 月拍摄）

感，容易使主体建筑显得呆板，难以和周边环境协调，为了避免这类布局方式容易出现的呆板行列式结构，建筑群落之间相互错开，单体之间连通走廊，既形成了有层次感的院落空间，又方便了寒冷季节的使用。

2.3.3 如意湖滨水区风景园林设计

行政中心南部的如意湖滨水区设计避免了礼仪性的空间布置形式。

在功能上安排了多样化的项目，包括市民中心、五星级酒店、金融中心、商业娱乐、朱雀岛、水滨露天剧场等六大功能组团，或以岛状居于水中，或以半岛状伸入水中，或曲线状凸入水中，将水面的形状勾勒成抽象的如意形状，这种与水景亲和的空间关系增添了新城融山、河、湖、建筑一体的适宜人居的山水城市特色（图31）。如意湖滨水区总体布局的构思仍然来自传统文化的启发，在儒家经典《论语·莫春篇》里写道："莫

图31　铁岭凡河新城如意湖滨水区建成后局部鸟瞰（2010年7月拍摄，铁岭市规划局提供）

图32 站在如意湖钻石广场上欣赏冰裂纹（2009年10月拍摄）

春者，春服既成，冠者五六人，童子六七人，浴乎沂，风乎舞雩，咏而归。"可以发现这里充满着"物我一体的和谐"，这正是孔子以乐治国思想的体现。自然万物回归其本真，人与物都是"各得其所""各遂其性"，进而至"与天地万物上下同流"的圆融之境。"咏而归"显示各自身心内在的高度和谐，希望人们通过人与境的和谐，最终达到人与人之间的和谐，强调借环境育人治人的理念。因此行政中心强烈的秩序感没有再向前延伸，如意湖的形态也由原规划人工对称的形式转变成为自然亲切的特色，体现了儒家与民同乐的思想，在建筑与环境之间的关系上也体现出"物我一体"的精神境界。其将代表国家意识形态的行政中心的"礼"与容纳百姓市民的"乐"相结合，使得这片山水资源与民众共享，展示了儒家"礼乐相迎"的思想。

2.3.4 设计创新——冰裂纹铺装

如意湖北岸的市民广场取名为"钻石"，期寄蓬勃发展的铁岭如同"钻石"一样闪亮夺目。广场的平面形态由钻石的型体变化而来，广场上的冰裂纹铺装与钻石形态相呼应，不规则的直线条更体现出"钻石"独有的切割线。整个广场由24万多块花岗岩石板拼贴出冰裂纹效果，每两块花岗岩板材之间缝宽统一为5mm（图32）。将中国传统的冰裂纹铺装进行现代演绎，即将现代"模数"化概念运用于冰裂纹铺装，既保证了"冰裂纹"的铺装效果，同时又大大提高了施工速度。

2.3.5 天水河滨河绿地风景园林设计

天水河滨河绿地是指北到黑龙江路，南抵澜沧江路，平均宽 200m 的滨河带状绿地，全长 3.1km。天水河是一条人工开挖的河道，从水利角度讲它是一条承担对莲花湖的水源进行补充和城市泄洪双重作用的人工渠道；另一方面，天水河又起到城市美化的作用，所以天水河的规划设计是将水利工程调节和城市风景园林规划紧密结合的规划设计。天水河中央商务区绿地是连接"两湖一山一中心"的展示山水城市风貌的生态廊道，是服务于城市核心区文化与商业的南北中轴线式开放空间，其规划设计的目的是成为活跃城市商业氛围的标志性公共绿地。

根据中国传统园林设计理念，水面景观层次丰富，景深变幻，且水之美在于曲婉，笔直的河道更确切地说是"输水渠"。因此设计了一条弯曲的河道，贴紧中轴线左右弯转，丰富了水面和沿岸的观景视角。设计后天水河水道宽 33~66m 不等，规划岸线宛转流畅，沿中轴线两侧自然均衡对称，形式简洁，是对自然河流的艺术再现。同时河道宽度的变化将两岸绿地划分成大小不等的活动场地，一系列精心设计的小型广场点缀其间，与周围的商业建筑空间融为一体，满足了市民对城市开放空间的需求。在河流两岸设有连续无障碍步行道，将凡河、如意湖与莲花湖等园区干道连成连续的慢行系统（图 33）。

图 33　沿天水河岸绿道欣赏河流和桥梁景观（2010 年 7 月拍摄）

综上所述，凡河新城采用中国传统园林的艺术手法，挖湖堆山，构建山水相映的水中轴，在新城的山水格局中既有自然山水，同时又有人工山水，正所谓"人与天调，然后天地之美生（《管子·五行》）"，人工山水在城市小环境内起到了综合的生态、经济和社会效益，实现了"虽由人作，宛自天开"的理想境界。

2.4 凡河滨河公园风景园林规划设计

凡河位于铁岭市西南部，是辽河的一级支流，河流长度102km，城区内河段长7.8km。在规划设计中对凡河河道进行了疏浚和拓宽，将这一段河道拓宽至220m的人工河道，以确保城市防洪安全。并采用橡胶坝拦截河流，形成开阔的水面，打造宜居生态水岸。

在凡河东岸设计生态休闲区，靠近主城的西岸设有运动休闲区，将人的生活引入自然。繁忙的城市工作之余，人们可以选择积极、自由的场所，或赏花闻鸟，或慢跑健身，或在品酩小酌之时体验东山与凡河交融之美。

3 项目启示

在铁岭凡河新城风景园林规划方案中，我们既尊重鸟类的生存，又尊重人类渴望健康与幸福感的需求，将自然中的大山大水和城市空间联系起来进行现代城市总体格局的构架，最终设计出兼顾中国特色的"山水人居"，使城市与自然相融相生，使"山水"成为市民们寄托理想、慰藉心灵和调节身心的重要载体（图34、图35）。

该项目的实施受到业界及公众的广泛好评，被称为城市尺度上"宛自天开"的山水园林精品。在2010年上海世界博览会"铁岭日"中，铁岭作为唯一入选世博会主题馆的中国城市，展示了其低碳、环保的北方水城生态风貌。通过凡河新城的修建，铁岭市在2009年被评为国家园林城市。

从总体规划到主体实施完成，本项目仅用时不到4年，其中成功的经验有很多，但两点最为关键：第一，政府组织得力。从规划报批，到组织多专业的设计，再到融资和复杂的施工组织，没有一个执行能力非常强的领导班子是不可能的。在施工期间，经常可以看到市领导的身影，在现场及时发现问题和解决问题。第二，对风景园林专业而言，能从总规一直跟进到现场配合，对建设高品质的城市环境非常有利，可以最大程度地保证设计成果的落实。

4 设计团队

胡洁、吴宜夏、吕璐珊、韩毅、王晓阳、李薇、张星淼、陈琳琳、蔡丽红、潘芙蓉、范超、张蕾、尤斌、邹梦宬、赵春秋、刘辉、苏兴兰、刘海伦、朱慧、陆晗、陈霞、冯霄、Benny Shadmy（以）、Andre Luka（德）、Angela Silbermannas（德）、Shira Szabo（以）。

5 获奖信息

铁岭凡河新城风景园林规划设计：

2008 年 2 月荣获辽宁省优秀工程勘察设计一等奖。

铁岭凡河新城莲花湖国家湿地公园风景园林规划设计：

2012 年 6 月荣获美国风景园林师协会分析与规划类荣誉奖；

2011 年 1 月荣获国际风景园林师联合会亚太地区风景园林设计类主席奖；

2009 年 4 月荣获意大利托萨罗伦佐国际风景园林奖地域改造景观设计类二等奖；

2009 年 4 月荣获中国城市规划协会 2007 年度全国优秀城乡规划设计项目城市规划类三等奖；

2008 年 2 月荣获辽宁省优秀工程勘察设计二等奖。

原地貌，2006 年 ➡ 新城 1 期建成后，2009 年 ➡ 2014 年凡河新城卫星影像图

图 34　铁岭凡河新城建设过程

图 35　铁岭凡河生态廊道将东山美景纳入新城（2010 年 10 月拍摄）

唐山南湖公园建成后照片（2019 年 9 月拍摄）

化腐朽为神奇

——河北省唐山市南湖生态城及南湖公园风景园林规划设计

胡洁　宋如意

项目位置　河北省唐山市

项目规模　总体规划范围 105km^2；核心区 38.8km^2；南湖中央公园 6.3km^2

设计时间　2008/08~2010/10

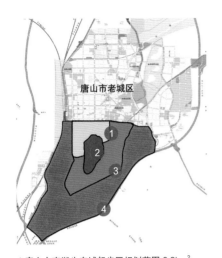

1 唐山市南湖生态城起步区规划范围 6.3km²
2 唐山市南湖公园规划范围 6.3km²
3 唐山市南湖生态城核心区规划范围 38.8km²
4 唐山市南湖生态城规划范围 105km²

图1 项目在唐山市的位置

图2 唐山南湖采煤塌陷坑
（2008年4月拍摄）

图3 唐山南湖垃圾山（2008年4月拍摄）

引言

唐山南湖生态城与南湖公园风景园林规划是从唐山市域，到生态城，到核心区，再到起步区的深入分析和规划的过程（即从宏观到中观，再到微观的过程，图1）。本项目是唐山城市山水格局重构的新契机，是唐山市从灰色资源型城市向绿色服务型城市转型的引擎，是新老城区统筹融合的复兴之地，它是棕地治理、利用的探索示范，是因地制宜生态技术的实践应用，是市民娱乐健身的幸福公园。

本项目汇集了地质学、生态学、城市规划、风景园林设计、污染治理、建筑施工等多方专家的研究和建议，确保了规划设计工作的科学性和可实施性。

1 项目背景

作为中国近代工业摇篮之一的唐山，在1976年大地震后，历经30余年的自强不息重新崛起，成为北方工业名城。但由于其"先生产、后生活"的发展方式，导致城市绿地不足，布局不合理，城市环境品质落后。而位于城市南郊的南湖区域，由于长期工业生产带来的污染、采煤沉降、城市生活垃圾露天堆放等问题，再加上地震断裂带的影响，使南湖区域成了"人迹罕至"的废弃地（图2、图3）。如何用活这片土地，实现唐山从工业城市向服务城市转型的城市发展目标，成为本项目首要考虑的问题。

2008年8月7日，北京清华同衡规划设计研究院（简称清华同衡）参与了"中国唐山市南湖生态城概念性总体规划及起步区城市设计国际定向咨询"征集活动，南湖生态城总规划面积为105km²。经过3个月的精心规划，最终清华同衡团队以"凤凰"为主题的设计方案脱颖而出。该方案形象展示了以"感恩、博爱、开放、超越"为人文精神的新唐山奋勇腾飞的愿景，受到了当地领导、群众与各界专家的认可。在投标方案的基础上，根据当地政府建设进度要求，清华同衡在2009年完成了南湖生态城核心区（后文简称核心区）的控制性详细规划，总面积38.8km²；以"凤凰涅槃"为文化主题，完成了6.3km²南湖生态城中央公园（后文简称南湖公园）的规划设计，该公园在2009年5月竣工剪彩，并成为2009年冯小刚执导的电影——《唐山大地震》的取景地。

2 南湖生态城概念性总体规划

2.1 南湖生态城面临的规划问题

如果按照固有模式发展，未来唐山将面临4个方面的挑战，分别是资源支撑、生态环境承载能力、经济持续发展和满足公众对优质城市环境的需求。改变南湖区域的不利局面将有利于这些问题的解决，规划重点考虑的工作内容包括（图4）：

（1）如何处理废弃地与城市的关系，使南湖成为完善城市功能、重塑城市空间的契机。

（2）如何从单纯的环境改造提升到可持续发展的高度，使生态修复之后的南湖作为合格的自然资源，产生生态经济价值，成为有利于当地环境、经济发展的人工生态系统。

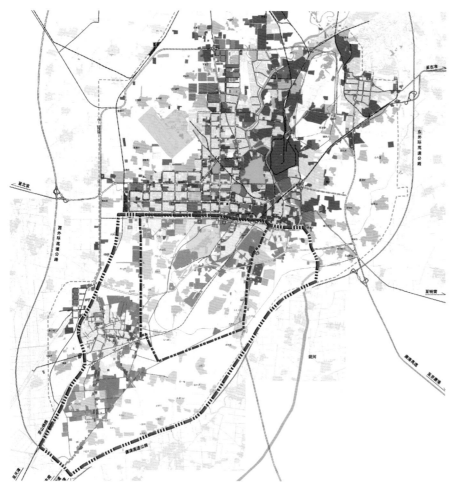

图4　唐山市2007年用地现状图

从唐山市用地现状图上可以看出城市绿地的缺乏以及工业对自然山水的破坏。图中最大的绿地不是公园，而是一个山体，但周围被工业用地所包围

188

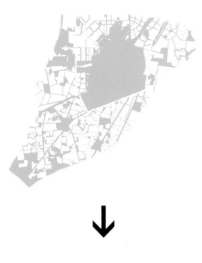

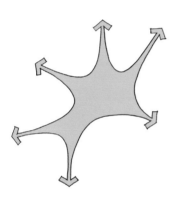

图5 唐山南湖生态城生态格局示意图

（3）如何改善 30 年灾后重建以来，因"先生产、后生活"而造成的城市经济繁荣与城市环境品质低下的反差，营造适宜人居的生活环境。

2.2 确立南湖的生态核心地位

南湖生态城的规划以生态和谐发展为主旨，依据景观生态学原理，创建城市生态安全格局（图5）：

（1）以南湖塌陷区的绿地为中心，形成辐射状网架结构。

（2）以南湖塌陷区的绿地为圆心，向外延伸生态廊道至城市各个区域。

（3）生态廊道将新城区划分为不同的功能区块，实现生态、经济和社会的整体完善与发展。

2.3 新老城区共享发展契机

南湖生态城风景园林概念规划团队由清华同衡规划院详规中心和风景园林中心组成。团队依据城市发展战略和现状基础设施条件，对老城区和南湖生态城 105km² 用地进行了周密的开发条件分析，提出"一核六区"的城市总体功能布局，"一核"是以采煤塌陷区为核心的南湖公园，"六区"是指位于西北部的行政中心、北部的商业中心、西部的生态住区、东部的物流和创意产业园区、东南的生态产业区、西南的传统产业区（图5）。

在后续完善相关地块的控制性详细规划设计工作中，对接和预留了与老城区共享发展的规划建设条件。

2.4 基于景观生态学的规划研究

2008 年，中国地震局与煤炭科学研究总院对南湖采煤沉陷地的地质构造以及潜在危险性进行了缜密的分析与研究，认为南湖大部分区域已处于地表下沉的稳定沉降期，土层坚实牢固，具备开发建设条件。基于此，我们开始尝试采用景观生态学的规划策略实现南湖地区由"矿竭城衰"走向"整体转型"，并进行一系列规划研究工作（图6）：

（1）利用地理信息系统对南湖区域自然资源进行空间分析，审视土地利用及地表覆盖变化情况，获取土地利用信息。

（2）提取对南湖地区土地利用及开发建设影响最大的关键性生态因子（地基承载力、地震断裂带等），建立生态敏感性评价集及建设适宜性评价集。

（3）综合生态敏感性、建设适宜性评价结果，确定南湖土地开发适宜

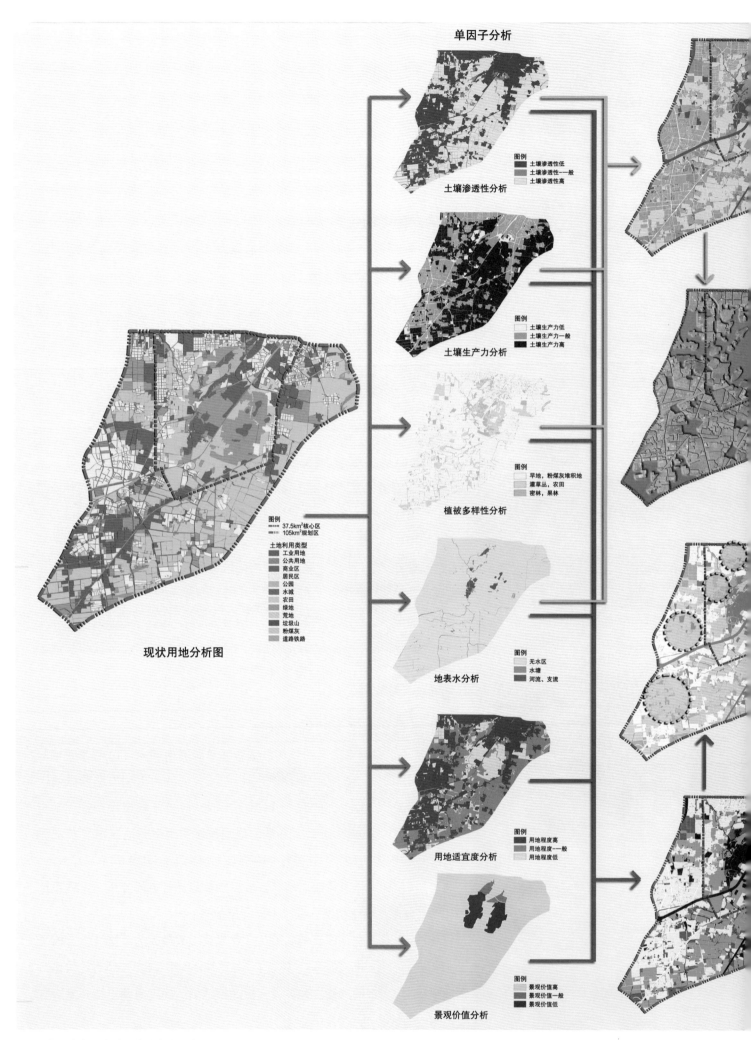

图6 唐山南湖生态城生态安全格局分析图

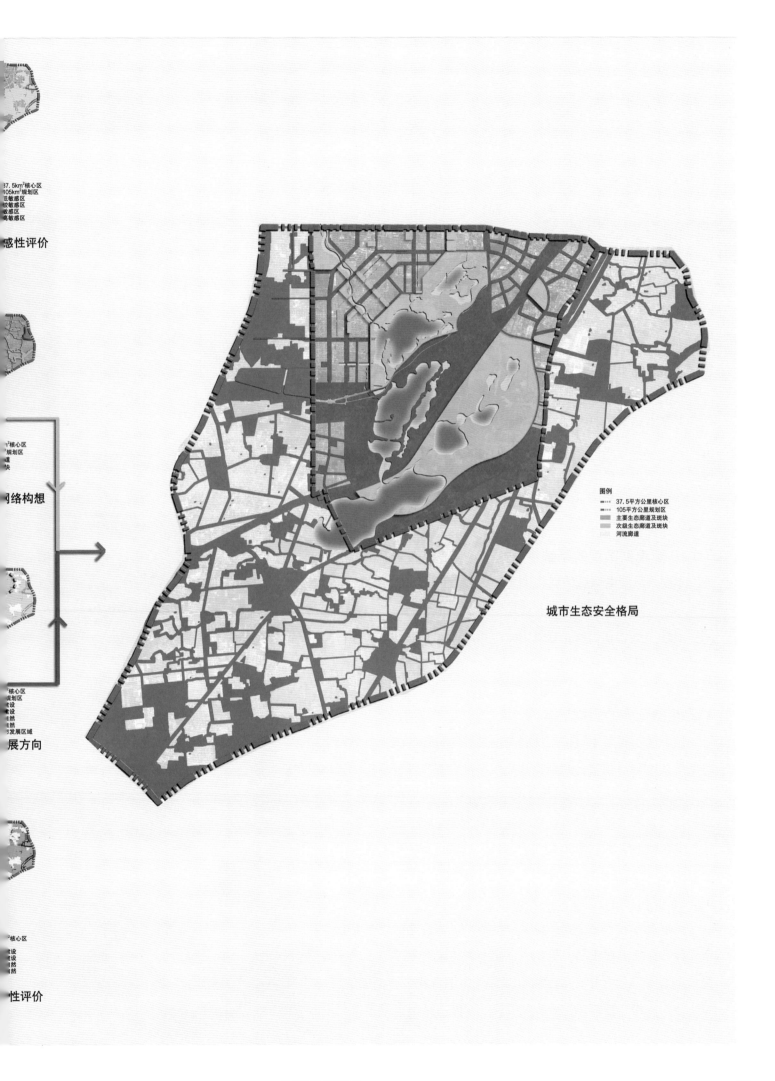

方向，构建生态安全格局。

（4）采用景观生态策略，重塑南湖生态城空间结构。对于不适宜建设区域进行生态修复，结合城市多元发展以及市民生活需求，建设中央公园，形成城市绿心；对于适宜建设区域，则通过绿色廊道与中央公园连接，最终形成"手掌状"的城市绿化网络。

（5）合理利用现有自然资源及废弃资源，引入生态设计理念，组织多层次的生态体系，实现区域内部的良性生态循环。

3 多专业统筹支撑的核心区城市设计

南湖生态城核心区是整个南湖生态城风景园林概念性总体规划的重中之重，总规划面积为 38.8km²。核心区的城市设计成果参见图7，其建设将推动唐山市高端地产开发，带动区域旅游服务行业发展，促进城市产业结构更新调整。

3.1 从宏观到微观的系统性原则

本规划从新老城区的现状和未来发展入手，分析了城市的山水格局、绿地系统、道路交通系统、普通民众对公园绿地的使用诉求等内容，从城市总体布局优化出发，立足于城市市民的民生改善，使每个街区都有机会享有高品质的绿地空间。

3.2 生态优先的原则

核心区不仅是老城城市功能向南发展的最佳区域，也是对老城区生态系统的改善与拓展，起到提升整体城市生态质量的作用。规划以景观生态学为理论指导，以遥感和 GIS 技术为支撑，以生态系统评价为基础，以可持续发展为底线思维，落实城市的物质空间形态，使科学的生态理论技术在城市规划中落位。

3.3 专业协同的原则

经过多专业和多个部门的反复沟通，形成最终的、多专业统筹的城市设计和详细规划成果（图8）。风景园林专业与规划、水利、地质、环保、市政等部门合作，根据城市文化及用地功能、新老城的交通连接、城市防洪除涝、地震风险、土壤沉降、垃圾污染情况等土地利用影响因

南 新 西 道

南 新 东 道

N

复
兴
路

西
电
路

青
龙
路

南
唐
湖
公
园

唐
柏
路

205 国道

1 凤凰大厦	18 水生植物观赏区
2 市民广场	19 望海寺
3 青龙河景观带	20 芦苇荡
4 朱雀湖	21 小南湖
5 观景平台	22 博物馆
6 祥云岛	23 剧场
7 瑞鹤屿	24 小南湖入口
8 文化宫	25 RBD 商务休闲区
9 灌羽滩湿地	26 酒吧街
10 凤凰台	27 商业区
11 观景阁	28 居住区
12 植物园	29 汽车文化园
13 游乐园	30 创意园区
14 国宾馆	31 地震遗址公园
15 接待中心	32 高尔夫体育公园
16 朱雀湖湿地公园	33 温泉酒店
17 荷花荡	34 西郊污水处理厂

图 7 唐山南湖生态城核心区风景园林规划总平面图

图 8　唐山南湖生态城起步区城市设计鸟瞰图

素，确定南湖公园的岸线、植物保护、青龙河等河流绿线、南湖公园的岸线位置高程等重要的城市设计基础信息。

通过城市设计工作，很好地利用了现有资源，整合南湖地区新旧功能，激活、更新已衰退的城市空间，将已然是社会负担的废弃土地转变为城市的资产，并使之成为推动城市发展的新引擎以及城市形象和内在精神的典型代表，从而实现其生态效益与社会效益的最大化。

4 凤凰涅槃——南湖公园风景园林规划设计要点

4.1 总体布局

从总体功能分区上来看，在南湖地区有一条东北—西南向的唐胥路斜穿而过，将公园分隔为南北两个园区（图 9）。北部园区的地基已经基本稳沉，而南部园区仍有局部区域尚未稳沉。北区与南湖生态城起步区的行政轴线、学院路文化轴和老城东南部的现状小南湖公园相连，主要服务于城市日常的休闲娱乐功能，为市民提供良好的游憩环境，可在云凤岛听戏品茗、垂钓观荷等等；南湖公园北园的建成将极大缓解过去老城区快速城镇化阶段绿地缺乏的问题（图 10）。而南区则以生态保护和

梧竹幽苑

云凤清音 2

长堤引凤

燕影林幽

南湖春晓

归田园居

翔鸾濯羽

芙蕖逸韵

荷风四面

花洲垂虹

芦荻秋雪

闻莺拾趣

7 金沙漾月

孤屿水香

晴雪观澜

绿溪寻芳

3 湖山真意

渔舟唱晚 6

望海禅思

西鹤落霞

荒津钓沉

鸥鹭忘机

5

1 市民公园
2 云凤岛
3 邀月岛
4 香茗岛
5 翔翎岛
6 锦鳞岛
7 凤凰台

图 9　唐山南湖生态城中央公园总平面图

图 10　从南湖公园中央上空北望唐山老城（2019 年 8 月拍摄）

生态恢复功能为主，尽量保留现状自然地貌，结合水体净化和土壤改良，建立本地适生植物群落，为野生动物营造良好的栖息环境。南北两个园区在陆路上有主园路进行连接，在唐胥路下穿。由于南北两园的水面高程不等，因此没有水上的交通联系。

4.2 主要节点设计展示

4.2.1 凤凰台

南湖公园的最高点为凤凰台，其寓意在"凤凰于飞，顾盼四方。筑土为台，仰沐晨光。梧桐嘉木，五彩霓裳。凤鸣此山，和谐安详"（图11）。凤凰台高约50m，是在一座450万 m^3 的巨大垃圾山基础上人工堆叠的一座观景平台，可以俯瞰南湖公园北部景区。垃圾山的主干道设计由风景园林专业负责，沿路配置了宿根花卉花带，整个花带延续到山顶，呈现出美丽的凤凰造型。这座高台的基底是堆积了24年的生活垃圾，故此是园中"化腐朽为神奇"这一风景园林规划主题的典型代表。

台上建有一座全木质结构的凤凰亭，形制源于宋代李嵩所绘《水殿招凉图》，外形灵巧、通透。立于亭中可观四面风光，是全园的视觉中心（图12）。本亭占地面积为116.71m²，建筑面积88.36m²，高度15.83m，取义"箫韶九成，凤凰来仪"，寓意吉祥，象征唐山市绿色发展的美好明天。

图12 凤凰亭木构建筑建成照片
（2011年8月拍摄）

唐山市建筑设计院的结构总工结合现场情况设计了一个大型阀基，避免了地下垃圾填埋场不均匀沉降对建筑的损害

图11 唐山南湖公园凤凰台建成照片（2012年10月拍摄）

4.2.2 九湖五岛

根据中国的民间传说，关于凤凰的子孙数量有若干种说法，其中五子、九雏的说法最为常见。在中国古代，九、五这两个数字被视作至尊帝王的象征，代表着崇高与不可亵渎。根据《孔雀大明王》中九雏说，"雄凤雌凰，天地交合，逐生九种"，分别是金凤、彩凤、火凤、雪凰、蓝凰、孔雀、大鹏、雷鸟、大风。相对应的，在开发凤凰形象的过程中，设计者规划了九个水面，分别名为桃花潭、龙泉湾、青龙泽、揽月塘、含烟渡、披霞湾、将军淀、濯羽滩、莲花池。

对应焦赣《易林》中"凤生五雏，长于南郭；君子康宁，身荣悦乐"的五子说，水域表面设计了五个岛屿，分别名为云凤岛（戏岛）、邀月岛（酒岛）、香茗岛（茶岛）、翔翎岛（鸟岛）、锦鳞岛（鱼岛），暗喻"凤生五雏""凤生五色"。

4.2.3 长堤引凤与云凤清音

该景区位于南湖生态城南北中轴线上，是南湖公园北区的主要视线焦点。云凤清音景区的祥云岛寓意凤凰伴着祥云飞舞。祥云五彩，凤凰亦分五色。"雏凤清于老凤声"，我们把唐山比作"浴火重生"的新凤凰。通过观赏花木形成五色图案，暗喻五色凤凰，以季相之美和色彩层次的丰富，吸引游客的到来（图13）。

图 13　南湖公园云凤清音岛建成照片（2019 年 9 月拍摄）

图14 唐山南湖公园远眺垃圾山改造后的凤凰台（2019年8月拍摄）

4.2.4 梧竹佳苑（植物园）

南湖公园植物园建在粉煤灰堆筑成的山体上。《庄子》中以寓言的形式赞誉了凤凰的高洁，说鹓雏（凤凰的一种）"非梧桐不止，非练实不食，非醴泉不饮。"原文中的"止"是栖息的意思，"练实"就是竹子的果实。园中以展示唐山乡土植物为主，片植梧桐、修竹，隐喻凤栖梧桐、练实饲凤。园中建有植物分类园圃及植物展览温室，使之成为唐山市植物科普教育基地。

4.3 低碳生态技术

在解决场地内的复杂问题时，我们秉持低造价、低维护、易施工的原则，就地取材，进行技术开发和创新并加以应用，取得了良好的示范作用。这些实践的经验很符合国际上同行业倡导的LID低影响开发的原则。

（a）基础防渗

4.3.1 垃圾山改造

垃圾山位于规划区域西侧中部，承担唐山市中心区的生活和商业垃圾处理功能，总填埋量约为450万t，垃圾堆放高度达50余米，上海市政工程设计研究总院负责完成垃圾山的包裹设计。如今垃圾山的山体已经被整体封闭，覆盖土壤、栽种树木、营造景观，绿化面积达13万m²（图14、图15）。

（b）侧面防渗

图15 垃圾山包裹的施工过程

4.3.2 鸟类生境营建

在南湖地区的南部，保留湖中树岛，人工营建乔木-灌丛-草本群落，

垃圾山体的改造措施包括：将垃圾集中堆叠，修整成山体；对山体进行封场覆盖；增加废液、废气收集与处理系统；增加地表水收集导排系统及增加监测井等

图16 唐山南湖公园建成后在湖心保留的现状柳树（2015年10月拍摄）

通过水生生境、湿地生境、陆生生境等的组合，为湖区鸟类提供栖息场所（图16）。

4.3.3 水土流失防治

为防止因地基沉降、变形以及湖水冲刷而引起的驳岸开裂、坍塌，我们利用公园用地内废弃植物材料的枝干，编织成枝桠床，并结合石笼工艺，布置于湖滨，以护岸、固土，消弭冲刷及沉降对驳岸的影响（图17）。

4.3.4 粉煤灰治理

利用场地上的粉煤灰生产粉煤灰砖、粉煤灰水泥、粉煤灰加气混凝土，也可以直接用作地基基础材料来堆叠地形。然后，将规划区域内清理出的表层土壤转至粉煤灰场并覆土，以改善其表层土质。在该场地的植物设计中，通过播种野生花卉，栽植耐贫瘠和抗污染的地被植物形成绿化效果。改造前场地内有粉煤灰 800 万 m³，煤矸石 400 万 m³。经过改造后，可用植树土地面积为 205hm²，完成植树 30.3 万株。

5 南湖公园的绩效分析

仅仅用了 14 个月的时间，设计师和建设者们早出晚归、倾尽所能地规划和设计着每一块场地的每一个细节，也见证着南湖每一天的改变。一座水域面积达 11.5km²、森林和绿地面积达 16km²、野生鸟类 120 余种

（a）枝桠床护岸作法

（b）石笼木桩护岸作法

图17 短木桩、石笼护岸的施工过程

枝桠床富有柔韧性，能够很好地适应各种地形施工，同时还可以随着地形的变动而变化，使河岸得到长久覆盖和固定，并为小型水生生物创造栖息环境。

图18 唐山南湖生态城核心区建设前照片　　　图19 唐山南湖生态城核心区建成后照片

图20 唐山南湖公园的开园仪式（2008年5月拍摄）

的南湖城市中央生态公园建成了。昔日人们避之不及的垃圾场，今天已披上一套神采奕奕的绿妆迎宾纳客（图18~图20）。

南湖公园的规划建设不仅为唐山市民提供了休憩娱乐的公园，也对城市经济的发展作出了巨大贡献。"一方面，唐山南湖公园距离城市商业中心——唐山百货大楼仅有1km，生态城建设可直接影响并带动城区改变引资结构，发展新兴产业；另一方面，景色优美的湖区周围拥有大量可开发废弃土地，为城市发展提供了足够的空间，优势巨大"（图21）——唐山南湖生态城管委会相关负责人介绍说。该项目建成后，美国风景园林基金会（Landscape Architecture Foundation，LAF）2016年对南湖公园进行了阶段性景观绩效评价，提出了一系列亮眼的数据（表1）。

	美国风景园林基金会对南湖公园的景观绩效评价表	表 1
减少碳排放	公园内树木每年减少 CO_2 约 2828t，相当于每年减少道路上的客车 555 辆	
提供生境	为 7 种国家级 2 级保护动物提供生境，改善了两栖类动物、爬行类动物、哺乳类及鸟类的城市生物多样性	
调节温度	唐山市的极端最低温升高 3~4℃，极端最高温降低 3~4℃	
改善公共服务	至少给公园附近的 10 万名居民提供 15 分钟可达的公园设施	
提高土地价值	南湖片区土地增值至少 1000 余亿元	
拉动地产，带动消费	到 2015 年，南湖区域将吸纳 40 万居民，产生住房需求约 480 亿元，新增消费品零售总额约 80 亿元	

6 顾问团队

尹稚、恽爽、林澎。

7 风景园林规划设计团队

胡洁、安友丰、吕璐珊、王晓阳、张蕾、李春娇、付倞、邹梦宬、张传奇、梅娟、张传奇、胡淼森、张凡、蔡丽红、梁斯佳、滕晓漪、沈丹、刘辉。

8 获奖信息

唐山南湖生态城核心区综合规划设计：

2011 年 1 月荣获国际风景园林师联合会亚太地区风景园林规划类杰出奖；

2009 年 7 月荣获 2008 年度河北省优秀城乡规划编制成果三等奖。

唐山南湖生态城中央公园规划设计：

2011 年 5 月荣获意大利托萨罗伦佐国际风景园林奖地域改造景观设计类一等奖；

2011 年 12 月荣获英国景观行业协会国家景观奖国际项目金奖；

2012 年 6 月荣获欧洲建筑艺术中心绿色优秀设计奖；

2012 年 12 月荣获华夏建设科学技术奖市政工程类三等奖；

2013 年 10 月荣获中国第二届风景园林学会优秀规划设计奖三等奖。

图 21　唐山南湖公园鸟瞰（2019 年 9 月拍摄）

阜新玉龙新城核心区鸟瞰（2013 年 9 月拍摄）

山阜日新，玉龙飞腾

——辽宁省阜新市玉龙新城核心区风景园林规划设计

胡洁　吕璐珊

项目位置　辽宁省阜新市

项目规模　64.55hm²

设计时间　2010/03~2013/09

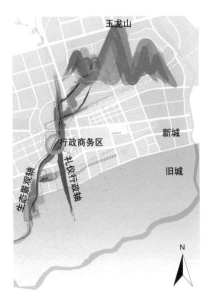

图1　玉龙新城核心区的山水关系分析图

（图中标注：玉龙山、行政商务区、新城、旧城、礼仪行政轴、生态景观轴、N）

引言

辽宁阜新玉龙新城位于阜新老城的北部（图1）。根据场地自身特征，新城风景园林规划诠释了"山水城市"理念，将区域尺度的山水要素与古老的玉龙文化意象相结合，兼顾自然中的山水构图与城市中的山水意象提炼。以行政商务区为核心组织风景园林空间，以河流为生态发展轴，将玉龙山与平原农田林网以及老城区的主路延伸入新城，将城市发展轴线融入湖光山色之中，使自然与人文的两条轴线相交汇，最终形成"山阜日新，玉龙飞腾"的山水城市风光。

1 项目背景

1.1 名字典故

阜新市名源于清光绪二十九年（1903年）在此地设置的阜新县。其含意有二说，一说是"山阜日新"；一说是"物阜民丰、焕然一新"。1940年置市时继续延用"阜新"之名。

1.2 煤电之都

在中华人民共和国成立后，阜新的命运与煤炭连在了一起，这座昔日的"煤电之乡"曾创造过无数辉煌，被媒体竞相引用的一个说法是，1949年以来阜新累计生产原煤6.5亿t，"用60t的汽车装载，排队可以环绕地球赤道4圈半"。在采挖了半个多世纪之后，阜新开始面临资源枯竭的尴尬，一业独大的产业格局，让阜新同其他以能源起家的工业城市一样，遇到了发展的瓶颈。

1.3 城市绿地现状问题

阜新老城的空间较为拥挤，环境品质较差，丰富度不足。老城区公共绿地总面积2.25km²，人均仅4.13m²，绿地率28.6%。就整个城区范围来看，没有完整系统的绿化格局，且公共绿地分配不均；绿地率与绿地人均指标均低于全国平均值；公园游园较少，且较为老旧，设施不足。

1.4 新的契机

在新的城市总体规划中，为了改善城市生态环境，为市民提供更好的城市环境，阜新市政府决定在老城东北郊的九营子河两岸建设新区。2010年阜新市政府委托我院对北部新城一期建设的核心——玉龙湖公园区域进行规划设计，规划面积64.55hm²。

2 风景园林规划总体思路

如何有效缓解老城中生态需求与城市公共空间不足之间的矛盾，且在此基础上塑造与提升新城的人文内涵，是阜新玉龙新城行政商务区（后文简称核心区）规划设计亟待解决的问题。

根据场地特征及"山水城市"思想，形成风景园林规划的思路，概括为：将区域尺度的山水要素与龙文化意象相结合（图2）。

兼顾自然中的山水构图与城市中的山水意象提炼，以行政商务区为核心组织城市空间（图3），以玉龙山和九营子河构成山水文化虚轴，山水林田湖整体规划，使人与自然浑然一体，最终形成"山环水抱"的山水城市风光（图4）。

3 风景园林规划设计的重点工作

3.1 多功能整合

本项目是将城市防洪、河道生态修复、截污治污、城市设计及风景园林规划等专业整合在一起的城市河流滨水区风景园林规划。核心区功能复合，具有城市客厅的特性，建成后将成为新区的形象中心。

3.2 生态修复

运用模拟自然的手法消解快速发展背景下的城市建设破坏，包括破碎化的城市绿地斑块的修复、人工渠化河道的自然化处理等内容（图5）。辽宁省水利设计院专门进行了九营子河的生态修复设计，通过将城市中水引入河道、局部设拦河闸、在河道内蓄积雨水解决我国北方地区河道缺水的问题，促进河道内水生态系统的恢复，并为风景园林规划提供了水利工程设计条件。

3.3 打通视廊

充分利用现状自然资源条件，将规划红线外围视线可及的农田林网、玉龙山等景物纳入核心区，精心设计和打通视廊，创造结合自然山体的城市风景，实现中国传统山水城市审美的现代演绎（图6）。

图2 九营子河与玉龙山
（2011年2月拍摄）

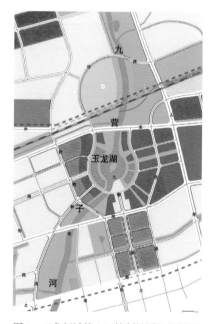

图3 玉龙新城核心区控制性详细规划图

图4 玉龙新城山水廊道规划示意图

图 5 渠化和单调的九营子河
（2010 年 8 月拍摄）

图 6 玉龙新城规划区内的农田防护林
（2010 年 8 月拍摄）

3.4 将龙文化融入慢行系统设计

以阜新红山文化"C"形玉龙为原型，将其用于整个核心区慢行系统线型的设计。以玉龙湖湖心岛为起点，飞舞的龙形步道贯穿九营子河全线，它可供自行车、行人和电瓶车通过，并连接停车场、码头、公园及各个绿道驿站。步道全长 7300m，宽 7m，同时也起到防洪堤的作用，可抵御 50 年一遇的洪水（图 7）。

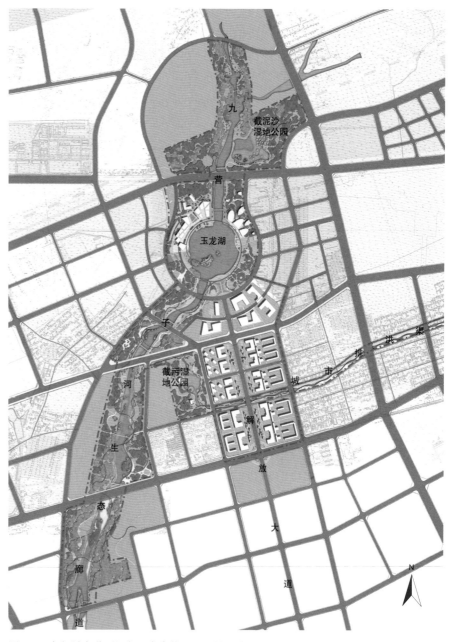

图 7 玉龙新城九营子河与玉龙湖核心区风景园林规划总平面图

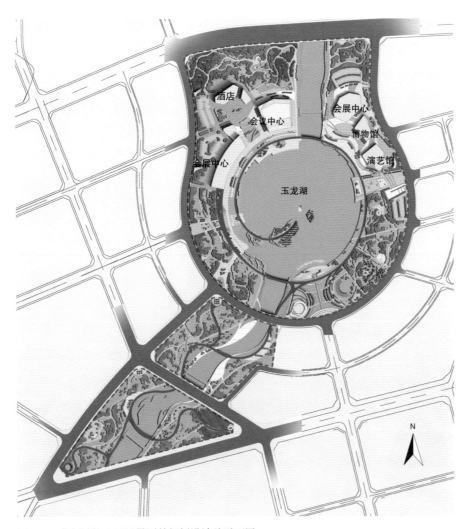

图 8 玉龙新城核心区风景园林规划设计总平面图

4 核心区风景园林设计——玉龙湖畔龙飞扬

位于新城中心的玉龙湖是九营子河生态廊道、玉龙山与九营子河之间的廊道与城市发展轴线的交汇点，形成了具有北方宏大山水尺度与阜新地方文化特色的核心组团（图8）。

4.1 山水同心，圆满如意

项目借由将近 50hm² 的圆形湖面形成新城核心区的风景特色。在这里城市与自然得以衔接和转换，从衔山接水的自然生境，到缤纷多彩的新城风貌，在湖水的斑斓倒影之中，山水、树木、建筑、生态要素与市民的休闲活动共同构成美妙的交响乐（图9）。

图 9　玉龙新城核心区鸟瞰效果图

4.2　玉龙腾飞，九子连环

本项目以九营子河的河道风景园林改造为契机，深入挖掘阜新地方文化，使该城市的历史血脉得以延续与发展。"玉龙文化遗产"中"C"形玉猪龙的形象为景观主题设计提供了灵感（图 10），在滨湖环线的设计中，这一形象以红褐色铺装得以强化，成为一幅独具精神象征力的文化地图。围绕这一圆环，分布有以"龙生九子"为题的九大景点，象征着中华龙文化的源远流长。

4.3　灵活生动，建筑点睛

作为玉龙新城的文化中心，在玉龙湖周边集中设立了文化建筑与活动场地，包括博物馆、剧院、文化中心以及 40000m² 的城市文化广场。

图 10　阜新查海博物馆展示的"C"形玉龙配饰

阜新距今已有 7600 年以上的历史。龙纹陶片的发掘把中华民族崇拜龙图腾的历史向前推进了 3000 年，被誉为"华夏第一龙"

图 11　在玉龙湖畔龙形步道散步的市民（2013 年 9 月拍摄）　　　　图 12　玉龙广场上游玩的人们（2013 年 9 月拍摄）

由于对自然环境的顺势呼应，玉龙湖周边的建筑亦随形就势，散布于景观系统之中，成为山水图画的点睛之笔。河道左岸的文化场馆群，取玛瑙原石的意向，创造出有趣的错落关系，通过其间的视觉走廊，可窥见遥远的山景，而建筑形成的优美自然的城市天际线，与城市外围的山水轮廓形成了呼应。

4.4　人性为本，丰富生活

在场地设计中，我们重点考虑了附近城市居民的需求，为儿童、老年人和各种社会群体活动创造了不同的活动空间。滨湖龙形步道是利用

图 13　玉龙湖畔正在崛起的玉龙新城（2014 年 6 月拍摄）

率最高的全民健身运动场（图 11、图 12），每天早晚都吸引上万名群众健走和慢跑；其次是湖畔将近 40000m² 集中的广场，建成后实际使用效果达到了设计的预期。在盛夏季节的傍晚，这里人头攒动，热闹非凡，每日游客量达 2 万人次，节假日的峰值可达 3.5 万人次；最后是结合现状林地开辟的林下广场与丰富的滨水空间，为需要安静休息的人们创造了舒适的环境。

平日里许多老城群众会专门驱车来此，以感受城市生活的热闹与精彩纷呈。节日之中，当地人经常选择玉龙湖畔开展大型文化与社会活动，使得这一开放空间成为激发城市活力的新源泉（图 13、图 14）。

图 14　玉龙湖建成照片（2013 年 9 月拍摄）

5 项目总结与启示

本项目是一次多学科协作的成功实践，是"山水城市"理念在资源转型类城市发展建设实践中的具体应用，对阜新城市的可持续发展具有重要而深远的意义（图18、图19）。

5.1 重振城市经济

在阜新玉龙新城的建设中，玉龙湖公园不但已成为阜新城市的绿色空间，为阜新的高密度住区提供了一个大型城市公共活动中心，同时还促进了阜新城市转型期经济的振兴。继公园建成后，周边社区的房价已上升了4~5倍，而这一地区周边的土地价值增加了至少500亿元人民币。截至2014年，该区域已签署31个地产开发合同，总投资高达390亿元人民币。

5.2 改善民生，提升幸福感

阜新玉龙新城核心区的风景园林规划设计使阜新的城市文脉得以延续，城市功能得以提升，地区生态系统与微气候环境得以优化，使在老城区生活的市民回归自然的需求得到满足，将"绿水青山"融入城市，在很大程度上提升了当地居民的幸福指数。

6 设计团队

胡洁、马娱、邹裕波、吕璐珊、卢碧涵、陆晗、David Clough（美）、Bruno Pelucca（意）、张瑞利、张传奇、金剑、王春惠、杨宇飞、张启明。

7 获奖信息

2014年12月荣获英国景观行业协会国家景观奖国际项目奖；

2012年10月荣获国际风景园林师联合会亚太地区风景园林规划类主席奖；

2011年10月荣获辽宁省优秀城市规划设计三等奖。

晨雾中的葫芦岛龙湾中央商务区（2017 年 3 月拍摄）

忘情山海、鲲鹏展翅

——辽宁省葫芦岛市龙湾中央商务区风景园林规划设计

胡洁　崔亚楠

项目位置　辽宁省葫芦岛市
项目规模　2km²
设计时间　2009/10~2010/10

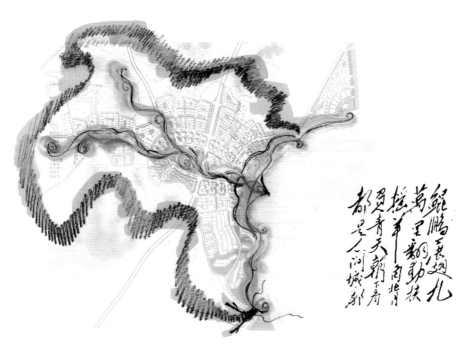

图1 葫芦岛龙湾中央商务区风景园林规划结构概念图

引言

葫芦岛市是个美丽的滨海城市，龙湾新区位于该城老区的南侧。在本项目中，风景园林规划用跳出红线看城市的思考，重视城市与山海的关系，提出了以山海关系确定城市风景园林结构的思路（图1）。首先，构建了包括"山-河-海-城"系统的生态安全格局；其次，规划了"通山达海"的多向的视线廊道体系；第三，规划了"山-河-海-城"一体化、多层次的慢行健身步道网络系统。

基于"山水城市"思想的风景园林规划，为葫芦岛市增添了一个深受大众喜爱的、健康和谐的港湾。

1 项目背景

1.1 自然环境

龙湾新区位于辽宁省葫芦岛市龙湾区南部，规划用地总面积763hm²。规划区北与葫芦岛市老城区接壤，南与兴城市相邻接，东以龙湾海岸线为边界，西以东窑村周围自然围合山体为边界。全区三面环山、面朝渤海，自然环境优越，是一块尚未开发的处女地（图2、图3）。

图2　葫芦岛龙湾中央商务区建设前的自然风光（2009年8月拍摄）

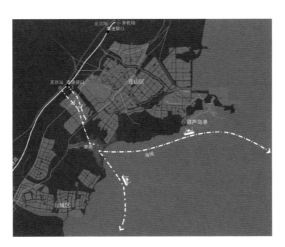

图3　龙湾中央商务区在葫芦岛市的位置

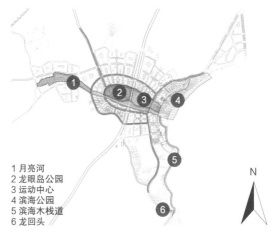

1 月亮河
2 龙眼岛公园
3 运动中心
4 滨海公园
5 滨海木栈道
6 龙回头

图4　委托项目位置图

1.2 本项目的任务

在我们接受任务之前城市设计工作已经完成，绿地系统的布局已经确定。在此基础上，风景园林团队承担本项目的主要对象是长约7km、绿地面积44hm²的月亮河绿化廊道，约14hm²的滨海公园以及向南延伸的10km长滨海木栈道选线及工程设计。2009年开始风景园林规划及部分施工图设计，2010年园林工程开始陆续开工建设，至2013年大部分公园绿地已竣工并投入使用（图4）。

2 风景园林总体规划

2.1 思考与责任——风景园林规划的意义

现代城市的生活模式，虽高效快捷却又疲惫紧张，身体亚健康、城市病……城市生活如同旋风裹胁着城市人，让人们远离人类的母体——自然，忽视与自然的关系，而陷入人为的建构。然而，作为自然大系统下面的一个子系统的人类，当其因为远离自然而感到不适时，其本能就会驱使他回归自然。

作为风景园林规划设计师，我们的首要任务就是达成人与自然的和谐关系，使城市生活更多地与自然相融合，在生态的自然中归复人性的自然，让自然美和人性美通过城市环境美而交融在一起。把人导向自然生态以及精神文化生态无比丰饶的理想境界，这种"诗意地栖居"，是一种最佳意义上的人文关怀和人性归复，用著名哲学家海德格尔的话说，"这种诗意一旦发生，人便人性地栖居在这片大地上"。

2.2 风景园林规划原则

以前述的责任与思考为出发点，接下来的工作就是找寻方法，达成目标。基于对当地自然地理与历史人文条件的调查研究（图5~图8），我们认为：

第一，尊重现有的自然山水格局。

规划首先要尊重现有的自然山水格局，打通生态廊道及视线廊道，使基地三面环山的自然形势与城市呈贯通之势，让原本就很优渥的"背山面海、一河中流"的大山水格局通过规划得以加强，让城市的核心地带"显山露水"，呈现"山水城市"的优美环境。

第二，尊重山水文化和地域特色。

通过深入挖掘和整理提炼，将葫芦岛的传统山水文化融入新的城市生活，成为未来城市的精神文化支柱，形成区别于其他城市的逻辑内聚力与独有性格。

第三，低干扰与人性化场地设计。

通过恢复与优化月亮河的生态，将自然带入城市，使人性归复自然，达到物质与精神并重，自然与文化和谐，人与自然、人与城市、自然与城市交融共生的"山水城市"理想模式。

图5　龙湾中央商务区阳光海滩

图6　龙湾中央商务区西侧的大孤山

图7　龙湾中央商务区海岸悬崖

图8　龙湾中央商务区月亮河湿地

（图4~图7均为2009年8月拍摄）

图 9　龙湾中央商务区风景园林结构分析图

2.3 新城的风景园林规划结构与主题

基于上述三点规划原则,我们将新城的风景园林规划结构概括为三条轴线(图 9):

第一是东西向的城市体育、办公建筑和大孤山形成的城市"活力轴";第二是月亮河生态廊道构成的城市"绿色轴",承担城市防洪排涝及休闲游憩功能;第三是南北向的滨海公园及滨海木栈道形成的"海景轴",承担防海潮、旅游度假和日常休闲功能。

新城这一空间结构使规划团队联想到《庄子·逍遥游》中所描绘的瑰丽图景,"北冥有鱼,其名为鲲。鲲之大,不知其几千里也。化而为鸟,其名为鹏。鹏之背,不知其几千里也。怒而飞,其翼若垂天之云。"渤海古称北海,亦即北冥。三条景观轴线在城市中伸展,犹如鲲鹏展翅,翱翔入海,人们乐居其间,寄情山海,领略古代哲人天地之间任逍遥的畅快之情。

2.4 山海城全域尺度的三项规划

2.4.1 生态安全格局

建立底线思维,守住生态红线,是实现人居环境可持续发展的重要工作内容。结合 GIS 分析及已有上位规划，建立多层次的城市生态安全格局，包括山-河-海-林-田等系统的生态安全结构。形成一个以滨海弧形风景带与月亮河绿轴构成的"T"形骨架，与城市中心绿地向四周山体发散的绿道相结合，形成网状结构（图10、图11）。

2.4.2 视线廊道系统

建立"通山达海"的视线廊道系统，是形成城市特色、避免"千城一面"的重要措施之一。视线廊道系统由月亮河视线通廊、滨海视线通廊、城市内部视线通廊、重要山顶观景视廊等组成（图12）。

2.4.3 慢行系统

构建"山-河-海-城"一体化的慢行游览系统是实现城市户外游憩功能的重要基础设施。根据上位规划的城市道路路网规划与公交系统规划等内容，同时结合城市换乘节点和步行空间范围的研究，建立完善的城市慢行系统。慢行系统由公共步行通道、城市内环步行通道、登山步行通道、重要公共汇聚点、山前步道连接广场、城市公共步行区组成。慢行系统与月亮河湿地公园、滨水公园、龙眼岛公园、滨海公园、滨海木栈道、龙回头等多个休闲公园及旅游景点结合，为人们提供了多种亲近自然的场所和便利的旅游服务设施（图13、图14）。

2.5 生态优先的规划策略

2.5.1 保护生境，低影响开发

本设计秉承保护优先、因地制宜的原则，采取低干扰、低影响的设计方法和工程技术手段，保持水土，保护地被植物等原生环境。具体而言，我们对现状大树进行了定点测绘，并建立了保护档案（图15）；加强了保存较好的小片原生生境的保护，对月亮河上游湿地和河口湿地、海滨滩涂湿地、海岸悬崖、油松海防林等具有地方特色的生物环境提出了具体的保护范围及要求。这些保护起来的现状自然资源将为当地两栖和小型哺乳类动物以及迁徙的候鸟提供安全的栖息环境与取食场所。

2.5.2 生态修复策略

在月亮河、滨海公园、滨海木栈道等景点的设计中，积极进行生态

图 10　龙湾中央商务区建设前卫星照片

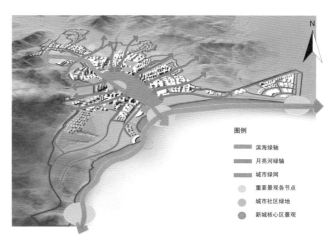

图 11　龙湾中央商务区绿色网络规划图

图 12　龙湾中央商务区视线廊道规划图

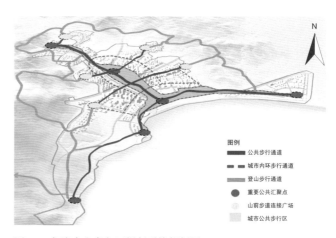

图 13　龙湾中央商务区慢行系统规划图

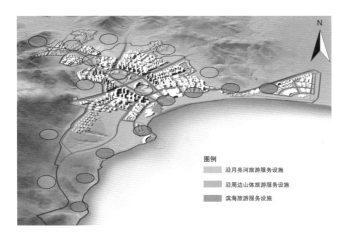

图 14　龙湾中央商务区服务设施规划图

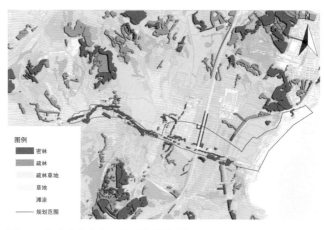

图 15　龙湾中央商务区内现状植被分析

修复，补种招引鸟类和昆虫的栖息环境，比如山楂、桑树，其果实可以吸引各种鸟类、小型哺乳动物和昆虫，山楂树还是许多鸟类筑巢的首选。桃树、海棠、胡枝子、蒲公英等均可为动物提供食物，吸引昆虫。现状月亮河径流量小、水深浅，通过人工设置部分深水区（水深2~3m），可供水生动物冬季活动。

2.5.3 以本土植物为主的自然风景营造

在保护现状树的基础上，需要营造更为丰富的植物群落以形成丰富的栖息地环境和季节性景观效果，在植物选种方面的原则是不种植外来树种和名贵树种。尽量使用本地种，以快速形成地方景观特色。

3 风景园林设计

3.1 滨海木栈道风景园林设计

自月亮河入海口向南的滨海沿线地形复杂，绵延近4km的海岸线多是悬崖峭壁和大片的黑松林，自然风景瑰丽壮观，可惜缺乏驻足欣赏的空间。为了给人们创造一个舒适安全的欣赏空间，项目规划了一条曲折穿行于林荫和崖壁上的木栈道（图16）。在木栈道的沿线，每隔1.5km的地方设计停车场，在间隔500~1000m范围内增加服务点5处，设有厕所、服务站、售卖亭等设施，方便游人使用。

为了不破坏现状树并保护水土，同时又有最佳的观景体验，规划采用卫星照片结合GIS分析的方法大致确定路线和停留观景点，然后提供初步的预算供甲方招标。在施工队进场之后，风景园林师与工程队一起详细选线，确保道路与地形紧密咬合，不动大树，不破坏崖壁，不侵占天然雨水

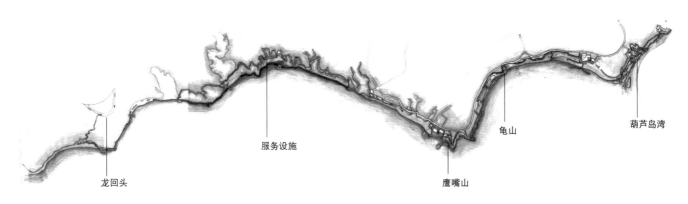

图16 龙湾中央商务区滨海木栈道平面图

图 17　在林冠间穿行——保护树木的同时增加了游览的趣味性（2013年9月拍摄）

图 18　就地取材处理栈道旁边的雨水冲沟（2013年9月拍摄）

冲沟（图 17）。在细部设计上，尽量就地取材（图 18），如为防止雨水对木栈道的侵蚀，利用山上的碎石布设栈道两侧的雨水缓冲带。经过精心设计，优美的海岸风光最终得以完美地呈现在人们的眼前（图 19）。

3.2　月亮河风景园林设计

月亮河作为唯一一条穿过城市中心的自然河流，是城市连接山海的生态廊道。

3.2.1　上游湿地公园

规划区内的上游河段植被条件较好，设计强调保护现有的杨树、旱柳和槐树等构成的植物群落。利用现有鱼塘、小路、空旷场地，形成总面积约 22hm²、以净化水质功能为主的湿地公园，可减少上游农村面源污染对下游城区段河道水质的影响。

图 19　滨海木栈道区域鸟瞰照片（2013 年 9 月拍摄）

图20　龙湾中央商务区月亮河边的步道（2012年10月拍摄）

3.2.2 核心区滨河公园

月亮河穿过城市中心区的河段，长约2km。设计强调在保持自然河流形态的同时结合城市休闲功能，建设滨河公园绿化带。沿河两岸设有连续的无障碍步行道，为了保证这条道路的畅通，所有跨河的主次干路都进行了局部高架设计，这一点非常难能可贵，体现了步行优先、低碳城市的发展理念（图20、图21）。

在对中心区的河道设计时，加宽和挖深了溪流，以容纳新城建设增加的雨水量，这是保证城市洪涝安全的必要措施（图22）。

3.3 龙湾广场风景园林设计

3.3.1 伟人的足迹

葫芦岛市作为关外第一市，在历史上秦始皇、汉武帝、曹操等伟人都在此留下过足迹，且留有千古传唱的壮丽诗词。令葫芦岛闻名遐迩的当属秦汉时期，秦始皇在这里修建了豪华的行宫，即近年来考古发现的绥中姜女石秦汉行宫遗址，被认为是历史上赫赫有名的"碣石"所在地。曹操北征乌桓时，在这里留下了"东临碣石，以观沧海"的千古佳句。

3.3.2 立石为纪

作为新区风景格局中三大轴线的交汇点，龙湾广场凝结着整个新区

1 龙眼岛公园
2 运动中心
3 游泳馆
4 购物中心

图21　龙湾中央商务区月亮河及城市中心区风景园林规划总平面图

图22　龙湾中央商务区月亮河入海口照片（2012年10月拍摄）

图 23 龙湾中央商务区龙湾广场建成后鸟瞰照片（2016 年 9 月拍摄）

图 24 龙湾广场上跳舞的人们（2016 年 9 月拍摄）

的文化归属和城市精神。在广场的主题设计中，以"东临碣石，以观沧海"的历史画面为葫芦岛山海文化意境的核心。在靠近大海一侧，立一块高约 22m 的主景石和两块伴生石。主景石由天然花岗岩模仿自然石的走势与肌理相互铆接而成，表面经雕塑家悉心雕琢，宛若天成。景石正面题注的"观沧海"将城市的时间轴线延长了数千年，古代伟人豪迈的胸襟在新城中得以继承和弘扬（图 23）。

3.3.3 旅游服务功能

规划龙湾广场具有旅游服务功能。首先，广场可以服务于城市的节日庆典活动、大型商业及文化活动（图 24），目前，每年一届的泳装节、海滨音乐会等重要活动都在这里举行。其次，广场还是夏季海滨浴场接待游客的配套设施。海滨浴场更衣区、厕所、餐饮小卖等服务性建筑，均设在广场的地下，同时在地下还设计有 3 万 m^2 的公共停车场。广场的地面空间可为海滨浴场疏散人流，也为市民提供健身娱乐场地。

3.4 "龙回头"景点改造设计

"龙回头"地处龙背山入海端头，是整个滨海沿线的最高处，悬崖峭壁之下是美丽的海岸线，居高临下，视野开阔，是天然的观海平台，站在这里可以俯瞰整个龙湾新区。

在龙回头景点的改造设计中，将原有场地中写有"龙回头"的标志景石作为场地的历史记忆保留下来。围绕这块景石又补种了油松，并增设了与主景石呼应的假山石，起到遮荫和临时休息的作用（图25、图26）。

龙回头景点还是滨海沿线慢行系统的重要驿站。本次设计提高了该景点的旅游服务能力，增设了停车场、悬挑观景平台和小卖部等服务设施。

图25 "龙回头"景点建设前现场照片（2009年8月拍摄）

图26 "龙回头"景点改造后照片（2013年9月拍摄）

4 项目绩效

4.1 推动全民健身

葫芦岛市龙湾中央商务区一系列风景园林项目建成后，更多的市民开始在此慢跑、锻炼、游玩和聚会，这里已经成为葫芦岛城市居民生活的一部分。据统计，每天来此健身的市民超过 3000 人，这其中 40% 是老人和孩子。

4.2 带动旅游业发展

优美的山海城市风光吸引了很多外地游客的驻足，为葫芦岛市绿色经济发展带来了新的机遇。滨海木栈道与"龙回头"景点的竣工，大大提升了葫芦岛市原有的旅游资源品质，延长了旅游时间，将原来以 1~2 日为主的短途旅游，延长至 3~4 天，在海边的滞留时间从平均每天 2.5 小时增加到 4 小时。随着滨海一线的风景园林建设，葫芦岛市的旅游业增长迅速。2013 年葫芦岛市成功举办了第十三届全国运动会，自 2012 年起连续举办了 3 次泳装节，到 2015 年为止，全市旅游人数、旅游总收入均增长 25%。

5 设计团队

胡洁、吕璐珊、安友丰、崔亚楠、Connie Fan（美）、Bob Mortensen（美）、杨扬、梁超、卢碧涵、陆晗、谷丽荣、潘芙蓉、陈倩、李加忠、张艳、于维佳、张守全、张磊、王吉尧、张申亮。

6 获奖信息

2016 年 5 月荣获欧洲建筑艺术中心绿色优秀设计奖；

2015 年 5 月荣获北京工程勘察设计行业协会颁发的北京市第十八届优秀工程设计"园林景观"三等奖；

2014 年 12 月荣获英国景观行业协会国家景观奖国际项目金奖；

2013 年 10 月荣获中国第二届风景园林学会优秀规划设计奖一等奖；

2013 年 10 月荣获全国人居经典建筑规划设计方案环境金奖；

2011 年 12 月荣获辽宁省优秀工程勘察设计奖城市规划设计二等奖。

图 27　正在建设中的龙湾中央商务区（2013 年 9 月拍摄）

未来科技城中央公园主湖区建成后效果（2019 年 9 月拍摄）

海纳百川，聚五洲英才

——北京市未来科技城风景园林规划设计

胡洁　王晓阳　崔亚楠

项目位置　北京市昌平区

项目规模　4km²

设计时间　2011/03~2016/10

引言

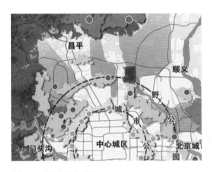

图1 项目位置图

本项目位于北京市温榆河生态廊道两岸。温榆河生态廊道是北京市区重要的生态带和城市第二道绿化隔离带的重要组成部分（图1）。规划设计围绕北京昌平未来科技城总体规划提出的"创新、开放、人本、低碳、共生"五大理念深入展开工作，规划不仅体现了未来科技城汇聚英才的主题，还以保持和修复原生态的自然环境为工作重点，创造宜人的城市空间。

本项目风景园林专业在控规阶段开始介入，团队首先立足生态安全，对温榆河河道防洪安全、再生水利用和水质保障等问题进行综合分析，形成一个拥有自循环系统的，具备水质净化、生态涵养、科普游览等功能融合的山水园林系统；其次，探讨人性化设计与创新的关系，引入"办公花园"的规划理念，倡导在自然中激发创新灵感；最后，坚持北京地带性植被的设计原则，模拟自然植物群落，优化四季植物景观，体现低成本、低维护的设计理念。

坐拥京北优渥山水森林环境，北京未来科技城将在首都科技创新方面发挥重要作用。

1 项目背景

1.1 千人计划

2008年年底，中央政治局常委会议审议通过中央人才工作协调小组提出的《关于实施海外高层人才引进计划的意见》，明确提出"要在符合条件的中央企业、大学和科研机构以及部分国家级高新技术产业开发区建立40~50个海外高层人才创新创业基地，推动产学研结合，探索实行国际通行的科学研究和科技开发、创业机制，集聚一大批海外高层创新创业人才和团队"（即"千人计划"）。

国务院国资委选择了15家中央企业在京集中建设"未来科技城"，打造一个世界一流水准的科技园区，最终选址在昌平区东南部，温榆河两岸，园区总用地10km²。

1.2 场地现状

2010年5月，北京市政府批复了《未来科技城控制性详细规划》，2011年7月由北京城市规划设计研究院对原控规进行了修编，与此同时

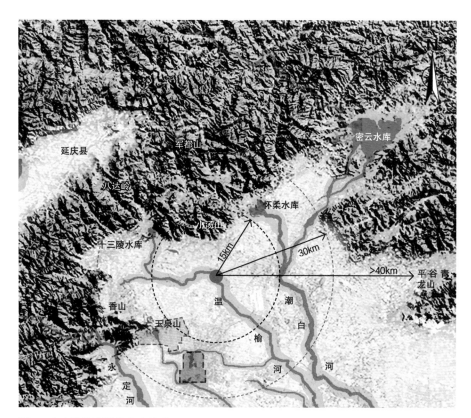

图 2　未来科技城周边山水关系

图 3　现状用地内巡河路林荫照片
（2011 年 8 月拍摄）

图 4　现状用地内老河湾现场照片
（2011 年 8 月拍摄）

清华同衡风景园林中心被邀请加入规划编制团队，负责园区的风景园林规划。风景园林规划用地面积为 4km²，其中温榆河两岸核心地块的面积为 3.14km²。

　　温榆河是发源于北京市西北部山区的河道，河流景色温婉秀美（图 2）。但是由于其上游流域有海淀、昌平等农村及乡镇生活密集区，排污问题比较突出。尽管北京市对温榆河的生态修复工作投入巨大，但是由于基础设施欠账过多，加之上游天然来水量过少，导致温榆河的水质经常处于五类地表水的水平，这是对未来科技城发展不利的一个现状条件（图 3、图 4）。

2　城区绿地系统布局

2.1　城区用地分区及其绿地系统构成

　　未来城可分成 A、B、C 3 个部分，其中 A 区在温榆河以北，C 区在温榆河以南，B 区是温榆河两岸的滨河绿地，其面积为 3.14km²（图 5）。三个分区的规划绿地成因如下：

图5 未来科技城控规用地规划图

A区：在区内有一条北—东向的黄庄—高丽营地震断裂带斜穿未来科技城北区土沟村，用地要求避让100m宽。

B区：滨河绿带的宽度根据北京市温榆河生态廊道的整体规划确定，在防洪标准、泛洪区、河道用地方面有强制性要求。在控规阶段，河道南侧确定以定泗路为界，在河道北侧规划滨河北路，为河流生态廊道建设预留200m宽绿带。

C区：规划绿地一方面保留了现状的杨树林，同时将原来穿过规划区内的220kV高压线改迁至京承高速西侧，高压走廊和京承高速公路防护绿地结合在一起，形成宽度约为200m的防护绿地。

图 6 未来科技城地震断裂带、保留现状树叠加图

2.2 现状自然资源保护

　　城区的绿地系统布局是多种因素影响的结果，河流生态廊道、地震断裂带、高压走廊、高速公路隔离带等都是城市防灾、避险、环保等方面的强制性预留绿地，形成了整个城区绿地的骨架，占地面积约为总用地面积的 50%（图 6）。现状湿地、现状林地、现状公园和现状大树是重点生态保育内容，其占地面积小而分散，面积占比为 23%。这些分散的自然风景资源容易被忽视，风景园林师需要努力保护和更好地利用它们。

　　综上所述，用地内的建设限制性条件和保护下来的植被群落，共同构成了未来科技城的主要开敞空间。

3 风景园林总体规划

　　根据未来科技城总体规划提出的"创新、开放、人本、低碳、共生"五大规划理念，风景园林师与规划、建筑及 15 个国企的管理者共同完成了未来科技城的详细规划，参见图 7、图 8。下文以五大理念为题，简要介绍风景园林专业规划的重点内容。

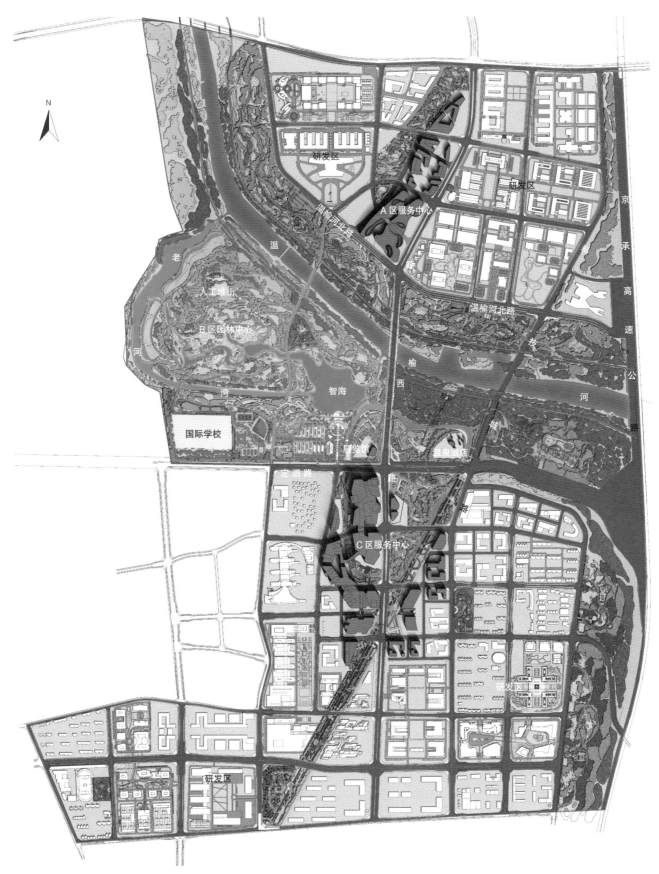

图 7 未来科技城风景园林规划总平面图

图 8　未来科技城鸟瞰效果图

3.1 创新-艺术，科技之城

艺术与科技的结合是创新的源泉。科技的发展为艺术创作提供创新的动力，如夜景照明等新的艺术形式背后就是科技发展的结果。艺术不仅为科技创新提供了丰富的想象力，还有利于科研人员的身心健康。中国传统园林艺术将山水作为人类精神的导师，"仁者乐山，智者乐水"，将人造环境与自然环境完美相融，高雅优美的环境将为"五洲"归来的人才注入无尽的生命活力。

城区最大的风景优势就是坐拥京北山水之美。这里不仅可欣赏温榆河生态廊道的浓浓绿意，而且向西可欣赏"三山五园"和奥林匹克森林公园等构成的山水园林，向北可领略燕山山脉的雄伟壮阔，向东可眺望平谷区南部起伏延绵的山脉，东南一面向北京副中心的敞开，正可谓："三面环山，有望有靠；众水会潆，蓝绿交织"。在本项目周边已建有多个高端的会议中心、度假村和旅游项目，便利的交通和优美的自然环境已经初步形成高端服务业和创新创意产业的聚集。

城区内规划"一轴三心"空间结构，将远山近水融入园区。"一轴"

图 9　未来科技城秀岭山顶跌水效果图

是指南北向沿鲁疃（tuǎn）西路展开的产业发展轴。"三心"是指 A、C 两区的综合服务中心和温榆河老河湾生态核心。两个"综合服务中心"紧邻鲁疃西路，标志性高层建筑靠近温榆河绿廊，两片规划预留的楔形绿地将滨河风景渗入城市腹地，使得高密度建设的街区享有最大面积的公园绿地和最好的观景视线。第三个"心"是整个园区的风景游憩核心，以中国式人造山水寓意"海纳百川，聚五洲英才"，表达海外赤子拳拳报国之心。景区内选择在老河湾附近，挖湖堆山，形成一个高近 20m 的土山。山上有跌水落下，进入一片湿地后，流水蓄留于人工湖中，此人工湖正对 C 区步行主轴线，使得城市与山水风景互相渗透（图 9）。

三个中心形成三角形布局，支撑起了整个城区的空间结构，形成未来科技城的空间标志，使得远山近水之美尽为所用。

3.2 开放-连通，共享之城
本城区的投资方共包含 15 家国有大型企业，这些大型企业本身的历史、文化及尖端的研究产品以及知名的科学家等等，对于喜欢科学探索

图 10　未来科技城聘请彼得·沃克设计的入口广场鸟瞰图

图 11　彼得·沃克在现场踏勘
（2012 年 2 月拍摄）

的青少年都是最佳的吸引物。这些企业的研发区办公楼设有专门的市民接待区、展览馆，在室外也有与之配套的展示区。综合诸多因素，未来科技城将成为北京市最具魅力的科普教育基地之一。

　　未来科技城不是一个高科技人才专享的园区，而是自由通行的城区，与北京市民共享。整个城区的公共绿地完全对社会开放，快捷的轨道交通将其与城市和外部世界联系在一起。

　　整个 B 区的规划总面积超过 $3km^2$，其尺度相当于半个北京奥林匹克森林公园，未来将发挥京东北近郊地区中央公园的综合功能，具体规划内容参见图 10。在这个公园中，除了中式人造山水园林之外，还专门聘请了美国设计大师彼得·沃克（Peter Walker）设计了入口区（图 10、图 11）。在笔直的礼仪性大道的尽端是一组半弧形的观景茶室，为浓郁的中国传统山水园林氛围增添了一股清爽的现代气息。

3.3 人本-休闲，活力之城

　　城市的核心是为人服务，"十年树木，百年树人"，恢复人的身心健康是城市绿地的重要功能之一。本规划营造了多层次的慢行系统。结合高层建筑的地上空间和地铁、公交枢纽、商场等地下空间，形成空中步行连廊与地下通道、下沉花园等多层次的慢行交通系统，在未来科技城内编织一个纵横交错的多维度慢行网络（图 12、图 13）。规划注意利用

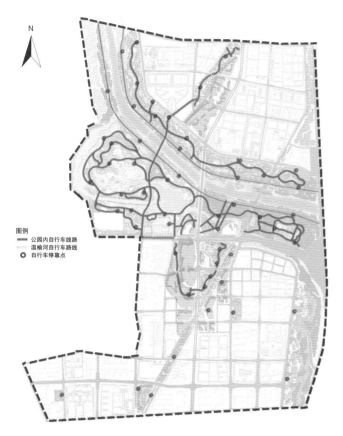

图 12 未来科技城自行车道路系统

图 13 未来科技城园区慢行道建成照片（2018 年 8 月拍摄）

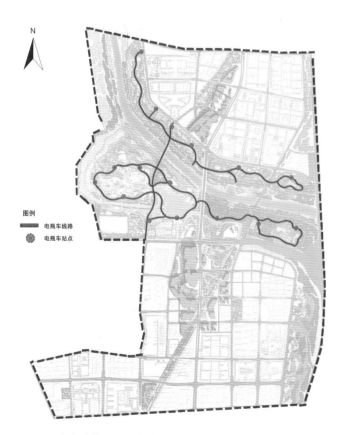

图 14 未来科技城电瓶车道路系统

保留的现状杨树林等植被，可快速形成舒适宜人的慢行空间。

为了便于旅游观光，方便老人和体弱者，项目还专门设计了 9140m 长的电瓶车参观路线，可以到达南、北区及 B 区中央公园的主要景点。在主要园林节点和出入口处共设置 16 个车站，其中总站设置在主入口区，可以进行集中存储与充电（图 14）。

在针对科研人员的特色场地设计上，我们提出"办公花园"的理念，将办公场所引入环境优美的室外，倡导在自然中激发创新灵感。全园最终确定 5 处办公花园。并分别以能源、资源与环境、数学与物理、信息科学与技术、生物医药及生物技术、工程与材料为设计主题（图 15）。

图15　未来科技城办公花园建成照片（2018年8月拍摄）

3.4 低碳-环保，节能之城

就整个城区的风景园林规划工作而言，保护与利用好现状树、少动土方、保留老河湾等工作充分反映了低影响开发的设计理念，是低碳设计的重要基础工作。而要做好环保、节能的城市设计，仅靠保护好现状自然条件是不够的。B、C两区水系的设计更充分体现了风景园林师们的生态智慧（图16）。

（1）于老河湾内滩地上挖湖（即智海）。在园林空间的构成上，这个湖是C区综合服务区建筑轴线的末端，形成步行浏览的高潮景点，该湖将通过水体蒸发作用形成建筑群与河道内的局部空气环流，降低综合服务区内的温度，并提高空气湿度，湖体相当于一部大型中央空调。

（2）智海又是南部综合服务区"水环"的供水水源，"水环"中的溪流景观同样可以降低空气温度，提高空气湿度，又可以增加游趣，并在流动过程中为中水加氧，达到净化水质的效果。

（3）整个B、C区水系供水水源是产生自园区内部的中水，其出水口就设在人工堆筑的土山上，通过瀑布叠水之后，再流经人工湿地，使得中水的水质得到提升，然后再进入主湖区。

（4）B、C区水系的设计在缓冲雨洪冲击、循环用水、改善空气质量、净化水质、美化环境等方面发挥了综合效益（图17、图18）。

（5）遍布全区的逐级雨水渗透涵养系统也是本规划中侧重要求的建设

图 16　未来科技城水系功能分布图

图 17　未来科技城净化跌水照片（2018 年 8 月拍摄）

图 18　未来科技城 B 区中央公园人工净化湿地鸟瞰照片（2018 年 8 月拍摄）

内容，从屋顶花园、建筑散水缓冲带，到道路、广场的透水铺装和排水生态草沟，再到开阔绿地内人工开挖的蓄水池塘，形成了整个未来科技城径流过程的分级控制系统。

3.5 共生-和谐，生态之城

"与万物共有一个家园"是当代风景园林师的新任务，为昆虫、两栖生物、小型哺乳动物和鸟类在城市里安家，是城市生态修复工作的重点内容之一。在本项目中，最大的修复工程是温榆河河流生态廊道建设，在现有堤防绿化的基础上，河道两侧建设用地各后退近100m。其次，围绕老河湾的湿地保护，建设了整个城区的生态核心，将科技城的公园建设与温榆河生态廊道建设整合在一起，提高了滨水区生境的丰富度（图19~图21）。

在种植方面，从种类的选择到群落的构建，全方位贯彻"以植物多样性为基础，继而建立完善的生态系统"的设计理念，具体设计方法如下：

（1）选择河流滨水区域及林地动物物种作为指示种。根据其生境特征构建场地内生境系统。两栖类指示物种有大蟾蜍中华亚种、黑斑蛙；昆虫类指示物种有黄蜻和红蜻；鸟类指示物种有涉禽（池鹭、苍鹭等），林禽（喜鹊、斑啄木鸟、戴胜、太平鸟等），猛禽（雀鹰、红隼等）三大类型。

在温榆河北岸绿地内设有"筑巢园"，设有多处观鸟、引鸟设施。本设计还有一层文化寓意，即以"百鸟归巢"之景，寓意海外学子献身祖国科研建设的家国情怀。

（2）在垂直和水平两个方向创造多样化生境。垂向生境分布：在秀岭和人工净化湿地区营造山地树林、水边树林、疏林草地、草地、溪流、湿地、浅滩等多样生境；滨河区维持"水体-水岸-堤坝-滨河树林"生境，为多种生物提供家园；水平向生境分布：以指示动物物种水平分布格局为指导，确定各生境斑块的最小面积，组合异质性生境斑块，保证指示物种的迁徙廊道。

（3）选择北京当地具有地方乡土特色的植物种类作为公园内的骨干树种，主要包括油松、侧柏、桧柏、云杉、绦柳、旱柳、国槐、刺槐、银中杨、臭椿、白蜡、元宝枫、柿树、山杏、山桃、西府海棠等乔灌木树种。

图 19　未来科技城中央公园建成后丰富的生境照片（2018 年 8 月拍摄）

图 20　未来科技城建成后优美的公园环境（2018 年 8 月拍摄）

图 21 未来科技城中央公园人工湖区鸟瞰照片（2019 年 10 月拍摄）

4 项目总结与启示

4.1 高科技城区的规划创新

今天，高科技城区的规划建设早已走出了初级的产业园区以高技术人才密集、偏重研发功能、限于小环境营建为特征的阶段。其规划建设在继承传统的基础上，体现出与时代发展、城市发展、技术发展、人的行为发展紧密结合的特征。与其他城市功能区相比，体现出非常明显的创造性与实验性。

4.2 在控规阶段介入

在未来科技城绿地风景园林的规划工作中，我们得益于能够在控规阶段介入工作，与北京城市规划设计研究院、美国 DADA 建筑设计事务所以及 15 家大型国企一起探讨，一起交流，最终完成了这个具有挑战性的项目。

4.3 三个结合的工作方法

在这一过程中我们始终致力于实用性与创新性的结合、中国传统文化与现代技术的结合、场地现状保护与新兴文化创新的结合。

4.4 一个坚持

我们坚持生态优先、绿色、低碳、环保、可持续发展的原则，探索了现代大型高科技园区如何在规划中通过自然环境的营造、新空间模式的创造，达到人与自然和谐的目的，最终实现为科技创新工作者营造一个幸福舒适的"鸟巢"。

5 设计人员

胡洁、吕璐珊、王晓阳、崔亚楠、杨扬、肖楠、邹梦宬、张凡、张守全、卞慧彩、单琳娜、厉伟、侯伟、马娱、李五妍、蔡丽红、付倞、陈倩、胡子威、张传奇、王潇云、张申亮、梁斯佳。

6 获奖信息

2013 年 9 月荣获北京市规划委员会颁发的优秀城乡规划设计二等奖；
2013 年 4 月荣获国际风景园林师联合会亚太地区风景园林规划类荣誉奖。

一期工程：龙泽湖公园建成照片（2016 年 6 月拍摄）

生态多伦诺尔，盛世人文新颜

——内蒙古多伦诺尔县新城绿地系统风景园林规划设计

胡洁　潘芙蓉

项目位置　内蒙古多伦诺尔县
项目规模　36.6km²
设计时间　2013/03~2014/07

引言

内蒙古多伦诺尔县（后文简称多伦县）坐落于北京市北中轴的延长线上，拥有北京后花园之称（图 1）。多伦县新城的西扩是古城保护、地质、环境和经济 4 个方面综合影响的结果。风景园林规划针对当地荒漠化问题，提出生态保护和治理对策，重点内容包括：对城市规划区内山体进行植被修复、建设山区调蓄雨洪设施、进行水系连通以提高城市水系防洪及循环用水能力、保护现状泉水湿地、构建山水相连的绿道网络系统，打造多样化城郊一体的特色公园系统。

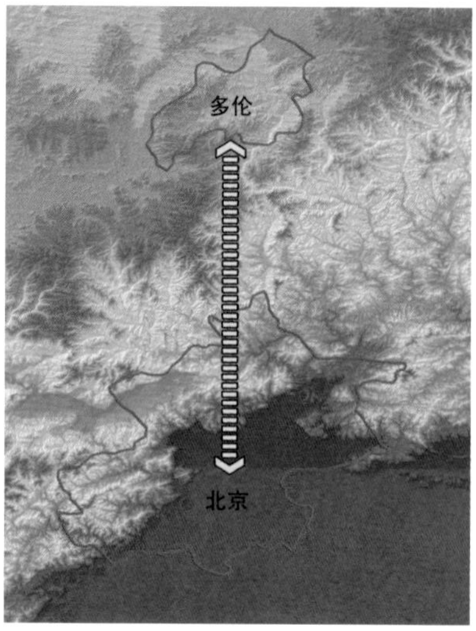

1 项目背景

1.1 地理区位

多伦县位于内蒙古自治区锡林郭勒盟南端，距离北京直线距离 260km。随着京、津、冀一体化的快速发展，这里成为内蒙古与北京衔接的桥头堡，城市经济和社会发展形势较好。

1.2 人文荟萃

多伦县历史悠久，公元前 300 年燕昭王以秦开为大将，战败东胡后修筑长城，多伦由此留下"燕长城"遗址。此后这块兵家必争之地先后为汉、鲜卑、突厥、蒙古等民族统治。"多伦诺尔"为蒙古语，汉语意思为"七星湖"，说明历史上多伦水草丰美，湖泊众多。

1.3 古城初始

现存多伦古城建于清初康熙年间，清政府非常重视满蒙之间的关系，对边疆少数民族政策采取笼络措施。通过"多伦会盟"统一蒙古各部，随后设立汇宗、善因两寺。17 世纪末至 20 世纪初的 200 多年间，多伦成为漠南宗教中心和军事重镇，进而带动京、晋、冀、鲁等地与蒙古的商业发展。

1.4 绿色发展新机遇

近年随着全球气候变化以及城市化进程的发展，该县生态环境破坏严重，草原荒漠化与河流水量退减等问题日益严峻。"多伦每少一片沙地，北京就会多一片蓝天"，民间流传的这句话表达了多伦与北京的重

图 1　内蒙古多伦县与北京的位置关系分析图

要生态关系。2013年多伦县启动新城规划，提出建设以历史名镇、战略性新兴产业和旅游业为主体的生态宜居森林城市。

1.5 规划任务

本项目是对新城36.6km²（含规划用地外四座山体）规划的风景园林概念规划，其中近期建设绿地面积为6.18km²，达到方案设计深度。

2 新城发展方向及其山水关系

2.1 多伦淖尔古镇的山水关系

多伦县城是国家历史文化名镇多伦淖尔镇所在地。古镇的城市由古县城、汇宗、善因两座寺庙构成。古县城城池呈长楔形，三面临河，南面是沙丘，易守难攻，便于取水。汇宗、善因两座寺庙位于县城北面德胜山的东南坡地上。从古镇的布局和街区的肌理上看，因地制宜地规避水患、以水设防、方便陆路交通是古镇形成的主要原因。

2.2 新城发展方向的影响因素

2012年多伦总体规划分析了城市的发展空间，城市北面是煤炭采空区、东面是工业园区、南面南沙梁是治沙工程的重点，都不适合建设新城，只有西面可以发展新城（图2）。

图2　多伦县城市用地现状

老城西部的德胜山，山前有南河流过，在德胜山的西、南方向还有几座小山，分别为多伦山、水泉山、元宝山。这些小山的山前坡地上几处露头的泉水，溢出后逐渐汇成一条小河，为牦牛吐河，这条河向东流到老县城边，形成天然的护城河。这些山水资源成为新城建设生态宜居环境的有利条件。

3 新城风景园林规划要点

在城市绿地系统风景园林规划工作中，积极呼应城市总体规划发展策略，在城市中心区内部规划"三河、四山、七湖、一沙丘"的公园体系，突出地方自然山水风光特色（图3、图4）。

3.1 新城中轴线的确定

在风景园林专业介入城市设计后，提出多伦县在地理位置上的特殊性，并进行了大尺度的GIS分析，可以清晰地看出北京市中轴线的延长线正好穿过多伦县的城区。因此建议利用老城西北部德胜山作为新城的靠山，形成一条向南望京城的景观轴线，突出多伦与北京在历史文化和生态安全上唇齿相依的关系。德胜山的南侧有一条水量比较丰沛的南河仿如"玉带"在新城穿过，可以实现山水相映的理想风水格局。

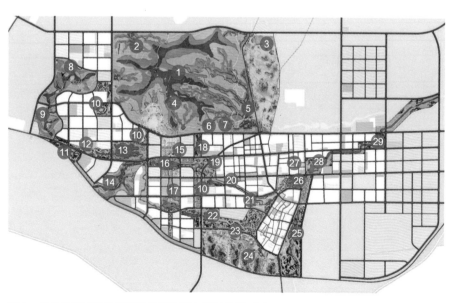

图3　多伦县新城绿地系统风景园林概念规划总平面图

1 德胜山主峰	16 育兴湖
2 马术俱乐部	17 城市中轴线公园
3 观光农业园	18 风景林
4 望京楼	19 原森林公园
5 湿地花园	20 滨湖休闲带
6 公园入口	21 城市观光农业园
7 球类场地	22 凤栖湖
8 水泉山公园	23 保留农田
9 元宝山公园	24 南部沙地园
10 社区公园	25 小河子河湿地
11 城市防护林带	26 湿地花园
12 滨水休闲公园	27 文化广场
13 会盟湖	28 龙泽湖公园
14 多伦山公园	29 滨河带状公园
15 市政广场	

图 4　多伦县新城风景园林规划鸟瞰图

3.2　构建河湖互通的生态水网

　　场地内南河、牦牛吐河、小河子河（多伦的母亲河）、山前的泉水湿地以及为了保证河道内常年有水而修建的调蓄水库和连通渠，可以妥善利用，构成城市内河水网。在水网内部设计 7 处人工调蓄水库，提高城市雨洪利用能力，同时与多伦淖尔的名称相呼应，每个湖泊都依据历史和民族文化设计了专门的主题，并在两侧设计公园绿地，为市民提供户外游憩场所（图 5）。

3.3　城郊一体的特色公园系统

3.3.1　城市旅游品牌

　　在总体规划中确定多伦旅游业发展主要依托原生态的自然环境和历史文化名镇，以京津风沙源生态治理工程为中心，加强与张家口、承德的区域分工协作，联合发展生态和文化休闲旅游产业，服务于京津冀地区，提出"草原水乡，生态多伦"的城市旅游品牌。

图 5　多伦县新城规划山水关系分析图

图 6　多伦县新城特色旅游线路规划图

3.3.2　城市公园与郊区旅游统筹规划

　　多伦县新城整个公园体系内部设计有无障碍慢行系统，同时为不同类型游客精准设计了特色游线，包括适宜自行车和背包客的旅行线路以及骑马旅游线路，并在不同的进城方向上设置了房车营地。使遍布全区的公园不仅服务于当地市民，还为外地游客提供了非常便捷舒适的旅游服务设施，在城市和近郊范围内可体验到"塞上江南""草原水乡"的独特魅力（图 6）。

4 城市中轴线风景园林规划设计

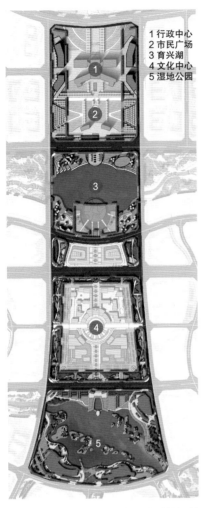

1 行政中心
2 市民广场
3 育兴湖
4 文化中心
5 湿地公园

图7 多伦县新城中轴线风景园林规划设计总平面图

多伦县新城中心区的风景园林规划设计借鉴古代城市中轴线设计手法，沿中轴线从北到南分布着德胜山公园、行政中心、市民广场、育兴湖公园、绿荫休闲带、湿地生态公园、通往沙丘公园的绿化廊道（图7、图8）等空间元素。

4.1 与传统中轴线的不同之处

多伦县城市中轴线的设计具有中国古代城市中轴线的对称式布局特征，但是又有区别——将广场、人工湖、带状公园等虚空间作为轴线上的空间序列。这一变化既传承了中国古代城市空间的规划特色，又顺应时代的发展，加入了生态、公共安全、市民休憩等功能，弱化了中国古代城市轴线空间以宗教性和礼仪性建筑为主的特点。

4.2 为公众设计的城市中轴线

整个中轴线城市公园的占地面积为160hm²。每一个公园都有一定的文化主题，风景园林师对其进行了精心的设计。布置了具有城市气魄的市民广场、标志城市意象的大型雕塑、景观塔、喷泉等园林小品以及满足城市居民休憩、娱乐需求的带状体育公园（图7、图8）。

4.3 生态优先，保护现状自然资源

多伦县新城的城市中轴线发挥着城市通风换气、调节气温、雨洪调

图8 多伦县新城中轴线风景园林规划设计效果图

蓄等生态功能。在现状自然资源保护方面，规划阶段重点保护了牦牛吐河上游的一个泉眼（图9），城市道路规划绕过了这片湿地，在其基础上修建了一处湿地公园，该规划措施保护了牦牛吐河的水源地，同时也保护了难得的地方特色湿地风景资源。

图9 牦牛吐河上游的泉眼湿地（2013年5月拍摄）

5 环城荒山治理及生态修复

尽管多伦新城有山有水，但是环城山体的森林覆盖率不足10%，水源涵养能力低，导致城市规划区内河流经常断流（图10），汛期又多发洪水。在德胜山上还存在开山采石等破坏现象（图11）。为了营造良好的城市小环境，要求风景园林规划工作必须从生态修复开始。

图10 多伦县新城近期重点建设地块用地现状照片（2013年5月拍摄）

5.1 提升标准

对德胜山、多伦山等4个城郊山体进行森林群落的恢复规划，需要恢复的山体总面积约1750hm²。当地林业部门已经在山坡上进行了台田整地，并种植了桧柏和樟子松（图11），但不符合城市风景林的营造标准。

5.2 适地适树

通过GIS分析，研究德胜山水土流失、种植适宜性和生态敏感性等内容（图12 a~c）。根据适地适树的原则，沿德胜山山脊、山坡、阳坡林缘分别配置常绿乔木、针-阔叶混交林、春花小乔木、灌木丛、地被等，形成季相丰富的林相空间。

图11 裸露的德胜山及其东南角的采石场（2013年5月拍摄）

5.3 水源设施规划

为解决山地灌溉用水，项目专门规划了山区内的雨水收集系统，为打井或修建蓄水池提供建设选址条件（图12d）。

5.4 丰富品种

在树种选择上强调适地适树原则，其中，银白杨、榆、五角枫、白桦、蒙古栎、油松、云杉、樟子松、旱柳等为多年生乔木，对固水保土都有非常好的效果。山杏、山楂、丁香、红瑞木、珍珠梅、紫穗槐、榆叶梅、绣线菊等灌木，或可食果，或可观花，且有开花季节的差异性，形成了丰富的植物景观季相，它们同时还是非常良好的水土保持以及鸟类招引植物（图13）。

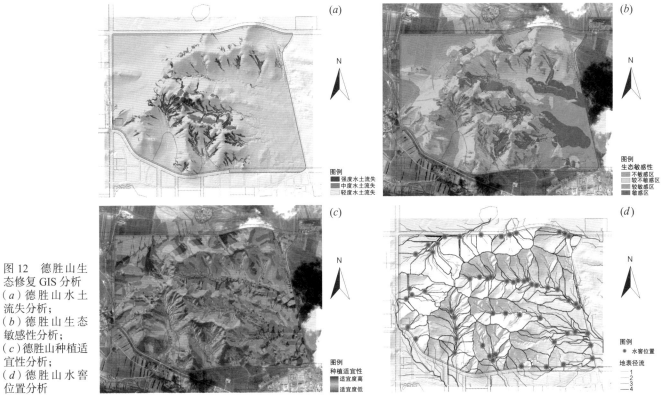

图 12 德胜山生态修复 GIS 分析
(a) 德胜山水土流失分析;
(b) 德胜山生态敏感性分析;
(c) 德胜山种植适宜性分析;
(d) 德胜山水窖位置分析

图 13 多伦县新城绿地系统种植规划

6 原生湿地保护与荒漠化治理

用"塞外江南"来形容多伦县容易给人造成水资源丰富的错觉，实际上多伦县城就处在沙漠的威胁之下，从卫星图片上观察整个多伦县域就会发现县城南部大片的风积沙丘。我国在三北地区营造防护林已经取得了不错的效果，但是相比于康熙、乾隆在这里会盟时看到的景色，已经是天壤之别。以小河子河为例，她已经变成了季节性多泥沙河道，鱼虾近乎绝迹。

6.1 荒漠化趋势

根据土壤类型分析，整个多伦县城范围都属于中度和中强度水土流失区，如不加强生态修复，会进一步加剧荒漠化，同时也严重影响县城的宜居性。另外一个需要关注的问题是当前多伦的县域经济支柱是以蔬菜为主的高耗水农业，这对当地的水资源又是一个极大的消耗，多伦县域内的湿地伴随着城镇化的进程正在迅速地消失。

6.2 保护优先，生态治河

在规划工作过程中我们尽力保护现状的泉眼湿地和河滩湿地，与水利部门协商不修建硬化的河道，通过综合措施解决防洪问题。经过共同努力，基本保住了老县城北边牦牛吐河、南河河滩湿地原生植物群落（图14、图15），同时将部分农田划入湿地保护范围内。南河的流域面积较大，在暴雨情况下容易出现险情，规划中一方面在上游修建水库可以拦截洪水，另外可通过在绿地内泛洪解决河道防洪的问题。在行洪区内，游园主路的高度高于20年一遇的洪水位，在需要穿过河道时采用高架的木栈道。同时在汛期通过警告标识提醒市民远离河边，以保证生命安全。

图14　老城北保留的大片湿地
（2013年8月拍摄）

6.3 南部沙丘区规划

城市南部沙丘区已开发为风景区，对区内的流动沙丘进行了综合治理。由于该区域独特的自然地理环境（地表是沙及耐旱植物群落，但是地下水位较高，可沙水共存），形成了独特的生物群落，并且得到中国科学院植物研究所的重视，计划在这里建设12km² 的沙丘植物园，供科研及旅游观光之用。治理沙漠非一日之功，在固沙的基础之上发展旅游和科研工作，是值得肯定的做法，风景园林规划工作重点是与景区的原有规划进行衔接。

图15　南河下游河道的柳树丛
（2013年8月拍摄）

1 龙之舞广场（主入口） 2 水剧场 3 观林台 4 乐磬园 5 停车场 6 体育运动场 7 东入口广场 8 流云岛（鸟岛） 9 近水台（南入口） 10 跃龙桥

图16　龙泽湖公园风景园林设计总平面图

图17　龙泽湖公园建设前的硬化护岸
（2013年5月拍摄）

7 龙泽湖公园风景园林设计

　　龙泽湖公园的面积约41.33hm²，是在已建公园的基础上进行的改造设计，是多伦县新城最先建设的公园项目，为老城的居民提供了一处设施更加完善的滨水开放空间（图16）。除此之外，本设计还着重改造了部分硬化河道（图17），提供了更为良好的生物栖息地。同时，治理了老城的排污问题，并通过河道清淤，提高了小河子河的防洪能力。

8 项目总结与启发

多伦诺尔县新城绿地系统风景园林规划设计在 2013 年初启动，2013 年底完成总体城市设计，2014 年完成部分景观节点的施工图设计（图 18、图 19），本项目的实施可以总结三点实践经验。

8.1 风景园林专业早期介入城市规划

本项目是在总体规划成果的基础上，实现了由甲方统领的多专业协同设计，中国建筑设计研究院负责县城控规和城市设计，河北省水利设计二院负责完成防洪规划、南河河道整治及会盟湖水库的施工图设计，东北市政院负责交通与市政规划，清华同衡风景园林中心负责风景园林规划设计。

8.2 工作的延续性得到保证

甲方的项目管理团队、水利规划设计单位、道桥设计部门及风景园林规划团队一直稳定配合到新城的基础设施主体完工，保证了主要设计理念从始至终的连续性与完整性。

9 设计团队

胡洁、吕璐珊、李春娇、潘芙蓉、Boris Tomic（美）、马娱、马珂、周卫玲、谷丽荣、张春嘉、李凡思、王吉尧、朱闫明子、周晓男、李五妍、张守全、李加忠、孙百宁、厉玮、刘春鹏、胡淼森、邹梦宬。

10 获奖信息

2018 年国际风景园林师联合会（IFLA·APPME）非洲、亚太和中东地区规划分析类荣誉奖；

2016 年多伦龙泽湖公园景观设计荣获英国景观行业协会国家景观奖国际项目奖。

图 18　在龙泽湖公园游憩的市民（2016 年 6 月拍摄）

图 19　龙泽湖公园湿地中的游禽（2016 年 6 月拍摄）

图20 龙泽湖公园设计的鸟岛和生态护岸（2016年6月拍摄）

北京世园会中国馆鸟瞰照片（2019 年 9 月拍摄）

山水清音传世界，诗意人居延千年

——2019 北京世界园艺博览会园区综合规划

胡洁　马娱　韩毅

项目位置　北京市延庆区

项目规模　960hm²

设计时间　2015\05~2018\10

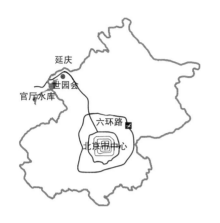

图 1 北京世园会区位图

引言

2019北京世界园艺博览会（后文简称北京世园会）是继1999年昆明世园会后，我国举办的第二个A1级世园会（图1），北京世园会提出了"绿色生活、美丽家园"的办会主题和"让园艺融入自然，让自然感动心灵"的办会理念，希望能够实现"世界园艺新境界、生态文明新典范"的办会目标。

规划团队提出"生态优先，师法自然；传承文化，开放包容；科技智慧，时尚多元；创新办会，永续利用"的四大规划理念，确定以海坨山、冠帽山、妫水河的大山水格局为先导的山水园艺轴和世界园艺轴，以"凤衔牡丹，花开妫河"为景观主题布置主展区，将中国山水文化、农耕文化融入现代生态文明的美好愿景之下。习近平总书记在开幕式中肯定地说道，北京世园会"同大自然的湖光山色交相辉映，我希望，这片园区所阐释的绿色发展理念能传导至世界各个角落"。

1 项目背景

北京世园会的选址位于北京西北部的延庆区，上古时期黄帝及其部落曾经在这里生活。妫河在用地北侧穿过，燕山山脉和八达岭在园区西、北、南三面围合，八达岭长城就在用地南方约10km处，规划用地总面积为960hm^2（图2）。2015年，10家联合团队参与招标，最终确定了北京清华同衡规划设计研究院为北京世园会园区总体规划责任单位，北京古

图 2 北京世园会建设前场地照片（2016年6月拍摄）

建园林设计研究院和中国建筑设计研究院承担园艺展示和建筑设计方面的工作。

2 "绿色生活"引领世园会总体规划

北京世园会的办会主题是"绿色生活、美丽家园",旨在倡导人们尊重自然、融入自然、追求美好生活。本届世园会的举办除了推动世界园艺产业达到新境界的目标之外,还有一个更重要的目的是展示我国生态文明建设成果,弘扬绿色发展理念,推动经济发展方式和居民生活方式的转变。为实现这一目的,需要从区域、城市、园区、园内4个尺度上开展分析与研究工作。

2.1 京津冀协同发展,西北廊道绿色产业基础设施规划

世园会选址于延庆不是一个局部的或短期的行为,而是坚持和强化首都城市战略定位和生态优先发展原则,积极推进京津冀协同发展的战略部署上的一枚关键棋子(图3)。北京市政府加强与以张家口市为主的京西北生态涵养区的城镇进行发展合作,推进体育健康、花卉园艺、有机农业、生态休闲、旅游观光等绿色产业的联动与时空统筹,将京津冀西北生态屏障的生态修复工作与区域经济转型发展结合在一起。

继北京2008年奥林匹克森林公园规划项目之后,清华同衡在2015年、2017年分别获得2019北京世园会和2022北京崇礼冬奥会主会场及

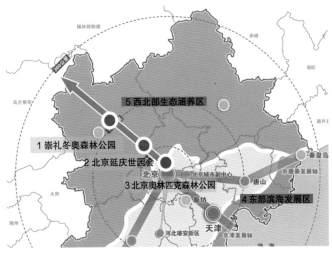

图3　北京世园会在京张绿色发展廊道上的位置

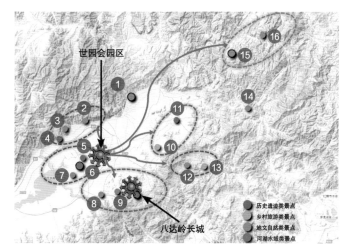

图 4 延庆旅游资源空间体系示意图

图中标注：世园会园区、八达岭长城

1 龙庆峡景区
2 玉渡山
3 松山
4 古崖居
5 妫水河
6 野鸭湖
7 康西草原
8 八达岭滑雪场
9 野生动物园
10 柳沟
11 永宁古城
12 水泉沟
13 香屯
14 四季花海
15 百里山水画廊
16 硅化木地质公园

历史遗迹类景点
乡村旅游类景点
地文自然类景点
河湖水域类景点

周边地区的规划设计，因此有机会参加京-张生态涵养带交通基础设施等方面的整体规划。2019 年北京世园会开园之时，京延高速开通，将分担京藏高速到延庆的交通压力。到 2022 年，京张高铁竣工，从北京乘坐高铁 30 分钟可抵达延庆火车站、50 分钟可抵达崇礼冬奥村。京西北区域交通设施的改善，将助力绿色产业集聚，北京世园会与 2022 年崇礼冬奥会将共同形成京津冀协同发展西北廊道上的绿色动力点（图 4）。

2.2 园城一体，展前、展中与展后的一体化规划

"取之有度，用之有节"，是生态文明的真谛，高效低碳地利用好国土资源，是我国实现绿色发展的重要举措。从北京世园会申办期开始，北京市政府就以生态文明理念和百年发展的长远视野谋划世园会的建设。举办世园会是城市发展的大事件，据以往经验，容易出现 3 个违背绿色发展的问题：一是会前大手笔建设，大拆大建；二是会期影响举办城市的正常生活；三是会后冷清，场馆成为地方政府的财政负担。北京世园会园区规划用地 960hm²，分为围栏区、非围栏区和世园村 3 个区，其中围栏区面积 503hm²，是主要的游览区（图 5），围栏区和世园村两块用地与老城区紧密地联合在一起。为了减少浪费，追求综合效益最大化，必须采取园城一体即展前、展中与展后一体化规划的工作方法，主要规划措施如下：

第一，带动老城更新。充分利用世园会举办的契机，整体提升延庆的城市环境和土地利用效率，解决城中村、市政设施老旧、城市防洪、老城沿河绿带建设等诸多问题（图 6）。

第二，交通和旅游接待能力的一体化。充分考虑旅游高峰期交通压力，做到展园交通与城市交通有序运行，错峰管理，互补互动。深入挖掘世园会周边旅游住宿接待能力，带动周边乡村旅游服务基础设施建设。

第三，早期引入企业介入主场馆设计。在园区建设前期，依据产业规划和项目规划，引入企业资金和管理，做好4个永久性场馆的设计，使其既能满足展中的园艺展示要求，又能在展会后迅速转入其他用途。规划期间初定，中国馆会后将用于北京花展的主展馆，国际馆将用作北方园艺产品交易中心。

第四，绿地功能转换与农民安置。园区内的绿地在前期规划时亦已明确其展后用途，部分绿地和停车场用地将转化为公共服务和园艺产业用地，部分复耕为农田。根据农民个人意愿，就地安置因世园会而搬迁的农民，转化为园艺工人和相关企业的工作人员。

第五，园区路网规划与城市远期规划路网的呼应。规划园艺小镇东侧的主路与妫河北岸的规划路网连通，转变为机动车道，可提高世园会南北两侧土地的开发价值（图6）。

第六，世园村将转化为城市办公和商业用地。世园村在会期是综合管理中心与对外旅游接待区，在会后转交给房地产开发商，还原为其他商业用途。

图5　北京世园会园区与城区统筹分析图

图6　北京世园会外围交通规划分析图

2.3 生态优先——现状生态资源保护、智慧营造与管理

项目在规划之初就提出"生态优先，师法自然"的原则，最少干扰生态本底，保留现状"山、水、林、田"肌理；因地制宜地布置建筑、交通等人工设施；师法自然，营造园区生境及雨洪管理系统；保护环境，节能减排，利用先进的信息技术营造高智能的智慧园区。

（1）现状自然资源保护。为了更好地保护现状自然资源与地形地貌，规划团队采用无人机航拍、GIS分析和现场大树拍照建档的方式，精确保护现状资源，充分尊重现状地形地貌。据总体规划成果阶段统计，园区范围内共保留了330hm²湿地、414hm²农田、23hm²村庄、138hm²林地（图7）。

（2）生态水脉规划。利用现有坑塘、洼地和农田沟渠，在园区内构建一条集水质提升、雨洪控制、优质非传统水源供水等功能为一体的生态水脉。园区中心规划的妫汭湖是围栏区生态水脉的核心，以河边一处低洼地为基础建成，该湖是中心区缓冲内涝的重要调蓄设施（图8、图9）。

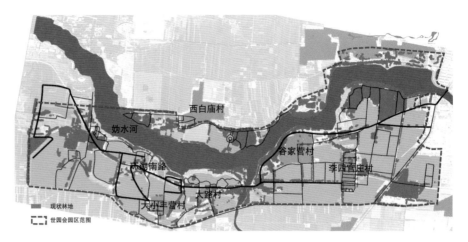

图 7　北京世园会规划前村落、林地和农田用地分布

图 8　北京世园会规划前场地竖向分析

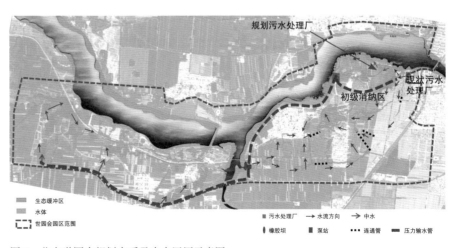

图 9　北京世园会规划水系及中水回用示意图

[_ _] 世园会园区范围

图10 北京世园会规划植物群落平面图

（3）生物多样性环境规划。通过增加种植适宜生长的本土树种，丰富其物种多样性，同时采用近自然群落的构建模式，注重乔灌草的配置，从而构建结构层次丰富、生态功能稳定的群落结构（图10）。

（4）环境保护规划。废弃物零排放，制定世园会专用绿色建筑指标。将废弃物处理与科普教育结合在一起，针对垃圾的3R处理，在非围栏区规划一处占地面积4hm²的生态可持续科技运行与展示中心。建筑设计团队针对国内和国际最新的绿色建筑标准，结合园林园艺展的特殊功能需要，专门拟定了世园会的绿色建筑指标体系。

（5）全园智能化管理。管理效率是绿色化发展水平的重要标志，全园建立手机APP导览系统，采用人脸识别票务与安全管理模式以及卫星定位交通疏导。在引入新一代物联网、大规模设备协同控制等技术的基础上为园区提供全面的智能技术，保障世园会的运营管理。

2.4 在园艺展示设计上充分体现绿色生活体验

在展园的内容安排上，本次展会突出家庭园艺这一绿色生活领域。在围栏区内设计的4个永久性展馆中，中国馆和国际馆是综合性展馆，植物馆是以奇花异木为主题的展馆，而绿色生活体验馆则是围绕家庭园艺生活的主题展馆。此外，在围栏区的园艺小镇、非围栏区的农田生产体验区、花卉生态示范区等户外展示区，将为游客提供更为丰富多彩的园艺生活体验。

3."美丽家园"让绿水青山融入城市

2013年中央城镇化工作会议提出"望得见山,看得见水,记得住乡愁"。在党的十九大报告中,"绿水青山就是金山银山"作为生态文明发展理念被提出来。这些国家政策中蕴含着中国特有的山水文化内涵。作为一个大型城市公园,本项目最大的优势就是延庆雄浑壮美的燕山山脉和开阔悠远的妫河水。如何利用好这一优势资源,遵循国家生态文明思想,添彩不添乱,是对园区风景园林规划最大的挑战。经过多轮修改,规划团队提出"一心连世界,远山近水情"的核心概念,在大的景观格局上,以山定轴,以水立心,希望通过自然打动人们的心灵,将庄子"独与天地精神往来"(《庄子·逍遥游》)的思想境界带入园艺的体验中来(图11、图12)。

图11 北京世园会建成后鸟瞰照片(世园局提供)

1 中国馆	4 植物馆	7 园艺小镇	10 生态展示中心	13 次入口
2 国际馆	5 演艺中心	8 世园村	11 景观标志物	14 VIP 入口
3 生活体验馆	6 永宁阁	9 草坪剧场	12 主入口	15 中国展

图 12　北京世园会景观规划总平面图（规划报批稿）

16 国际展园　　　19 企业展园　　　22 生态湿地展园　　　25 绿色生活体验园
17 儿童园艺展园　　20 人文园艺展园　　23 观光农业体验园　　26 绿色产业示范园
18 园艺科创展园　　21 中草药展园　　　24 花卉生态示范园　　27 滨水观光休闲园

3.1 以山定轴

"凡立国都,必于大山之下,广川之上"。山是中国古代城市立基的先决条件。在堪舆理论中,根据山的位置和形态,一些山峰被称为"靠山""朝山"和"案山";秦朝咸阳城的规划甚至将秦岭的山峰看为"门阙",整个终南山被视为"城墙"。古代圣哲以山水比德,孔子曰:"仁者乐山,智者乐水"(《论语·雍也》),在儒家思想中,自然山水的外在美丽风景已经被转化为人的道德修养与学识的参照标准。古代文人因此在园林营造中模拟自然山水,让人感受与天地合一的至高精神境界。

因此,对山的敬仰这一文化传统被延续到本方案之中,项目规划了中国与世界园艺两条景观轴线。南北向正对冠帽山的轴线规划为全园礼仪性主入口,以中国传统山水文化为主题营造园林景观,轴线上的主要建筑有中国馆、天田山上的永宁阁;东西向正对海坨山,规划为世界园艺轴,以世界各地的花卉园艺展览为主题布置展园,主要建筑包括国际馆和妫汭湖畔的演艺中心(图13~图15)。

图13　北京世园会山水视轴分析图

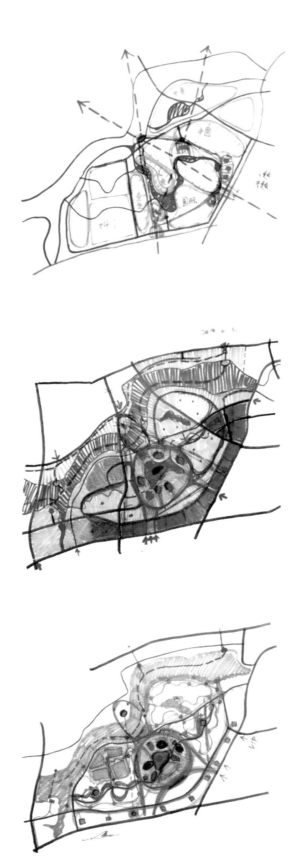

图14　北京世园会园区风景园林规划结构的发展过程（胡洁手绘）

图 15　北京世园会永宁阁鸟瞰照片（2019 年 11 月拍摄）

3.2 以水立心

水是生命之源，生态之基，生产之要，中国古人最喜滨水而居，故此在妫河南岸水曲之地设计展会的核心景区。在核心景区内布置了世界馆和中国馆，根据防洪要求，两馆建筑基底高程在483m以上，在低处挖湖，取名为妫汭湖（汭是指河水隈曲之处），在湖的南岸设一露天剧场，广场中心刻有世界地图，其旁列有旗杆基座，这里将是世园会开幕式和闭幕式的举办场所。两条景观轴线在此汇聚，正所谓"一心连世界"，全世界的人们在山水之间汇聚一堂，共创园艺新境界（图16、图17）。

图16　北京世园会妫汭湖畔的演艺中心（2019年9月拍摄，世园局提供）

图17　北京世园会国际馆及国际园艺展区鸟瞰照片（2019年9月拍摄，世园局提供）

3.3 凤衔牡丹

在围栏区内核心景区的路网设计中也融入了浓浓的"中国情"，我们将花鸟画的意境融入道路线型的设计之中，使得整个园区的构图体现出活泼欢快的氛围。

中国花鸟画是和山水画齐名的传统画种，在中国民间常将花鸟结合在一起，形成诸多美好的寓意，如"一路荣华"，就是用白鹭和芙蓉花构成的图案，分别取"鹭"和"蓉"两个字的发音，将其转换成"一路荣华"之意。"凤衔牡丹"是中国传统花鸟画及剪纸艺术中常出现的图样，凤凰是百鸟之王，牡丹是百花之王，两者的结合象征繁荣富强，在整个核心景区的路网系统设计中，中央大环及其相连干道的线型灵动飘逸，犹如飞舞的凤凰，沿路穿插各色花卉色彩斑斓，簇拥着正对南侧主入口的以牡丹花为主景的花园。

整个围栏区的游览交通以中心环路为核心，环路宽25m，长度约2.5km，是核心景区捷运系统、紧急疏散、等候休息的中央交通枢纽，同时还可以满足花车巡游等活动的需求。外围交通和其他片区的交通可通过滨河路与园艺产业游览路进行便捷的联系（图18），形成南北各一条景观轴线。

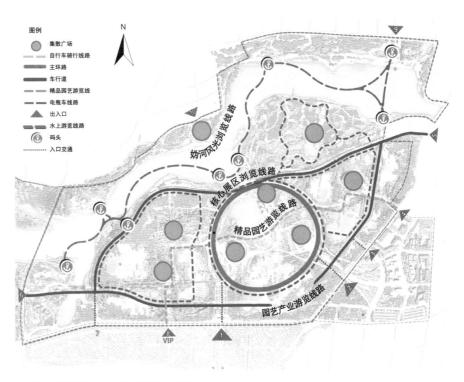

图18 北京世园会围栏区交通规划图

4 生态展示区设计——栖息地保护与营建

在规划工作完成之后，我们获得了生态展示区的施工图设计合同。设计用地面积为 60.25hm² （图 19、图 20）。用地范围内栖息地类型多元（湿地、林地等）、物种丰富（鸟类、两栖类等），是妫河生态体验带重要组成部分。设计提出以栖息地保护与营建为目标的设计实施方案，以特定物种为目标划定栖息地保护区域，以近自然化的工程技术手段营建生物栖息地。结合多种栖息地类型，依据不同特点设计空间布局、功能分区、交通动线、植物品种、景观材料，结合导视系统设计生态科普宣讲体系，同时制定施工期监管条目，完善以栖息地为导向的全周期风景园林设计实施方案工作流程。最终将生态展示区建成以栖息地设计为特色的景区。

图 19 北京世园会生态展示区建成后的照片（2019 年 8 月拍摄）

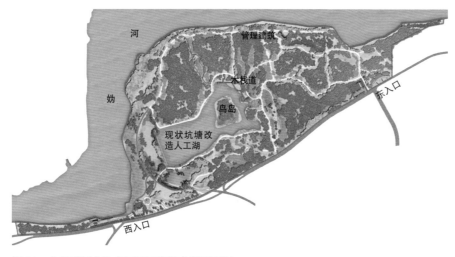

图 20 北京世园会生态展示区实施方案平面图

5 展会盛况与经验总结

北京世园会规划从生态环境分析入手，尊重当地现有山水格局，保护自然生态资源。以山定轴、以水立心，因地制宜，虽由人作，宛自天开。北京世园会的规划建设向世界展示了中国追求绿色发展的决心和成就，是践行"绿水青山就是金山银山"理念，建设美丽中国的生动样板（图21）。

5.1 展会盛况

2019年4月28日北京世园会举行盛大的开园仪式，国家主席习近平出席了开幕式，并发表题为《共谋绿色生活，共建美丽家园》的重要讲话，重申"我们应该追求人与自然和谐""我们应该追求绿色发展繁荣""我们应该追求热爱自然情怀""我们应该追求科学治理精神""我们应该追求携手合作应对"等生态文明思想。

根据北京世园会官网介绍，北京世园会是迄今展出规模最大、参展国家最多的一届世界园艺博览会，共有110个国家和国际组织，以及包括中国31个省区市、港澳台地区在内的120余个非官方参展者参加。自4月28日开幕以来，北京世园会共举办3284场活动，吸引了934万中外观众前往参观。其中中国馆的游客总量突破400万人次。

5.2 官方评价

在中国馆活动日上，国家领导人、国际展览局与国际园艺生产者协会的官员纷纷祝贺北京世园会的成功举办，并给予高度评价。

国务院副总理胡春华强调：北京世园会是A1类世园会历史上展出规模最大、参展方数量最多的一次盛会，为中国与世界各国加强生态文明交流互鉴、推动共赢发展提供了重要契机。

国际园艺生产者协会秘书长提姆·布莱尔克里夫（Tim Briercliffe）表示：这是有史以来最出色的世园会，是向公众宣传和展示植物重要性的良机。希望大家都来参观北京世园会，来了一定不会后悔。

国际展览局主席斯滕·克里斯滕森（Steen Christensen）表示：中国举办了一次精彩的世园会，打造了这个美轮美奂的园区，并邀请110个国家和国际组织共襄盛举。在喜迎四海宾朋的同时，中国也与世界各国一道推动生态环境可持续发展，提升生活质量，造福子孙后代。

国际园艺生产者协会主席贝尔纳德·奥斯特罗姆（Bernard Oosterom）

图 21 北京世园会山水文化轴鸟瞰照片（2019 年 9 月拍摄）

图 22　项目团队研讨会照片（2016 年 8 月拍摄）

表示："相信世园会会催生更多行动，通过植物和景观让环境更美丽、城市更绿色"。

5.3 合作共赢

回顾从申办到开园的全过程，我院配合北京世园局成功地组织了一次复杂的"城市大事件"的规划及建设工作，再次证明我院在"城市大事件"类型项目上的专业支撑与专业整合能力。

在工作方法上，除了发挥我院内部多专业支撑能力之外（院长带队组织了风景园林、详细规划、交通、市政、智慧城市、照明等十四个专业团队），更重要的是在和外部单位（北京市园林古建设计研究院、中国建筑设计研究院等）的合作过程中，采取了"圆桌会议"的方式，集思广益，团队协作，实现了合作共赢的工作目标。

2019 年北京世园会在海坨山下让万花之园融入山水形胜，在妫水河畔让山水颂歌感动心灵，在北京延庆让人居环境与美丽的大自然和谐共生。总面积 960hm^2 的世园会是全体设计团队共同泼墨挥洒在祖国大地上的崭新画卷（图 22）。

6　设计团队

胡洁、马娱、安友丰、恽爽、张晓光、吕璐珊、王彬汕、刘红滨、何伟嘉、Boris S. Tomic（美）、Hans Deckker（美）、Bart R.Johnson（美）、王泽怡、马珂、程兴勇、付倞、陆晗、孙国瑜、梁晨、李加忠、孙楠、张作龙、何金龙、刘昶、刘芳菲、刘晶、刘哲、薛京、雍苗苗、张倩媛、龚宇、贾培义、郭湧、谢麟冬、杨军、段进宇、李公立、陈海燕、吴海飞、张孝奎、刘加根、刘岩、游历、陈一铭、毛羽、高长宽、冯刚、商进越、谭啸、林晓璇、樊健、王卅、刘旷、杨明、邓冰、付志伟、郑憩、荣浩磊、李静、贺捷、吴悠、张会、孔宪娟、王飞飞、王瑶、冯立超、周洁、贾磊、徐慧君、周立、赵洋、王朝询、蒋大、刘慧、陈晨、马迪。

7 顾问团队

孟兆祯、尹伟伦、尹稚、崔凯、张引潮、张启祥。

8 合作单位

北京市园林古建设计研究院有限公司；

中国建筑设计院有限公司；

北京城市规划设计研究院；

北京市市政工程设计研究总院有限公司；

清华大学建筑设计研究院简盟工作室；

北京市建筑设计研究院有限公司；

北京山水心源景观设计院有限公司；

北京创新景观园林设计有限责任公司；

北京中元工程设计顾问公司；

荷兰NITA（尼塔）设计集团；

奥雅纳ARUP（北京）；

北京城建设计发展集团股份有限公司；

北京市弘都城市规划建筑设计院；

北京市勘察设计研究院有限公司；

清华大学美术学院；

北京林业大学园林学院。

9 获奖信息

2019年10月获中国风景园林协会科学技术奖规划设计一等奖；
2017年荣获IFLA-APR规划分析类杰出奖。

扬州世园会与铜山小镇规划鸟瞰图

盛世山水，诗意栖居

——2021 江苏省扬州世园会及周边园区综合规划

胡洁　马娱

项目位置　江苏省扬州市

项目规模　总体规划范围 65km²；核心区详细规划范围 15.2km²；世园会规划范围
　　　　　2.2km²

完成时间　2017\7~2018\10

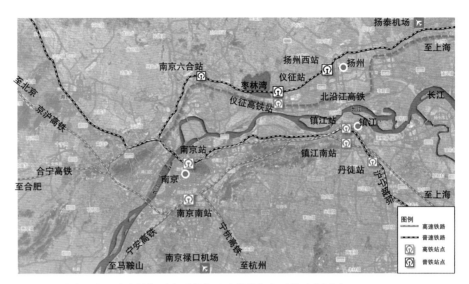

图1 枣林湾生态园在宁镇扬城市群的位置及其外部交通关系分析图

引言

作为长三角地区第一个申办世园会的城市，扬州市政府提出了"绿色城市，健康生活"的申办主题。在办会理念上，提出"绿色引领城市，园艺升华生活"的口号，希望通过本届世园会的举办，实现"世界园艺新发展，生态宜居新典范"的办会目标。绿色、健康和生活成为本届世园会的关键词，体现出扬州市希望借助世园会推动城市的绿色发展，向世界展示中国生态文明建设的新成果。

在本次规划中我们提出区域生态与经济社会资源的统筹、圈层结构、前店后厂模式以及大健康等理念。以枣林湾生态园为基地（图1），以"省园会"和"世园会"为契机，结合当地文化与体育产业策划、水（患）的防治与利用以及与周边交通体系的完善，提出了包括铜山、铜山小镇及胥浦河在内的枣林湾园区综合规划。

1 项目背景

1.1 长三角地区首次举办世园会

世界园艺博览会（以下简称世园会）是由国际园艺生产者协会（AIPH）批准举办的专业性国际博览会（A2 B1级）。自20世纪60年代以来，世界各国积极争办世园会，借助"大事件"展示国家实力，促进

图 2   从西侧的红山远眺铜山及枣林湾水库（2016 年 9 月拍摄）

举办地城市基础设施建设，为城市发展提供契机。扬州市是长三角地区第一个申办世园会的城市，希望借助城市"大事件"推动城市的绿色发展，向世界展示中国生态文明建设的新成果，2021 年扬州世园会将在扬州市下辖的仪征市北部的枣林湾度假区内举办，该区属省级旅游度假区，这里地势起伏绵延，植被丰茂，景色秀美（图 2）。

1.2 再获世园会规划资格

2016 年扬州市政府选择北京清华同衡城市规划设计研究院（以下简称清华同衡）作为世园会的总体规划负责单位，分别委托枣林湾度假区概念性总体规划（面积为 68km²）、铜山小镇详细规划（面积约 11.8km²）和"省园会"与"世园会"（简称两园）的风景园林总体规划（总面积 3.4km²）。

2 扬州世园会总体规划策略

在规划工作前期，扬州世园会筹委会策展团队为了成功办展和谋求展园的可持续发展，在宏观战略上为本项目进行了如下谋划：

2.1 借力"一带一路"的发展契机

借力"一带一路"倡议，依据扬州古城作为"丝绸之路"节点城市和京杭大运河世界文化遗产枢纽城市的条件，在枣林湾世园会景区内设立世界运河历史文化合作组织（WCCO）年度论坛的永久会址。

2.2 国家生态文明发展战略的要求

从国家生态文明和新型城镇化发展战略出发，提出"绿色城市，健康生活"的办会主题。践行"绿水青山就是金山银山"的发展理念，积极发展绿色产业。

2.3 长三角区域的体育健康产业布局

"长三角协调会健康服务业专业委员会"2015 年 7 月在扬州市成立，是继新型城镇化、品牌、旅游和会展 4 个专业委员会后，首个由地级市牵头设立的专业委员会。扬州市将成为"长三角健康服务的先行先试区"。将园艺产业与大健康产业结合起来是世园会永续利用的主要构想。

2.4 宁-镇-扬后花园的区位优势

在宁波、镇江、扬州三个城市（简称宁镇扬）同城化视野内确定世园会的举办地点，以利世园会的举办能迅速提升区域旅游产业发展。68km² 的枣林湾生态园被称为"宁镇扬的后花园"，距离镇江、南京和扬州中心城区的车行距离不超过 1 小时，即将修建的高铁干线将园区与上海时空距离缩短到 1 小时。

3 枣林湾生态园总体规划

枣林湾生态园规划紧密围绕"绿色引领城市，园艺升华生活"这一办会理念，立足大健康这一绿色产业，做好枣林湾园区的统筹规划和规划统筹工作，主要包括以下两点内容：

3.1 总体分区

从"生态保护优先""区域发展优先"两个维度识别适宜建设用地的优势发展区；实施分区发展指引，倡导"田园旅游生活方式"；坚持以人为本原则，推进园乡协同发展，激发乡村发展活力，提高百姓生活水平。

本规划提出"两区、两园、一镇、多点"的空间结构，"两区"是指大健康产业核心区（后文简称核心区）及外围的田园观光区；"两园"是指省园会与世园会的展园；"一镇"是指承载产业配套、旅游服务和居住功能的铜山特色小镇；"多点"是指园区内依托村落发展而成的大健康产业配套社区。园区拥有生态与乡野资源优势，是打造"田园旅游生

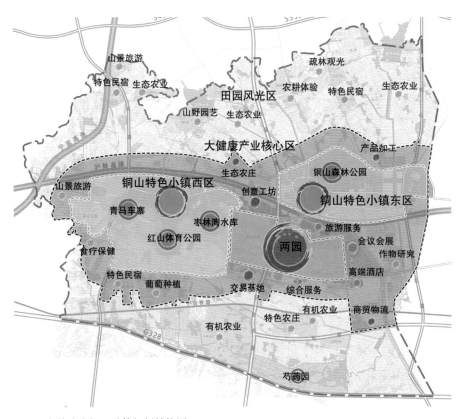

图3 枣林湾度假区总体规划结构图

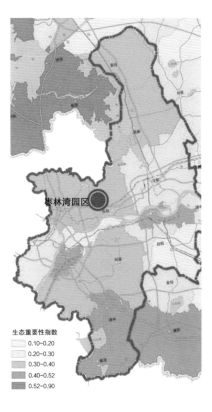

生态重要性指数
- 0.10~0.20
- 0.20~0.30
- 0.30~0.40
- 0.40~0.52
- 0.52~0.90

图4 宁镇扬区域内生态重要性指数分析图

活方式"的重要环境保障，但是需强调"发展引导"与"区域管控"并重，以求实现"两区联动"，推行"前店后厂"的产业链组织模式，推进一二三产融合发展（图3）。

对园区内的乡村进行发展潜力评价，对就地拆迁安置、整体统筹安置、乡村就地发展三类村庄实施分类指引，基于职住平衡原则提出安置用地方案；完善公服配套，推进设施共建共享，根据镇区需求研究园内设施共享及再利用模式，构建完善便捷的公服体系。

3.2 绿色基础设施规划

构建绿色基础设施，突出低影响开发。结合大尺度生态环境基础评估等方法（图4），使枣林湾生态园的可持续发展与乡村振兴规划紧密结合。以胥蒲河流域生态修复和面源污染整治为出发点，尊重现状"山水林田湖结构"，增加仪征上游的蓄水空间，提高城市防洪能力，保证水上旅游的安全运行；织补农田林网，构建乡间慢行系统，形成"山水林田湖"一体化绿道网（图5~图11）。

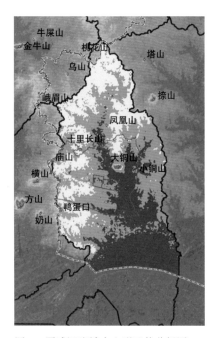

图5 胥浦河流域内山形地势分析图

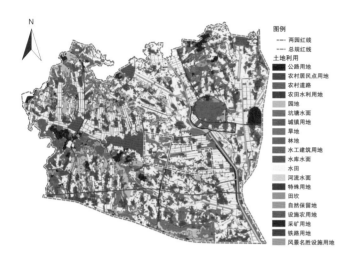

图 6　枣林湾生态园现状用地分析图

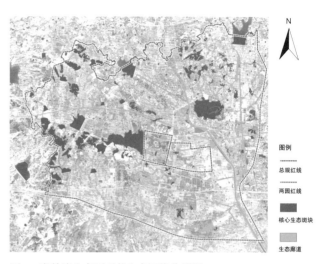

图 7　枣林湾生态园现状生态网络分析图

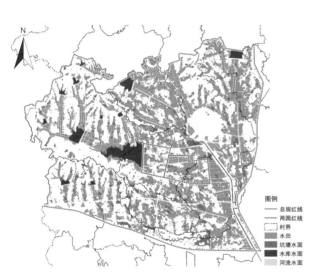

图 8　枣林湾生态园现状水系分析图

图 9　枣林湾生态园用地适宜性分析图

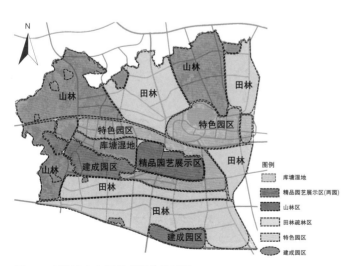

图 10　枣林湾生态园景观风貌分区图

图 11　枣林湾生态园河流与道路廊道分析图

4 核心区详细规划

4.1 规划原则与目标

　　世园会不应该成为供人观赏的"盆景"，而应该是城市发展肌理中自然生长的有机体。为了寻求高效长远发展，必须创新会后可持续

发展模式。根据以往的经验，枣林湾度假区镇园分离模式不利于提升竞争力，本次规划建议会后按照"镇园一体"模式，编制一体化规划，统一招商、统一实施，实现"园在镇中、镇在园内"，落实扬州市政府提出的"世界园艺新发展，生态宜居新典范"的办会目标（图12、图13）。

1 中国馆
2 汇演中心
3 国际馆
4 度假酒店
5 露营区
6 居住区
7 度假酒店
8 酒吧/小吃街
9 中心商业区
10 体育大学
11 零售
12 七星级酒店
13 集中居住区
14 五星级度假酒店
15 中央广场
16 五星级酒店
17 商业餐饮街
18 商业中心
19 露天看台

图12 核心区风景园林总体规划平面图

图13 正在建设中的铜山小镇东区鸟瞰效果图

4.2 用地基本情况

核心区总面积 15.2km²，其中省园会与世园会占地 3.4km²，沪陕高速（G40）从用地中穿过，与南北向的长山路、汉金大道、铜山路一起构成核心区的外部交通条件。由于道路的分割，核心区被分为三大片区，汉金大道以西为铜山小镇西片区和红山体育公园，围绕枣林湾水库而建，主要承担健康养生方面的服务功能。汉金大道以东为省园会和世园会的用地，其中省园会在 2018 年开园，由江苏省规划设计院负责完成规划设计。两园用地的北部是铜山小镇的东区，中间被沪陕高速公路隔开，主要承担体育健康产业功能。

4.3 核心区的山水景观

核心区北靠铜山（海拔 149.5m，是苏中第一高峰），南临胥浦河，景色优美，视线悠远，北可远望蜀岗群峰绵延叠翠，近可品"胥浦农歌"，登上铜山，向东南可远眺长江东去的景色，感受"春江潮水连海平，海上明月共潮生。滟滟随波千万里，何处春江无月明"（唐·张若虚《春江花月夜》）的壮美景色。规划着重强调对铜山景观的保护，对周边建筑高度进行控制（图14），确保在园区内至少能够看到山体1/3的高度，在重要节点处预留视廊，保证能够看到完整的山体轮廓。

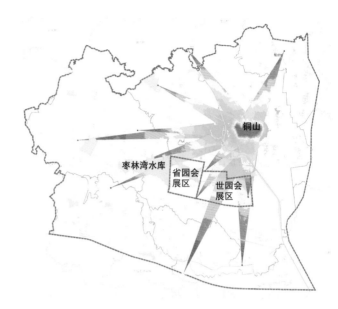

图 14 枣林湾度假区内铜山视线保护分析图

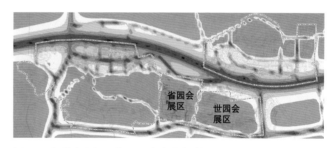

图 15 枣林湾度假区核心区公路噪声分析图

4.4 低影响开发与人性化设计

核心区的规划秉承"突出顺势而为，突出绿色底色"的规划策略，因地制宜，低影响开发。将胥浦河老河道及现状低洼地的池塘挖宽成湖，提高城市蓄洪除涝能力；人车分离，建立滨水区连续的慢行系统；引进丰富的植物品种，建设人工湿地，净化流域面源污染，亦可回用园区中水；实施屋顶绿化，构建内部环保交通体系，减少能耗与热量排放；步移景异，在山水之间串联多样化的公共空间；"佳则收之，俗则屏之"，通过对片区噪声分布的专业分析（图15），为绿化隔离带的建设提供科学依据。

5 世园会展区详细规划

5.1 风景园林规划主题

扬州城市发展体现出非常明显的峰谷交替的状态，在汉代、唐代、两宋、清代都出现过极盛期，在盛唐时期，甚至有"扬一益二"的美誉（益州就是今天的成都）。故此，扬州市名人辈出，诗词歌赋、书法绘画等艺术成就斐然。此外，民间的传统技艺、传统艺术等非物质文化亦非常丰富。今天，扬州市有 3 个省级非物质文化遗产，32 个市级非物质文化遗产。根据互联网大数据市场分析，"烟花三月下扬州"的诗意扬州形象市场知名度较高，中国古典园林是扬州旅游的核心吸引要素，美食休闲文化是扬州旅游的重要吸引要素。

故此，本项目风景园林规划以"诗画"破题，提出"盛世山水，诗意栖居"的世园会风景园林规划主题。汉赋、唐诗、宋词、明清园林记载着古代扬州的兴衰，诸多的名家书画保存了市井生活丰富的记忆，这些文化内容将融入世园会每一个细节的营造之中。扬州世园会的成功举办，将为 2021 年中国共产党建党 100 周年献上一曲盛世赞歌。

5.2 总体规划

5.2.1 "两园"整体规划

世园会与省园会（并称两园）总规划面积 3.4km^2，中间被规划中的汉金大道隔开，省园会的规划设计由江苏省规划设计院在 2017 年完成，2018 年顺利完工并成功举办。世园会展区的规划设计起步稍晚，其总体布局需要与省园会整体衔接。

5.2.2 世园会的地形地势

世园会展园用地主要位于胥浦河支流的河道滩地上，地势低洼，场地平阔，景色一览无余；一条渠化河道笔直于用地北界穿过，两侧圩田连绵，池塘漫点珠翠，沟渠纵横交织（图 16）。《园冶》云，"相地合宜，构园得体"，规划用地内北仰铜山，南偎红山低丘漫岗，西侧上游有枣林水库保证园区供水，向东可以感受"胥浦农歌"。规划用地内地下水位较高，总体上说，两园的选址是造园最为理想的郊野山林之地，但也存在有碍观瞻的景物，分别为沪陕高速、汉金大道、省园会东北角高近

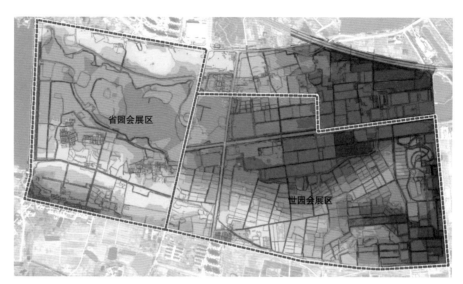

图16 枣林湾度假区两园园区现状竖向分析图

百米的回迁楼群，需要妥善处理。

5.2.3 以山水立园

古语有云：聚气藏风，得水为上。造园必先理水，计成在《园冶·村庄地》中说，"约十亩之基，需开池者三"，可见江南园林水景之盛。然查其根源，非为贪图壮丽之景，实因江南雨季绵长，又多暴雨，为防范洪涝必须多留水域用地。

本规划打破现状渠化河道的南堤，根据30年一遇洪水淹没范围，将河道南拓至百米开外，形成开阔水面，挖湖之土堆于南岸坡地，行成起伏的地形，利于种植不耐水湿的高大乔木。并设计婉转参差的岸线，植以疏芦翠柳，引白鹭梳翎；借铜山倒影，摇曳湖中，成湖山诗意画卷。

在南岸设计世园会主展区，沿岸立有国际馆、演艺塔、非遗馆和省园会的中国馆等建筑，形成壮观的世园会景观轴线（图17）。

枣林湾水库

江苏省展园区

1 南入口广场	7 港澳台展园区	13 扬州非遗文化展示馆	19 北入口广场	25 中心湖面
2 停车场	8 服务广场	14 有机果园	20 儿童活动区	26 水生花卉浮岛
3 国内展园区	9 码头	15 湿地展区	21 配套服务区	27 跌水景观
4 企业展园区	10 演艺中心	16 商务度假酒店	22 雨水花园	
5 国际展园区	11 国际馆	17 茶园	23 中学	
6 京津冀展园区	12 滨水餐饮街	18 中草药园	24 幼儿园	

图 17 两园园区风景园林规划平面图

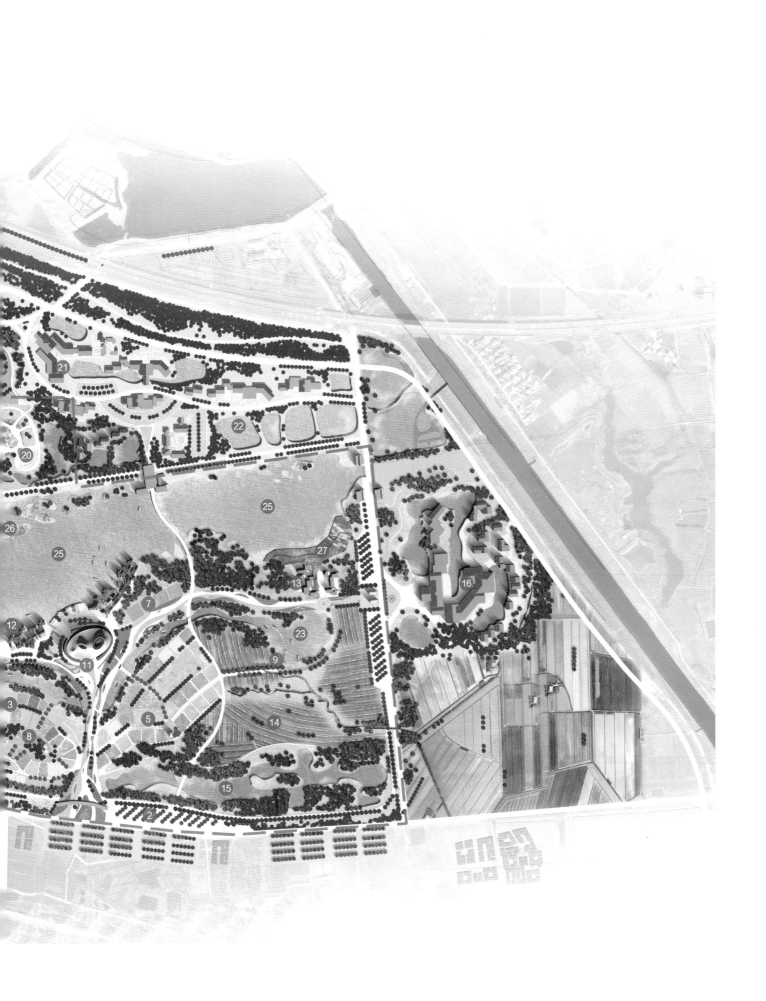

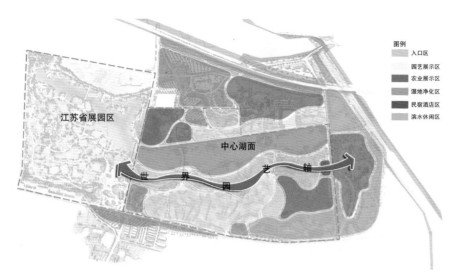

图 18　世园会功能分区分析图

1 中国馆　2 特色水巷　3 演艺中心　4 特色花带种植　5 滨水商业街　6 国际馆　7 度假酒店

图 19　世界园艺轴规划平面图

5.2.4 园展分区

在山水和主体建筑布局确立之后，还需细谋用地功能与主要出入口等工作。世园会展区分为南北两个主入口区、园艺展示区（共 20 个展园）、滨水休闲区、农业展示区、湿地净化区及民宿酒店区（位于红线外）6 个主体功能分区（图 18），结合会时与会后的不同功能需求，为游人提供丰富的游览体验。在园区红线外的北侧和东侧规划了特色民宿、度假酒店、商业餐饮等综合服务设施，并结合会议会展、科普教育等需求，形成完善的配套服务设施。两园的主要功能区为"世界园艺轴"所串联，世界园艺轴始于江苏省展园区，沿途串联主入口、会演中心、展园区、滨水商业街、国际展馆等重要景观节点，会时结合花车游行等活动，形成一条富有活力的游览纽带，轴线广场宽约 50m（图 19）。

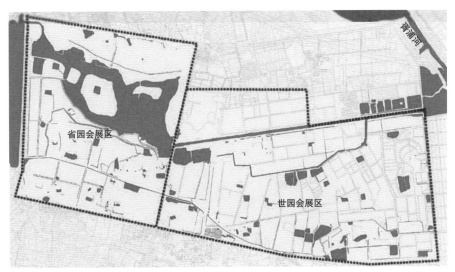

图20 两园园区现状水系分析图

1 湖区　　　　　　3 水生花卉浮岛　　　　5 水坝
2 人行桥　　　　　4 湿地/蓄水　　　　　6 特色水巷

图21 世园会水上活动区平面图

5.2.5 "两园"水景规划

除了开阔的湖景之外，规划还巧借地形，设计一条贯穿东西两园的人工运河。省园会内的主湖常水位高程高于世园会内主湖的水面1m有余，这一点恰为可用，修闸引水，结合南岸坡地地形，开挖一条水巷，为两园的整体设计增加了一条水上通道，在水巷东侧的末端设一跌水瀑布，形成水声，旁边设有非遗展馆，这样，一湖一河，将平坦开阔的圩田转化为开阖有致、动静相生的绿地空间。为了避免汉金大道对两园水景观的破坏，规划建议道路下穿，使得东西两园的水陆交通不受阻隔，景区布置一气呵成（图20、图21）。

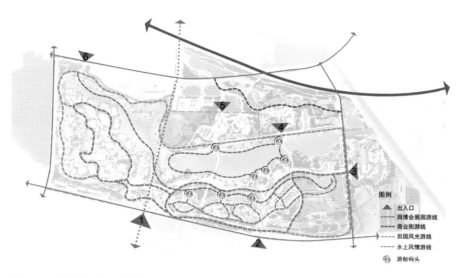

图22 两园游览线路分析图

5.3 24 小时游览体验

5.3.1 四条主游线

　　世园会内的主要景点，可以满足 24 小时游览观光，深度体验"诗情画意，扬派生活"的规划目标。园内流线可分为展区游线（VIP 游线）、田园风光游线、水上风情游线和商业街游线（图 22）。展区游线（VIP 游线），侧重于开放空间的展园游览，此游线可以快速游览全园主要内容，比较节约游览时间；田园风光游线，以当地特色田园风光景色为主要内容；水上游线，行船游览两园片区，并可在任意码头上岸游览展园及展馆；在用地东北侧，设有商业街游线，在会期和会后可以提供园艺等相关产业的商业零售服务。

5.3.2 主入口与园艺展区

　　主入口（南入口）区位于世园会场地西南角，与江苏省展园的主入口相接，形成半开放式的入口空间（图 23）。规划通过铺装及种植的设计，形成条带状的流动型景观。主入口多彩的花卉形成蜿蜒的花带，在引导人流方向的同时营造"盛世扬州"的展会氛围和画中游的意境。进入主入口，展现在游客面前的是"缤纷世园"展区，位于世园会场地南侧。主要包括国内展区、国际展区、企业展区、港澳台展区及其他展园区和公共活动区等，为园艺博览会期间展园集中分布的区域（图 24）。展园设计结合特色水巷，每个公共活动区均有道路直达特色水巷的码头，形

| 1 入口广场 | 3 特色花带 | 5 演艺中心 | 7 水幕喷泉 |
| 2 入口建筑 | 4 人形桥 | 6 滨水广场 | 8 中国馆 |

图 23 世园会南入口区平面图

| 1 国内展园区 | 3 国际展园区 | 5 码头 |
| 2 企业展园区 | 4 公共活动区 | 6 港澳台及其他展园区 |

图 24 世园会缤纷世园展区平面图

成"水上游园"及"展区游园"两条路线。沿园艺轴花卉种植条带可给我们带来视觉盛宴，滨水而建的演艺中心将结合亲水台阶广场及水幕表演等活动，形成活跃的开放型表演空间。

5.3.3 北部园艺生活体验区

游览完世园会展区，可通过景观桥来到世园会西北侧的茶果园区。茶果园区通过适当的挖湖堆山，营造地形，并种植扬州名茶"绿阳春"和当地特色水果，结合茶叶及水果采摘等活动，展示当地特色。紧邻茶园区东侧规划一处中草药园，以科普展示和教育为主，倡导新的健康养生理念。紧邻北入口处是儿童活动区，通过空间划分给予不同年龄段的儿童多样的活动空间（图25、图26）。

配套服务区位于儿童活动区东侧。一方面展示扬州建筑及村落的景观特色，另一方面承担餐饮、住宿等配套服务功能，通过具有地域特色的餐饮和住宿，让游人深入体验农家生活乐趣。湿地展区位于场地东北及东南，在场地现状高程最低的区域规划湿地展区及雨水花园（图27、图28）。

5.3.4 东入口区及扬州非遗展区

游览完湿地展区，通过景观桥，可进入场地东入口处的扬州非遗展示区。规划扬州非遗展示区，旨在让古典文化绽放新活力，促进非物质文化遗产传承与保护的创新发展。在非遗展区东侧是东入口酒店区为展会提供接待服务。有机果园区位于非遗展示区南部，以有机果蔬种植为主，集科普、观光、采摘、教育等功能为一体，游客可以进行采摘、体验、品尝等农事活动，并结合亲子及儿童户外教育，享受自然田园野趣（图29、图30）。

1 一级园路   3 果林   5 现状中学   7 池塘
2 茶园   4 草药园   6 现状幼儿园

图 25   北区果园区平面图

1 入口   2 绿荫儿童活动场地   3 儿童戏水活动区   4 亲子互动活动区

图 26   北区儿童活动区平面图

1 特色美食街   2 特色民宿及餐饮   3 停车场

图 27   北区配套区平面图

1 绿植防护带   2 池塘   3 胥浦河   4 湿地种植展示区

图 28   北区湿地展区平面图

1 星级度假酒店   3 休憩草坪   5 落客区
2 度假别墅   4 停车场   6 国际会议中心

图 29   东入口度假酒店区平面图

1 扬州非遗展示馆   3 特色水巷   5 林地
2 跌水景观   4 码头   6 东入口

图 30   东入口非遗展区平面图

图 31　世园会夜景照明效果图

5.3.5 世园会夜间游览规划

夜幕降临，世园会充分利用密布的水网，构建串联长江和大运河的区域水上大交通游览体系，通过"桃柳"植被景观营造表现"烟花三月下扬州"诗词意境，借用诗词中常见的水、楼阁、桥、树等传统园林元素与月亮一起构成意蕴丰富画面。灯船、堂客船、龙舟等不同功能特色的游船供游客登船游览，在船上除了观景以外，还可以下棋、饮酒、品茗、唱歌，还可以作通宵游，一览夜景。在世园会中策划持续性灯会，以夜景营造为引爆点进行灯光设计，感受古代扬州夜色下的城市繁华（图 31）。

5.4　展后利用

世园会规划要求，在主场馆设施、配套服务设施、园艺相关产业设施等方面，既要满足会展期间举办各种活动的要求，同时为会后各项功能的利用和转化打下基础。

5.4.1　国际馆的再利用

规划提出国际馆造型应简洁、现代并且搭建灵活，易于会后利用与改造。国际馆在会期为园艺展览馆，其中设有园艺展区和运河展区。会后其将作为运河城市展览馆使用，展出世界各国的运河风采，并成为运河展览的常驻根据地之一。

5.4.2 中国馆的再利用

中国馆作为展示中国园艺的历史、发展与未来的主题场馆，会后可参考日本东京国立新美术馆案例，构建文化艺术中心。规划考虑根据花卉蔬果等园艺元素募集艺术作品建立常设展区，其他展区可供租赁，举办艺术展；也可考虑定期举办园艺论坛、讲座等互动活动，传播交流园艺知识。

5.4.3 两园配套设施的再利用

两园内其他配套服务设施，如酒店及会议中心、餐饮及配套商业等，会后延续其现有功能，并进行相应扩展及商业提升。两园内园艺展示等相关设施，在展期过后可打造为开放式园林景观向大众开放，同时运营有机农业示范基地，实现产业长远价值。

6 项目思考与总结

6.1 风景园林师牵头综合规划

本项目由北京清华同衡规划设计研究院风景园林中心山水城市研究所作为主要协调单位，与旅游与风景区规划研究所、风景园林一所、总体规划二所、光环境规划设计研究所、智慧城市研究所、城市公共安全规划研究所、建筑声学与室内设计研究所等专业部门完成。风景园林师作为这种大型项目的牵头人，在过去出现的机会不多，这在风景园林行业发展的过程中是一个新的里程碑和标志，是风景园林行业在今天的市场和工作环境中的突破。

6.2 立足人居环境科学的大视野

本文概要地介绍了举办世园会这类大事件的工作思路和工作方法，因为篇幅所限不能详细展开每个阶段不同专业的精彩内容。本项目的成功实践关键在于立足于吴良镛教授提出的人居环境科学理论，以开阔的视野，从国家宏观战略出发，多层次、多方面系统分析问题，建立多专业协作体制，高效率高质量地完成城市规划工作。

6.3 山水城市思想推动风景园林专业创新

20世纪90年代，钱学森提出了"山水城市"思想，一经提出就得到行业的认可与支持。本次规划从景观生态学、全域旅游规划、绿道网络规划、传统山水文化意境、山体视线廊道与建筑高度控制、大流量与多元化游览需求等多个风景园林专业创新方向进行了积极的探索（图32）。

7 设计团队

胡洁、马娱、刘哲、Boris Tomic（美）、梁晨、李加忠、王春晓、孙国瑜、韩毅、郑婉、刘晶、龚宇、徐巍、张奇、安博、杨明、王彬汕、付志伟、戚安平、王克敏、续聪、董宇恒、常雪松、高佳、周世泽、刘晋嫒、吴邦銮、朱沛、陈蕾、李迪希、张龙飞、王昆、崔亚楠、张艳、刘洁、戎海燕、马越、高帅、李静、李公立、孔宪娟、曲葳、王瑶、郭继凯、邱洁、严爽、万汉斌、冯立超、张楠楠、于开春。

8 专家顾问

安友丰、许豫宏、马振兴、张利、何伟嘉、戴军、张晓光、王鹏、于亮、王晓阳。

9 协作单位

清华大学建筑设计研究院简盟工作室；
北京中大宜合机电设计事务所有限公司；
荷兰 NITA（尼塔）设计集团；
美国 AI+Architecture LLC。

10 获奖信息

2018年国际风景园林师联合会（IFLA·AAPME）亚非拉地区规划分析类荣誉奖。

图 32　扬州世园会主展区鸟瞰图

2022 北京冬奥会森林公园鸟瞰效果图

大好河山，四季崇礼

——2022 北京冬奥会森林公园风景园林规划设计

胡洁　马娱　梁晨

项目位置　河北省张家口市崇礼

项目规模　12.6km²

设计时间　2015/03~2017/07

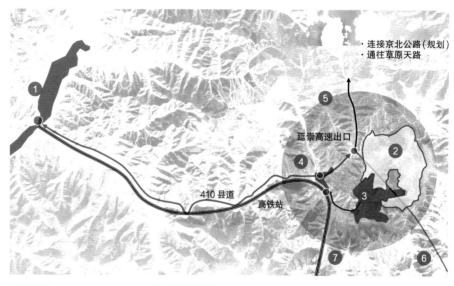

1 崇礼城区　　　　　　5 长城岭风景区
2 北京冬奥会森林公园　6 延崇高速
3 冬奥会赛区　　　　　7 规划高铁
4 太子城奥运村

图 1　2022 北京冬奥会奥运村、奥森公园与崇礼主城区的位置

引言

基于项目场地敏感的自然条件和优良的资源禀赋，2022 北京冬奥会森林公园（后文简称"冬奥森林公园"）建立以生态为引导的规划技术路线，以科学理性的策略应对公园的多元需求。

首先，以生态优先为导向进行用地布局规划。用多项先进技术进行数据获取和分析，搭建风景园林信息化模型，得出生态安全格局、景观格局、景观功能布局、山水视线分析、交通组织结构、长城保护策略等最佳解决方案。

其次，以自然资源保护、生态系统修复为基础，以风景园林营造、环境综合整治为载体，以体育产业、旅游产业为支撑，将文化创意与体育产业相结合，户外休闲和生态保护相结合，将冬奥森林公园建设成为——生态保护与修复的示范区。

冬奥森林公园作为冬季奥运会赛时的基础设施、赛后的国家级户外体育主题公园，将为京津冀地区协同发展作出突出贡献（图 1）。

1 项目背景

1.1 再获奥运工程设计殊荣

继北京奥林匹克森林公园项目建成十年后，冬奥森林公园总体规划成为践行钱学森先生"山水城市"理念的又一力作。2022年第24届冬季奥林匹克运动会由北京市和张家口市联合举行。北京市将承办冰上项目，延庆区和张家口市将承办雪上项目。在中央及河北省政府的高度重视下，由党政主要领导挂帅的工作机构与清华大学规划团队密切合作，制订了包括空间战略、城镇布局、赛区与冰雪小镇、场馆与交通设施、生态与风景园林等多个规划。其中，以胡洁为总规划师的团队承担崇礼冬奥森林公园总体规划设计项目，并成为前期实施的重点工程。

图2 冬奥森林公园现状冬季景色
（2016年3月拍摄）

1.2 项目选址

张家口市崇礼县位于北京市西北部。本项目的选址位于崇礼县的东南山地，距张家口市城区17km，距2022年冬奥会奥运村约3km，紧靠冬奥会跳台滑雪和越野滑雪赛场，占地面积12.6km²。园址属阴山山脉东段的大马山群山支系和燕山余脉交接地带，群山环绕、溪水长流、林木葱郁、自然朴野，有着城市里难以找到的山野气息和塞外风土人情（图2~图4）。之所以选择崇礼做冬奥会的会址，主要基于3点考虑：第一是京津冀一体化发展战略的要求。京西北地区是京津大都市区的生态涵养区，适合发展生态休闲等绿色低碳产业，并承接非首都功能；第二，崇礼是国家级贫困县。借助国家体育战略、扶贫攻关战略和生态文明战略，有助于崇礼探索全面实现脱贫建设小康社会的国家示范之路；第三，崇礼拥有顶级的空气质量，森林覆盖率高、山形地貌独特，冬季雪下得早、下得厚，雪期长达150余天，山体坡度多在5°~35°，拥有良好的开展滑雪活动的基础条件。

图3 冬奥森林公园现状溪流景色
（2016年6月拍摄）

图4 冬奥森林公园山体现状照片
（2016年6月拍摄）

1.3 崇礼冬奥森林公园的两大规划任务

一是，赛时作为基础设施保障。加强基础设施和赛时服务保障建设的同时，重点考虑现状植被覆盖与类型、现状地表径流、长城保护遗址、生态敏感性等影响因子，构建生态保护与修复示范区。

二是，为赛后留下一份奥运文化遗产。规划将竞技体育、房车营地、户外运动、休闲度假与地方民俗文化活动相结合，建设户外体育主题公园。借助2022年冬奥会带动区域产业发展，形成以冬季冰雪、夏季户外为先导的四季旅游产业链核心，带动全域发展，惠及千家万户。

2 规划设计理念

在山水城市思想的指导下，冬奥森林公园规划以"生态优先，绿色科技；人文奥运，四季崇礼；惠及民生，永续利用"为原则，贯彻中央提出的"创新、协调、绿色、开放、共享"的发展理念，彰显生态文明成果、推动崇礼绿色产业发展，将冬奥森林公园建设成为绿色、健康、旅游、休闲综合体。

2.1 生态优先，绿色科技

提出"生态保护、生态修复、生态发展"的规划思路，依据科学合理的规划手段，实现兼顾保护与发展的规划目标。结合"智慧城市"理念，联合清华大学与清华同衡规划院的研发力量，注重信息技术系统的应用，对规划、实施、建设、组织机构、标准规范、新技术应用等各环节进行有机整合，打造智慧公园。

2.2 人文奥运，四季崇礼

将奥林匹克文化与崇礼特有的长城文化及自然风景相结合；将公园建设与活动策划相结合，满足时尚生活需求，发挥森林公园的综合服务功能。春赏花，漫山遍野鲜花烂漫；夏避暑，塞外高原凉爽宜人；秋观景，桦树林茂景色绚丽；冬滑雪，山川秀美雪原驰骋，塑造山水画般意境的崇礼冬奥森林公园。

2.3 惠及民生，永续利用

借助冬奥会契机，把12.6km^{2}的丘陵山地打造成奥运文化体育运动公园，完善城市绿地功能，让老百姓有更多"获得感"。规划从赛后园区可持续发展的角度出发，将竞技体育、旅游休闲度假、房车营地、户外运动中心、培训基地相结合，将冬奥森林公园建设成为绿色、健康、旅游、休闲综合体以及国际化的四季旅游目的地。

3 风景园林规划设计重点

3.1 搭建风景园林信息化模型

在项目启动之初，设计团队应用航测遥感和摄影测量技术获取地理信息，对现场进行详尽的调研，包括实地数字测量、当地专家讨论和利用互联网进行数据搜集等（图5~图9）。在此基础上，设计团队通过GIS、Fragstats对现状生态安全格局进行评价，得出生态斑块景观格局指数分析结果；对计算结果进行GIS空间叠加后，最终得出园区内大型核心生态斑块分布图；并通过Linkage Mapper软件模拟（或构建）核心区域间的生态廊道，构建园区景观生态安全格局；还通过Infoworks软件，进行园区内竖向和土方平衡分析，搭建风景园林信息化模型，得出精细化的场地设计方案。

3.2 生态环境修复的策略与方案

本项目地处内蒙古波状高原南段，又是坝上草原和坝下丘陵的过渡地带，受内蒙古高原影响，风沙大，年蒸发量高，导致了一定程度的干旱、水土流失和土地沙化、贫瘠化等问题。同时，霜冻、暴雨和冰雹灾

图5　崇礼县域、城区及园区统筹规划研究范围

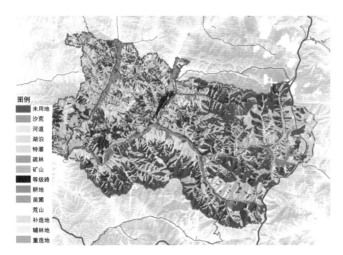

图 6　崇礼县域及园区范围用地类型分析图

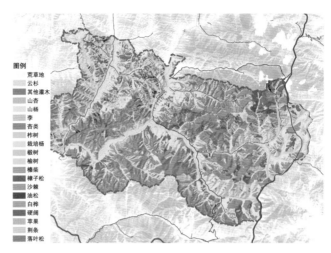

图 7　崇礼县域及园区范围植物品种分析图

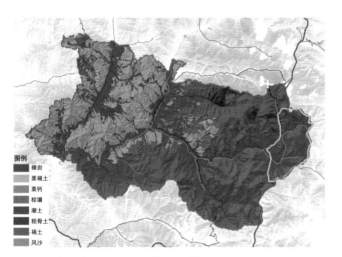

图 8　崇礼县域及园区范围土壤类型分析图

图 9　崇礼县域及园区范围土地退化类型分析图

图 10　冬奥森林公园现状农业开垦照片（2016 年 6 月拍摄）

害又加速了水土流失和土地沙化、植被破坏（图 10）。此外，崇礼地处温带落叶阔叶林与温带草原的过渡地带，属于生态安全的重要屏障，生态环境脆弱。冬奥会时及后续的旅游开发与城市发展将不可避免地会对当地资源造成一定程度的负面影响。基于上述问题，提出 4 点生态修复策略如下：

（1）统筹规划。为应对现状及未来可预见的生态危机，保护与修复生态系统，在崇礼县域层面划定整体生态保护红线，明确管控区域，同时构建"一脉山体生态功能带、三个生态节点、'两横三纵'水系廊道、四个生态功能分区"的生态安全格局。大力治理水土流失，保护与修复山体植被，改善全域景观面貌。在此背景下，本项目正位于崇礼东南部的山地水源涵养与土壤保持生态功能区，同时作为重要的生态节点，如何统筹考虑场地与周边环境，在有效保护的前提下精准落实生态系统健康发展，是本项目面临的最重要问题（图11）。

（2）保护优先。应用定量与定性结合的方法，按照高生态价值、强生态敏感性、人为强制保护的要求识别出生态保护区，并明确划定落地生态保护"红线"，总体生态保护范围共计1010hm²（图12）。其中，以原生桦树为主的林地、现状水系及其缓冲区等为核心的区域为高生态价值区；综合考虑自然及人为要素后极端脆弱的区域为强生态敏感区；场地内的长城遗址区域为人为强制保护区。并对保护范围内的山体资源、水资源、生物资源、文化资源等进行分类保护，对人类活动、设施建设进行较严格限制。

（3）生态修复。生态修复工作不能简单地划分为自然修复和人工修复。而应该因地制宜，切实根据受到干扰的生态系统自身的特点，根据不同的目标，有针对性地采取修复策略和措施。

图11　冬奥森林公园用地分区方案

图例
- 规划范围
- 现状河流
- 现状道路

生态保护
- 其他区域
- 保护区域

（标注：新洞坑、棋盘梁村、桦林东、奥运村、古杨树村）

图 12　冬奥森林公园生态保护区划图

图例
- 规划范围
- 现状河流
- 现状道路
- 其他区域
- 人居安全修复
- 湿地修复
- 山体灌草修复
- 山体乔木修复
- 文化生态修复

（标注：新洞坑、棋盘梁村、桦林东、奥运村、古杨树村）

图 13　冬奥森林公园生态修复分区图

　　将受到干扰的不同类型区域按照不同目标重新分类整合，提出以人居安全、景观生态安全和文化生态安全为目标的生态修复与重建策略（图 13）。

　　1）基于人居安全的生态修复与重建主要面向场地内由于道路建设所造成的水土流失、山体垮塌等区域，共 280hm²，重点应用草格、石笼网等生态护坡手段，改善山坡水土流失，保障交通安全。

2）基于景观生态安全的修复与重建指通过综合评估与分析，针对场地内荒山、水域及潜在湿地进行有针对性的分区、分类修复重建，其中湿地修复区为 142hm²、山体灌草修复区为 645hm²、山体乔木修复区为 393hm²。

3）基于文化生态安全的生态修复与重建主要指场地内的长城遗址保护区域（两侧 150m 范围）及长城遗址协调区域（两侧 500m 范围），共计 250hm²。采取工程措施与生物措施相结合的方式，应用相关技术恢复植被覆盖，保持历史文化场所和纪念地水系、植被、地形地貌、历史建筑等的适宜空间关系。

4）生态发展。为保障场地的可持续发展，在场地内采取适宜的生态技术应对未来可能出现的开发建设破坏，包括：构建以雨水收集净化、污水源分离、生活污水分类处理为核心的水资源循环利用系统；引入垃圾源头分类，实现减量化与资源化。建设区污泥垃圾、绿化垃圾、厨余垃圾采用好氧堆肥，建筑废弃物垃圾统一外运填埋，进入固体废弃物综合循环利用系统；构建以降低对传统能耗需求、改善室内物理环境、提升功能品质、实现建筑物综合环境效率最高为目标的绿色建筑与可持续能源利用系统。通过这些绿色生态技术系统的投入运行，保障在冬奥会时及会后场地的永续利用。

3.3 冬奥森林公园风景园林规划

依据现状自然条件和冬奥会功能需求，借助场地内现有道路与地形条件，总体规划八大功能区，包括：北入口区、营地活动区、奥运纪念林区、植物园区、山林游赏区、高山览胜区、生态保育区、生态科普区（图 14）。其中北入口区是整个场地的重要形象展示空间，亦是进入场地的主要节点；营地活动区、奥运纪念林区、山林游赏区突出人的活动，是相对活跃、热闹的区域；以植物景观和生态保护为主的植物园区、高山览胜区、生态保育区、生态科普区是相对安静的区域。整个园区在保护现状植被、生态环境和长城历史文化遗存的前提下，营造出了既能满足冬奥功能，同时又注重人的活动感受的丰富游赏空间。

（1）北入口区。位于公园西北端，占地 6.5hm²。是会期冬奥森林公园的主入口，作为会时综合性的旅游服务区。利用现状土路及平整场地，规划门区、服务建筑、停车场等内容。入口设置标识、游客询问、换乘

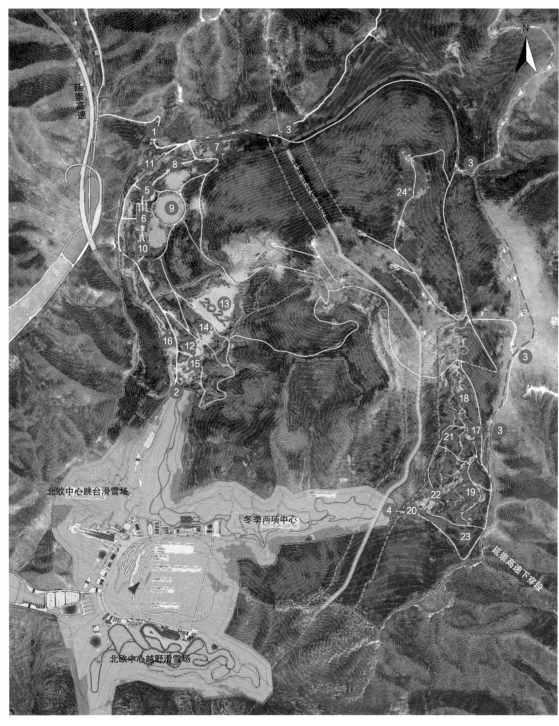

图 14 冬奥森林公园风景园林规划总平面图

1 北入口	7 帐篷营地	13 2022 植物雕塑	19 温室
2 南入口	8 房车营地	14 登山步道	20 入口广场
3 备用出口	9 户外活动空间	15 纪念林种植区	21 药用植物区
4 预留出入口	10 木屋营地	16 天然溪流	22 水生植物区
5 营地活动区服务中心	11 停车场	17 植物园服务中心	23 经济植物区
6 餐饮建筑	12 纪念林区服务中心	18 登山步道	24 现状风车

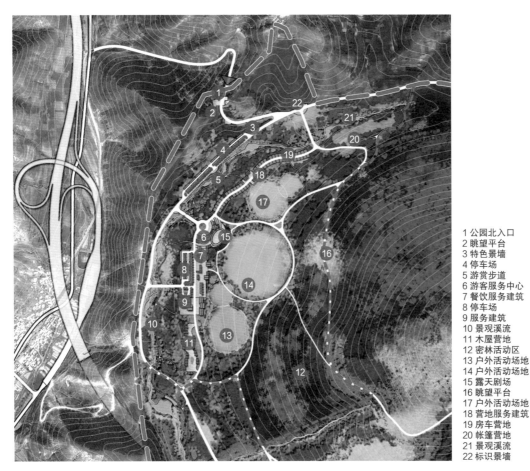

图 15　冬奥森林公园北入口及营地活动区

1 公园北入口
2 眺望平台
3 特色景墙
4 停车场
5 游赏步道
6 游客服务中心
7 餐饮服务建筑
8 停车场
9 服务建筑
10 景观溪流
11 木屋营地
12 密林活动区
13 户外活动场地
14 户外活动场地
15 露天剧场
16 眺望平台
17 户外活动场地
18 营地服务建筑
19 房车营地
20 帐篷营地
21 景观溪流
22 标识景墙

服务以及售票等功能，保留现状植被及草甸地被，周边设有山花小径以及小型的眺望景台，为游客提供安全舒适的生态休闲体验（图15）。

（2）营地活动区。位于公园北入口的南侧，占地 105hm²。此区域为公园主要的活动区之一，保护和利用现状溪流规划生态观光湿地；利用现状较为平整的场地规划服务建筑、帐篷营地；利用较为开敞的草甸规划活动区，向游客提供大众体育活动、奥运文化体验、户外休闲度假等服务。奥运草坪采用奥运五环的概念围合出活动区域，主要提供大众体育活动的载体空间；木屋向度假游客提供自然的居住体验和轻松惬意的居住交流环境；户外露营地提供房车营地和帐篷营地体验，为青少年夏令营以及户外爱好者提供惬意的游憩场所（图16）。

图 16　冬奥森林公园北入口服务区效果图

（3）奥运纪念林。奥运纪念林为冬奥森林公园内的重要节点，本区规划面积为95hm²（1450亩），其中植树区面积为60hm²（900亩）。奥运纪念林区以"尊重场地、服务冬奥、满足功能、传承文化"为规划原则；以奥运文化及2022冬奥文化为设计主题，形成入口区、山顶观景区、综合服务区、纪念林种植区四大功能分区，由一条冬奥文化轴串联始终。规划赛前、赛中、赛后3个主要区域，主要为国家领导人、省、市及地方领导人、冬奥志愿者及组织机构、参赛运动员及赛事主办方、社会各群体、组织及个人等提供植树纪念的区域。突出崇礼的四季植物景观，并根据使用功能及植树活动的要求，合理布局植物种植区域及服务区，使其成为冬奥森林公园的标志性景观区域（图17、图18）。

1 滨水平台
2 天然溪流
3 游赏小道
4 2022植物雕塑
5 纪念林种植区
6 一级园路
7 游客服务中心
8 跌水
9 冬奥文化广场
10 公园南入口
11 森林公园规划范围
12 奥运纪念林区范围
13 登山步道
14 悬挑观景平台
15 景观溪涧
16 纪念林种植区
17 登山步道
18 二级园路

图17 冬奥森林公园冬奥文化景区平面图

图18 冬奥森林公园冬奥文化景区鸟瞰图

图19 冬奥森林公园高山览胜区观景平台效果图

（4）高山览胜区。位于长城遗址保护区西南侧，占地 60hm²，为公园内山顶观景区域，海拔高视线好，适合登高望远（图19）。规划保留现状植被和草甸，根据地势条件设计观景平台和小型活动场地。为游客提供高山徒步、观赏草甸风光以及登山览胜的体验。

（5）植物园区。植物园区位于公园东南端，是公园的核心景区之一，占地 90hm²。规划将其建设成为集教育、科研、游赏、植物保护及展示等功能于一体的特色植物园。植物园以高山植物为主要品种，依据场地功能及地势特点，垂直种植相应植物品种。植物园内部设计温室大棚，适当引种观赏性较高的植物品种，丰富植物园的游赏体验（图20、图21）。

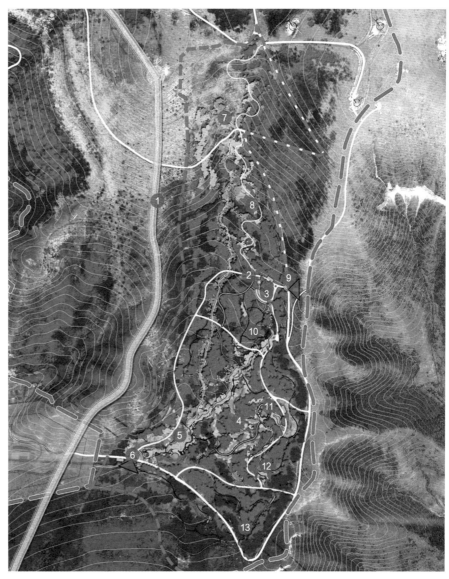

1 长城遗址
2 药用植物园
3 游客服务中心
4 高山花海
5 水生植物园
6 备用入口
7 高山草甸
8 松林漫步
9 主入口及停车场
10 岩生植物园
11 温室展区
12 珍稀植物园
13 观赏采摘区

图 20　冬奥森林公园植物园风景园林规划平面图

图 21　冬奥森林公园植物园景区效果图

（6）山林游赏区。位于公园中部区域，占地 261hm²。借助现状密林，充分尊重现状地形，在林间规划徒步园路，修建休憩及观景节点，形成森林观光体验、山地运动休闲、户外拓展活动三大板块。山地运动涉及山地自行车、山地徒步、环山健跑等多种形式的运动；户外拓展则可结合夏令营或俱乐部形式，进行户外 CS、团队拓展以及定向运动等。

（7）生态保育区。位于公园东北侧，占地 191hm²。本区现状森林覆盖率较高，高山草甸保存良好，主要功能是承载生态涵养和生物多样性保护。该区执行最严格的自然资源保护，禁止人为活动。

（8）生态科普区。位于公园南部，紧邻冬奥会比赛区，占地 256hm²。生态科普区为游客展示当地良好的生态景观，强调低干扰、低影响设计，保留所有现状树木和植被，保持自然原貌。规划设有步行园路，在沿途规划科普展示设施，为游客提供户外徒步、山林游览及生态科普的自然体验区域。

3.4 促成历史文化复兴

崇礼地区自然资源优越、景色优美，并且拥有独特的长城文化、历史文化和地域民俗，这些地方文化可与冬奥体育文化、户外体育活动主题相结合，融入自然元素，展现自由、激情、开放、包容的风景园林意境（图 22）。

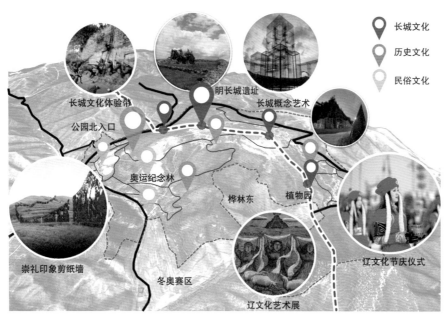

图 22 文化与景观规划策划分析图

图 23 冬奥森林公园现状长城遗迹（2016 年 3 月拍摄）

图 24 长城文化与当地剪纸文化艺术装置意向

3.4.1 长城文化

崇礼长城具有广博而深厚的内涵，充溢着浓郁的边塞文化气息。贯穿园区南北的明长城遗址，绵延几十公里，砌筑的块石犹存历史印记。规划利用这一历史遗存，构建长城文化空间体验带，策划长城文化传达与体验项目（图 23、图 24）。

（1）长城博物馆。崇礼长城具有长城建筑"百科全书"的美誉。可充分利用博物馆的展示优势，采取现代技术手段，将崇礼长城文化传达给观众。

（2）长城局部复建。"长城保护维修必须遵守不改变文物原状和最小干预的原则。对于历史上已经局部损毁、坍塌或已经全部毁坏的长城遗址，应当实施遗址保护，不得在原址重建、复建或进行大规模修复。"（《长城四有工作指导意见》和《长城保护维修工作指导意见》）。经张家口市委市政府与文保部门研究决定，复建崇礼冬奥森林公园内的部分长城段。

（3）长城活动体验。在公园范围内，开展长城徒步活动。徒步全程长约 12km，以长城为主线，穿越高山草甸、白桦树林，欣赏沿途壮美风景。

（4）长城亮化景观。通过灯光演绎，展示夜景长城，用富有艺术变化的灯光序列诠释长城与世界的联系。

3.4.2 崇礼文化

（1）历史文化。崇礼的历史可以追溯到新石器时代晚期（龙山与仰韶的混合文化），在距今约 5000 多年前的新石器时代，这里就有集中的人群定居。曾经繁荣的茶马互市、草原商贸，滋养着这块土地，使崇礼成为中国北方历史上最重要的民族贸易场所之一。民国初年划定了崇礼县城边界，取"崇尚礼义"之意为城市命名。冬奥森林公园的园林设计充分考虑这些特点，以大地艺术、园林小品等方式演绎崇礼的典故传说、边境贸易文化等内容。

（2）民俗文化。崇礼是北国边塞古风犹存的人文之乡，具有独特的民风民俗。2022 年冬奥会计划于 2022 年 2 月 4 日（星期五）开幕，2 月 20 日（星期日）闭幕，恰逢春节时间，将进行丰富多彩的民俗活动，充分演绎崇礼热情奔放的传统民俗，给奥林匹克大家庭和各国运动员带来独特的审美体验和艺术享受。

3.4.3 冬奥文化

冬奥会体育运动起源于生活。据考证，一万多年前我国新疆阿勒泰地区是迄今为止发现的最早的滑雪起源地。早在1733年，生活在北欧斯堪的纳维亚地区的挪威人成立了第一支滑雪队，从此拉开了现代滑雪运动的序幕。国际奥委会于1924年在法国的夏蒙尼举办了"冬季运动周"的运动会，进行纯粹的冬季项目比赛。1925年，国际奥委会布拉格会议又将其更名为"第一届冬季奥运会"，并决定每四年举行一次。

本规划提出结合自然条件，打造综合型、自然型奥运节点，营造奥运文化为主体的运动休闲空间和运动拓展空间。在弘扬奥林匹克文化和精神的同时，利用风景园林节点和序列展现崇礼的多元地域文化，兼顾多元文化要素的融合。

3.5 体育产业支撑

随着我国国民经济的发展和生活条件的改善，传统的生存型消费正在向享受型消费转变，其中最明显的是体育行业的迅猛发展。2014年10月国务院发布了《关于加快发展体育产业促进体育消费的若干意见》，当下中国社会正在悄然进入全民健身运动的黄金时代。

依托2022北京冬奥会的契机，崇礼迎来了城市转型发展的重要时期。崇礼未来将成为京北体育旅游休闲带上的重要产业节点（图25）。

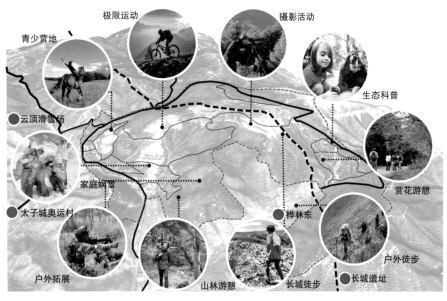

图25　冬奥森林公园户外运动策划

3.5.1 构建国家级户外运动基地

首先，冬奥会对于树立崇礼的旅游品牌起到了积极的促进作用。冬奥大事件的举行将极大地提升崇礼知名度，为崇礼旅游产业的发展带来前所未有的机遇。崇礼冬奥森林公园作为2022北京冬奥会的基础设施保障，会后将成为宝贵的奥运文化遗产。基于良好的资源优势和旅游条件，后冬奥时代，森林公园有望发展成为京津冀地区重要的旅游目的地之一。

其次，崇礼冬奥森林公园交通优势明显。园区紧邻冬奥会的主赛区和太子城奥运村高铁站，其北入口对接延崇高速棋盘梁出口；通过旅游道路规划，公园距离著名的草原天路仅89km。冬奥森林公园所具备的优越交通区位，为自驾车旅游、自驾车露营爱好者、户外运动爱好者提供了便利的条件。

综合以上分析，冬奥森林公园将以体育旅游为主要产业，重点构建"国家级户外体育运动基地"和"国家青少年户外营地"，作为宣传和传承奥运精神的重要示范区，依托体育产业实现区域可持续发展。

3.5.2 运营管理

（1）机制保障。制定政策条例；体育公园投融资的渠道要多样化，避免制约体育公园发展的单一投资渠道；品牌营销方面要打造特色赛事品牌，形成一体化品牌管理与营销服务；利益机制上要充分依靠特色赛事品牌拉动投资、丰富融资渠道，以创造更好的经济效益来保障公园自身的正常运行。

（2）运营模式。

1）经营主体：政府扶持，产业化发展，市场化经营是未来公园发展的大势所趋，也决定了其经营模式的多元性。

2）收入来源：公园为开放性公园，其主要收入来源为体育相关产业的经营收入。

（3）管理模式。

1）管理机构：设立冬奥森林公园的管理机构，下设管理服务部门和经营发展部门，通过管养分离，更好地整合公园的各项资源，促使公园运营快速进入良性轨道，实现经营效率的提升。

2）游客管理：包括监控引导措施、游客行为管理、管理状况检测与数据统计等方面内容。

4 项目启示与总结

本项目是继 2008 年北京奥林匹克森林公园之后，"山水城市"思想的又一次重要实践。冬奥森林公园的规划设计，深怀对山水的敬畏之心，最大程度尊重和保护自然山水肌理，在此基础上进行风景园林的艺术表现与创造。规划设计中具体体现在以下几方面：

（1）对现状生态本底的尊重。规划是建立在生态保护的基础上，对现状生态本底进行充分的分析，划定生态敏感区，对现有山体、溪流、植被进行最大程度的保护，以低干扰的设计途径为人类活动提供基础设施。

（2）随形就势的场地设计。在满足冬奥会配套服务的前提下，最大程度利用现状水体、地形及场地内的乡土材料，从环保、节约的角度出发，保证土方就地平衡。比如，在奥运纪念林的设计中采用风景园林信息化模型技术，根据现状山体反复调整场地与道路的形态走向，在满足使用功能的前提下做到建设土方量最小。

（3）对体育文化精神的弘扬。冬奥森林公园将旅游、体育、文化三者融为一体，力求打造"三位一体"的国家级户外体育主题公园，冬奥森林公园将成为国家体育休闲综合示范区的重要支撑。

（4）对可持续运营模式的深入研究。为了保障冬奥森林公园的可持续运营，公园以体育旅游为主要产业，重点构建国家级户外体育运动基地和国家青少年户外营地，依托体育产业实现可持续运营发展，并对运营模式、管理模式等都进行了深入研究。

冬奥森林公园作为一次以冬奥会为背景的实践，以壮美河山承载了中国当代体育赛事及旅游产业，是中国山水文化、地域民俗文化、生态科学、现代城市规划与建造技术的完美结合，为中国及世界留下了一份珍贵的奥运文化遗产（图 26）。

5 设计团队

胡洁、马娱、王显红、程兴勇、Boris Tomic、江权、刘哲、梁晨、李加忠、孙国瑜、罗丽、陆晗、薛京、龚宇、王泽怡、王春晓、罗昕、雍苗苗、郭湧、闫少宁、田英、宋肖肖、张跃。

6 专家顾问

安友丰、王鹏、何伟嘉。

7 协作单位

北京市园林古建设计研究院有限公司；

北京中大宜合机电设计事务所有限公司。

8 获奖信息

2019 年 IFLA APR 规划分析荣誉奖。

参考文献

[1] 李丹 . 我国体育公园发展研究 [D]. 北京：北京体育大学，2015.

[2] 徐勇，张亚平，等 . 健康城市视角下的体育公园规划特征及使用影响因素研究 [J]. 中国园林，2018.(05)：71-75.

[3] 曲衍波，齐伟，商冉，等 . 基于 GIS 的山区县域土地生态安全评价 [J]. 中国土地科学，2008，22 (4)：38-44.

[4] 张德顺，杨韬 . 应对生态保育规划的风景名胜区生态资源敏感性分析——基于生态资源评价结果 [J]. 中国园林，2018，34 (02)：84-88.

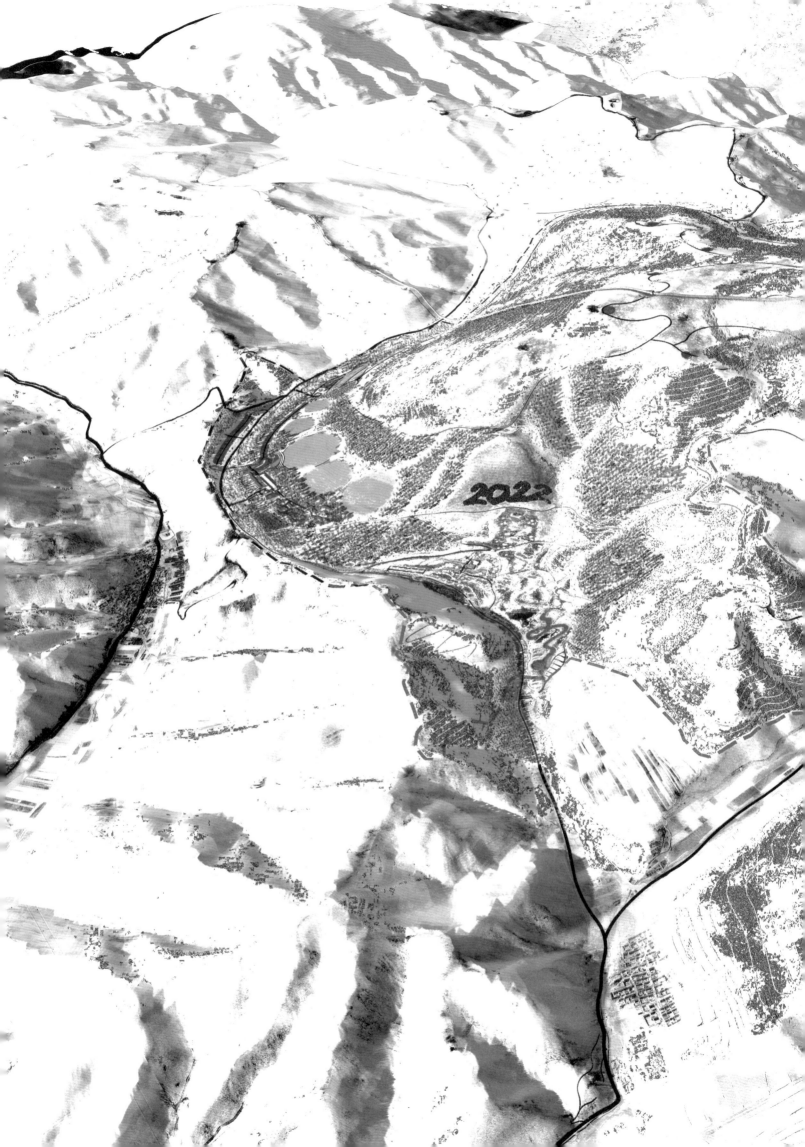

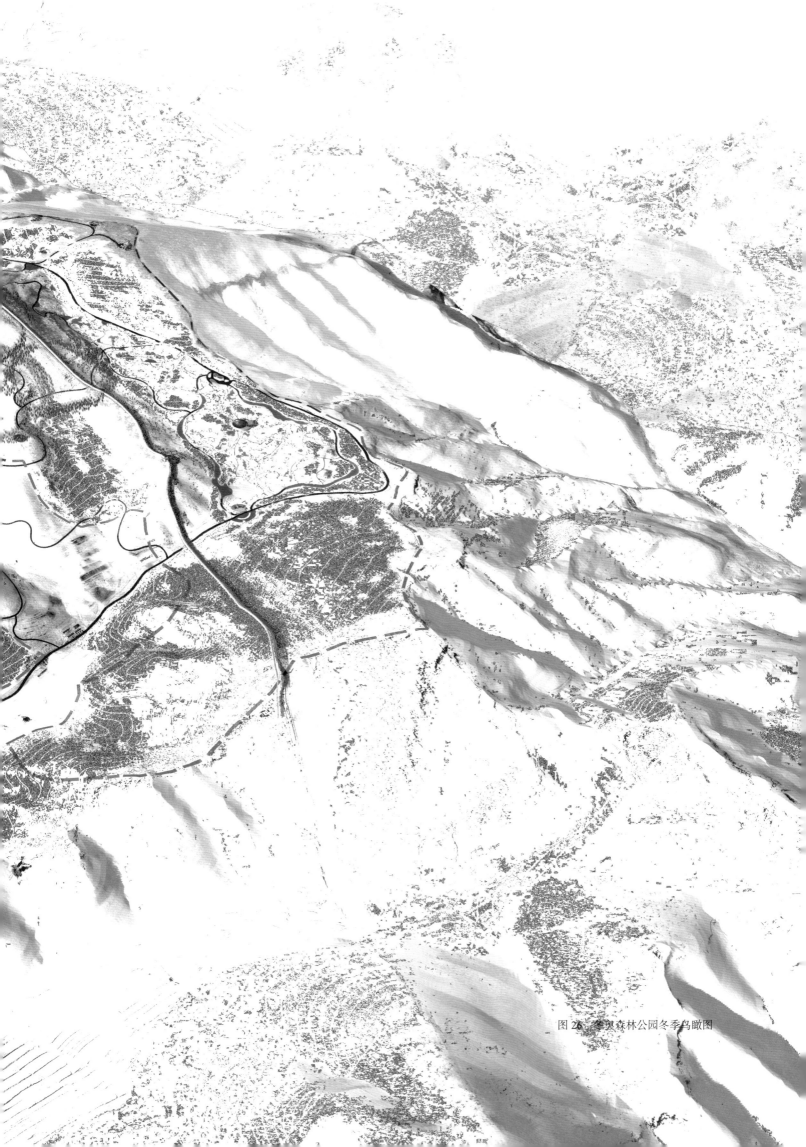

图 26　冬奥森林公园冬季鸟瞰图

后　记

_____

这本书是我和清华同衡规划院风景园林研究中心团队，自 2003 年清华城市规划院风景园林所成立十几年以来，在探索和实践山水城市理论方面的阶段性总结。钱学森、吴良镛这两位大师的"山水城市"思想和"人居环境科学"理论，是我们在山水城市实践工作上的理论指导，如果说要总结一下我们一直以来坚持和努力的方向与心得体会，我认为可以归纳为以下 4 条：

1 不管是钱学森先生还是吴良镛先生，他们的城市建设理论系统都强调一个核心思想，就是"整体设计"

经过我们的实践体验，大家认识到，"整体设计"既是一个很重要的目标，也是现在出现问题最多的症结所在，表现为项目过程中存在的不够整体、破碎化的问题。目前的城市行政管理体制分工很细，如城建、水利、市政，但各自管理各自的局部，在管理体制上这些局部之间的沟通是不够顺畅的。而我们的设计单位有规划院、建筑院、园林院、市政院和交通院，这些实践团队对应的行政体系较多。现在大家越来越迫切地认识到需要通过一种工作方法来进行统筹，对那些现代科学分工后被破碎化了的各种专项进行有效的整合。

如何克服这个困难并尽量做到整体设计，我们主要从以下几点着手：

第一，规划设计团队当中抓整体工作的总设计师，他首先要具备多专业知识的背景和经验。例如我本人就是从建筑学学起，有两个园林的学位，在园林的实践中参与城市设计，也做过大尺度的城市规划。这就需要跨越多个专业，不能只停留在建筑学止步不前，那就出不来所谓的跨界知识和跨界经验。所以，这种跨界能力、跨界知识和跨界经验是成长为主设计师的基础和条件，必须要与其他专业融通，作为主设计师要不断地学习、长期地积累，要主动地学习原本知识系统之外的知识，不能有任何的封闭。

第二，控制整体项目的系统化推进，需要大量的经验积累，要多做与之相关的项目。因为从"知道"到能"做到"，还差得很远；从能"做到"到能"做好"，仍然差得很远，所以只能靠多做项目。做项目的量，是积累和积淀出一个全面的、合格的总设计师的基础和必要条件，工作能力、技术统筹和项目管理的能力，必须得靠大量的项目进行实践积累，才能形成这种从整体上系统把控项目的能力和信心。

第三，在心态方面，作为主创设计师，如果能做到"整体设计"，其心态不应该是自己能做所有工作，而必须是一个开放的、包容的、与团队合作的开放型心态。许多建筑师、艺术家和大设计师，都很注重自己个人的创作，但是在这种综合大项目中，这种个人创新的自我意识，有个词叫"ego"，就是"自我中心的意识"，要把它放下，如果一直把自己当主创设计师和"老大"，维护自己的设计理念的观点，那别人很难与你合作。所以这种善于接受其他专业和不同合作方面意见的融合、包容的心态，是形成"整体设计"思想和综合、全面的总设计师的重要基础。在尊重各个团队方、不同设计师和不同团队意见的基础上，在一种平等的环境下，综合出一个整合方案，而且得到团队的拥护和尊重，并且让团队觉得做出来的方案比每一个个体做出来还要好，只有达到这种水平，才能够出现好的整体的大型项目。这是我个人做了多年的设计后，关于"整体设计"的体会和感受。

2 "整体设计"有很多的系统和内容，还有各种风格，如传统的、现代的风格，如何能把所有这些都融合到一起呢？

从设计师的成长路径上，我觉得有这样一个特点，首先钱学森先生和吴良镛先生都有在中国学习和在国外学习的经历。钱学森和吴良镛都是书香世家，都有非常扎实的中国传统文化的基础，这种积淀与基础不只存在于他们的写作文字、书法等外在的东西，而是中国传统哲学的整体观、中庸思想已经深入骨髓，他们的积淀就是在传统的文化气氛中浸染出来的，是经过几代人积累出来的根深蒂固、溶于血脉的传统文化。而他们思想上又是开放的，都曾经出国留学，他们对现代科学的发展非常地开放，善于学习和融合。钱学森先生在美国很快成为当时的物理学与科学界的佼佼者，他的学习能力与本身的智慧与才华在美国同行里都遥遥领先。在这种基础上，他们的理论发现，是中国古代传统文化与西方现代科学发展碰撞的一种火花。

所以要想成为一个好的设计师，我认为从山水城市的角度来看，要对古代的哲学思想，包括老庄融于自然的态度，要进入状态、要喜欢、要学习而且要融入自己的思想，同时要学习古代的绘画艺术、书法艺术，文学艺术，这些艺术能够整合的基础是中国经典园林的核心内涵，甚至是经典山水城市的文化基础，这些东西必须得学，才能有对于传统的深厚积淀。

然后要研究经典的山水城市案例，如杭州、咸阳、大理，都是非常经典的山水城市。在研究这些城市案例之后，还要学习国际先进的城市规划方法理论，一个是城市发展和城市发展的控制，这与经济、产业和社会民生相关。另外现代生态学与城市相关，城市具有现代生态学所描述的舒适度和宜居的科学水准，是可以量化的科学的标准，包括空气质量、环境质量和水质量，在西方现代科学中，有一些先进的理论和清晰的量化描述方法，这在国内我们现在还没做到这种水平，所以我们要去学习。这种中国传统文化积淀加上学习现代西方科学的开放心态，把文化和科学交融在一起，并在实践中不断历练，让它们真正融合在一起，才能做出真正好的项目，这种融合是一种工内容上的融合。

3 我们这一代人遇到了时代的伟大机遇

1980 年至今，我国处于城市建设高峰期，这种建设的大浪潮目前已经持续了 30 多年。而我本人出生于 1960 年，1980 年我是 20 岁，我出国学习时是 1988 年，当时是 28 岁，在国外学习工作 15 年后回国，是 40 岁，所以 40~60 岁这段时间是我工作事业创作的旺盛期。因为 20~40 岁几乎都是在学习和积累，虽然也在做项目，但不是创作型的，是学习型的做项目。我是 2003 年回国的，也可以说从 2000 年吧，就进入了我人生的创作高峰期。

如果从我个人幸运的角度来讲，就是把个人的人生发展阶段，从学习到积累经验再到创作，与时代的发展机遇合拍了，这个合拍是历史机遇，是可遇不可求的事情，不是任何人想找这种机会就能找到的。而我们遇到了非常难得的历史机遇，所以我们这一代人要非常珍惜和把握现有的各种项目机会，用自己的知识和经验积累，不断学习、不断融合，在每一个项目中进行历练和尝试，这或者称作为"实验性的突破和创新"。只有在这种状态中不断地工作，不断地做项目，不断地历练，才能慢慢在经验积累上成长和成熟起来。

而且我也认为有一点非常重要，就是每一个项目，不论大小，不论设计费多少，只要甲方认可你，跟你签合同，就是对你最大的信任。所以，对每一个项目的心态都应该是虔诚的，小心翼翼、如履薄冰，而且要极度地认真和全面地投入，要永远把当前的项目当作自己能够做到最好的项目去做。只有用这种心态去做每一个项目，才能一步一个脚印、一步一个台阶，逐渐向上登攀，最后能够既为国家留下一些好的建设成果，同时也使自己的学术和实践积淀到一定的、综合性的高度。

4 相关行业新技术的广泛应用

风景园林中心在这些大项目的实践过程中，不断地扩大自己应用技术的边界和范围。举例来说，最早我们是手绘 +CAD+ 彩色填充，效果图公司建模做效果图，这可能叫初期模式。然后逐渐地我们有了 GIS 系统，这个做大尺度环境分析的软件系统如今已经成为固化在日常项目流程中的技术模式。现在技术的发展已经加速推进了基础的 CAD 套装与土木工程、土方量计算、市政工程和种植设计等专业化应用快速结合的进程，可称为"软件专业化扩展"，使我们进入了覆盖各专业工作的正常状态。最近这三四年又发展了摄影测量技术的创新应用，例如应用 Smart3D 软件，我们能够快速通过照片生成三维模型，作为规划设计的基础，然后通过现场 3D 扫描不断更新精准的三维模型，与我们设计方案的模型进行无缝衔接。这样可以加强对场地的理解和分析，合理利用场地，支撑高精度的工程实施，明显提高了我们的专业能力。以上说的这几种技术，可称为"落地技术"，属于工程实施的先进技术，这是我们在应用技术方面不断探索获得的成果。

另外，在规划业务板块上，我们把国际上著名的生态学专家纳入了顾问团队和协作团队。例如，现在经常说的"海绵城市"，其中所涉及的水文、水资源、水处理、给排水、防洪排涝、雨洪管理、低影响开发等，都有不同的专家团队做专业指导，让我们的设计达到甚至超过海绵城市的标准。这就是协作团队和顾问团队的作用。

然后是城市设计板块，我们与特色小镇的团队进行合作，对景观、健康和自然环境与特色小镇的建设进行了城市规划层面的技术整合。

同时我们还与交通专业进行大规模绿道规划与建设，研究健身型的、比赛型的大规模的绿道如何与城市空间、园林景观系统或滨河用地进行有机整合。

在业务的拓展上我们非常主动积极地与不同专业进行跨界合作，这种跨界合作提高了项目的综合水平，具有创新性。创新性最容易出现在跨界合作的跨界点上。因为原来的专业分野导致彼此割裂，而现在这种跨界合作则推动城市规划、建筑、园林、交通、市政、生态等专业的综合。这种跨界合作是目前社会和城市发展最需要的一种合作模式，也是项目中关注较多的热点。所以我们目前的跨界合作，可以说具有前瞻性地迎接了市场的需求和机遇，在此基础上作出了一些比较好的项目，同时形成了非常良好的朋友圈——合作团队和合作专家的圈子。这样的专家朋友圈增加了我们应接大型综合项目的底气。有这么多专家支持，这么全面的专家团队，我们才敢去迎战复杂大型综合的项目。这都是技术拓展的成果。

我理解的"山水城市"思想是具有中国文化特色的，与国际上先进的生态学科的成果相结合的一种特色生态城市的理想模式，是一个努力方向和不断探索的过程。我们研究的目的，并不是要出一套评价体系和标准，去评价哪个城市为山水城市。同现有的"园林城市""生态园林城市"评选也没有矛盾。我们希望通过不断的学习、研究和实践，探索出一条符合我们这个时代特点、有中国特色、为人民服务的、人与自然和谐共生的城乡人居建设新路。

以上就是我们践行"山水城市"思想过程中的体会与感受，虽然还没达到系统理论上的程度，但是作为经验总结，我希望拿出来与同业者、合作者进行交流，让我们在山水城市的实践中砥砺前行，为建设美丽中国而共同努力奋斗。

胡洁

2019 年 10 月

图书在版编目（CIP）数据

山水城市, 梦想人居: 基于山水城市思想的风景园林规划设计实践 / 胡洁等著. — 北京: 中国建筑工业出版社, 2020.3

ISBN 978-7-112-24894-0

Ⅰ. ①山… Ⅱ. ①胡… Ⅲ. ①城市景观—城市规划—研究—中国 Ⅳ. ①TU-856

中国版本图书馆CIP数据核字(2020)第033715号

责任编辑: 杜　洁　兰丽婷
责任校对: 王　烨

清华同衡系列专著

山水城市　梦想人居——基于山水城市思想的风景园林规划设计实践

胡洁　等著

*

中国建筑工业出版社出版、发行（北京海淀三里河路9号）
各地新华书店、建筑书店经销
北京雅昌艺术印刷有限公司印刷

*

开本：965×1270毫米　1/16　印张：44½　字数：360千字
2020年4月第一版　2020年4月第一次印刷
定价：198.00元
ISBN 978-7-112-24894-0
（35622）